21 世纪高等院校自动化系列实用规划教材

集散控制系统(第 2 版)

主 编 刘翠玲 黄建兵

北京大学出版社

PEKING UNIVERSITY PRESS

内 容 简 介

本书是"21世纪高等院校自动化系列实用规划教材"之一。

集散控制系统是当前先进工业控制系统的主要结构形式。在高校,集散控制系统是最接近实际过程控制的一门专业课程。

全书共分7章,第1章绪论介绍了计算机控制系统的基本内容、分类及发展概况,着重论述了集散控制系统的特点与性质。第2章介绍了集散控制系统的体系结构。第3章着重讲述了集散控制系统的硬件系统。第4章简单介绍了集散控制系统的软件系统组成、结构和主要设备。第5章着重讲述了集散控制系统的通信网络系统,主要内容有工业数据数字通信基本原理、集散控制系统中的控制网络标准和协议及现场总线。第6章介绍了集散控制系统的性能指标。第7章对集散控制系统的工程设计技术与应用实例进行了探讨,列举了实际的集散控制系统的应用。

编写本书时,作者力求讲清系统的基本概念、原理、特点及方法,本着实用的原则,侧重于工程应用,每章后均附有习题,便于读者掌握所学内容。

本书适合32~48学时的高年级本科生或研究生的专业课和实践教学环节使用,也适合高级专业技术职业类学校的学生参考使用,同时可作为主管部门对自动化从业人员的培训教材,对从事自动控制工程、自动化系统、管控一体化的科技人员也是很好的参考书。

图书在版编目(CIP)数据

集散控制系统/刘翠玲,黄建兵主编. —2 版. —北京:北京大学出版社,2013.9

(21 世纪高等院校自动化系列实用规划教材)

ISBN 978-7-301-23081-7

Ⅰ. ①集…　Ⅱ. ①刘…②黄…　Ⅲ. ①集散控制系统—高等学校—教材　Ⅳ. ①TP273

中国版本图书馆 CIP 数据核字(2013)第 198825 号

书　　　　　名:	集散控制系统(第2版)
著作责任者:	刘翠玲　黄建兵　主编
策 划 编 辑:	程志强
责 任 编 辑:	程志强
标 准 书 号:	ISBN 978-7-301-23081-7/TP · 1305
出 版 发 行:	北京大学出版社
地　　　　　址:	北京市海淀区成府路 205 号　100871
网　　　　　址:	http://www.pup.cn　新浪官方微博:@北京大学出版社
电 子 邮 箱:	编辑部 pup6@pup.cn　总编室 zpup@pup.cn
电　　　　　话:	邮购部 010-62752015　发行部 010-62750672　编辑部 010-62750667
印 刷 者:	北京虎彩文化传播有限公司
经 销 者:	新华书店

787mm×1092mm　16 开本　17.25 印张　405 千字

2006 年 9 月第 1 版

2013 年 9 月第 2 版　2024 年 1 月第 6 次印刷

定　　　　价:45.00 元

第 2 版前言

集散控制系统(DCS)是实现工业自动化和企业信息化的最好系统平台,自 1975 年出现以来,随着电子、计算机软硬件、网络及控制技术的发展,其技术平台的水平也在不断提高,越来越在现代信息化社会与生产中显示出不可或缺的地位,为大型工业生产装置的自动化水平的提高做出了突出贡献,成为当今工业过程控制系统及信息管理系统的主要架构。集散控制系统在工业自动化生产与管理以及高等学校的教学中,越来越成为必须掌握的内容之一。

在此背景和实际需求下,《集散控制系统》第 1 版于 2006 年编写出版,多年来被多所高校选用,连续 7 次印刷,获得了广大师生的认可。同时,在这六七年间生产过程控制技术有了很多新的发展,集散控制装置与设备也有了很多功能的改进,与过程控制装置有关的标准、规范有些也发生了不同程度的变化。因此,根据读者多年使用的建议和意见,以及集散控制系统的实际发展与应用,我们进行了本次修订。

本次修订的宗旨是:维持第 1 版的总体知识架构和体系;吸取读者的意见和建议,进一步核准名词概念的阐述;部分章节增加新的内容;对原有的文字语言进行全面理顺、优化。本次修订由刘翠玲、黄建兵担任主编,其中刘翠玲负责修订前言和第 1、2、5、6 章,并着重编写了第 5 章;黄建兵负责修订第 3、4、7 章及附录,并重新编写了第 3 章。同时方平、王晨凯对本书内容的修改给予了热情的支持和帮助。本书在编写过程中,也参考和吸取了一些国内外优秀书籍、文献的内容,在此对相关书籍、文献作者表示衷心感谢!

由于作者水平和实践经验有限,书中难免存在缺点和不足,恳请读者批评、指正。

编　者
2013 年 6 月

第1版前言

《集散控制系统》是《21世纪全国高等院校自动化系列实用规划教材》之一。

集散控制系统(DCS)是实现工业自动化和企业信息化的最好系统平台，DCS自1975年出现，随着电子、计算机软硬件、网络技术的发展，其技术平台的水平也不断提高，引入我国以来，为大型工业生产装置的自动化水平的提高做出了突出贡献，成为当今工业过程控制的主流。由于这门技术发展和更新很快，所以要求使用者具有计算机使用能力和不断学习的能力。

本书充分重视实际的控制工程设计能力的培养，着重集散控制系统的概念、原理、结构、设计与实际应用的基本性、通用性，使学生通过课堂学习，或自学本书也能基本掌握集散控制系统的原理、工程设计的方法。编者根据自动化技术近年来的发展情况，结合从事科研、教学和工程实践工作的体会，依据教学规律，查阅了大量的控制工程领域的资料，并吸取了国内外相关著作的优点，在内容上进行了精心编写与多次修改，集百家之长于一书，抓住集散控制系统的知识体系，循序渐进，讲清系统的基本概念、原理、特点及方法，强调理论联系实际，每章后均附有习题，便于读者掌握所学内容。力争使其成为一部比较实用的集散控制系统的快速入门的教科书。因此，该教材层次较清晰，实用性强。

全书共分7章，第1章绪论介绍了计算机控制系统的基本内容、分类及发展概况，着重论述了集散控制系统的特点与性质。第2章介绍了集散控制系统的体系结构。第3章着重讲述了集散控制系统的硬件系统。第4章介绍了集散控制系统的软件系统组成、结构和主要设备。第5章讲述了集散控制系统的通信网络系统，主要内容有工业数据数字通信基本原理、集散控制系统中的控制网络标准和协议及现场总线。第6章介绍了集散控制系统的性能指标。第7章对集散控制系统的工程设计技术与应用实例进行了探讨。

本书适合作为工科院校的自动化、电气工程及自动化等相关专业的本科高年级或研究生的专业选修课使用教材或教学参考书；也适合相关专业的高职学生参考使用，还可以作为主管部门对自动化从业人员的培训教材；也可作为从事各类自动化系统、电气、计算机网络、自动控制工程等的科技人员的参考书。

本书由刘翠玲、黄建兵任主编，孟亚男、佟威任副主编。第1章、第2章由刘翠玲编写，第3章和附录由孟亚男编写，第4章、第7章由黄建兵编写，第5章、第6章由佟威编写，方平同志也参加了本书的部分编写工作。同时得到了北京工商大学、陕西科技大学、吉林化工学院、西安建筑科技大学的有关同志从各方面给予的热情支持和帮助。

限于作者水平和实践经验，书中可能有不少缺点和错误，恳请读者批评、指正。

编　者
2006年6月

目　录

第1章 绪 论

集散控制系统(Distributed Control System，DCS)是计算机控制系统的一种结构形式。计算机控制是以自动控制理论和计算机技术为基础的，自动控制理论是计算机控制的理论支柱，计算机技术的发展又促进了自动控制理论的发展与应用。计算机控制系统有多种结构形式，集散控制系统就是其中的一种。本章首先概述计算机控制系统的基本概念、分类、发展趋势，引出对集散控制系统的概念、组成和特点，然后介绍和比较几种计算机控制系统与集散控制系统，并简单介绍几种典型产品。

1.1 计算机控制系统基础知识

1.1.1 计算机控制系统的一般概念

计算机控制是关于计算机技术如何应用于工业生产过程自动化的一门综合性学问，其应用领域非常广泛。工业自动化是计算机控制系统的一个重要应用领域，而计算机控制系统又是工业自动化的主要实现手段。计算机控制系统与用于科学计算及数据处理的一般计算机是两类用途不同、结构组成不同的计算机系统。

计算机控制系统是融计算机技术与工业过程控制于一体的综合性技术，它是在常规仪表控制系统的基础上发展起来的。

液位控制系统是一个基本的常规控制系统，其结构组成如图 1.1 所示。系统中的测量变送器对被控对象液位进行检测，并将检测到的液位值转换成电信号(电流或电压)后反馈给控制器，控制器将此测量值与给定值进行比较，并按照一定的控制规律产生相应的控制信号，控制信号驱动执行器工作，使被控量跟踪给定值，从而实现液位自动控制的目的，其原理如图 1.2 所示。

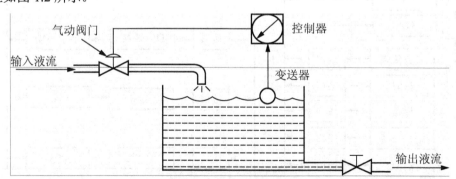

图 1.1　储液罐液位控制系统

用控制计算机(即计算机及其输入/输出通道)替代图 1.2 中的控制器，即构成一个典型的计算机控制系统的结构，如图 1.3 所示。通常把被控对象及一次仪表统称为生产过程。这里，计算机采用的是数字信号传递，而一次仪表多采用模拟信号传递。因此，系统中需要有将模拟信号转换为数字信号的模/数(A/D)转换器和将数字信号转换为模拟信号的数/模(D/A)转换器。图1.3中的A/D转换器与D/A转换器就表征了计算机控制系统中典型的输入/输出通道。

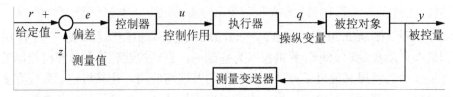

图1.2　常规仪表控制系统原理框图

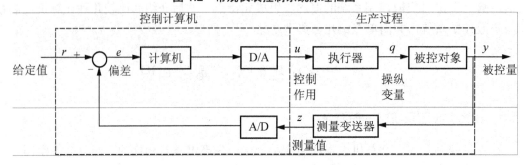

图1.3　计算机控制系统原理框图

一个完整的计算机控制系统是由硬件和软件两大部分组成的。

1. 硬件组成

计算机控制系统的硬件一般由主机、常规外部设备、过程输入/输出设备、操作台和通信设备等组成，如图1.4所示。

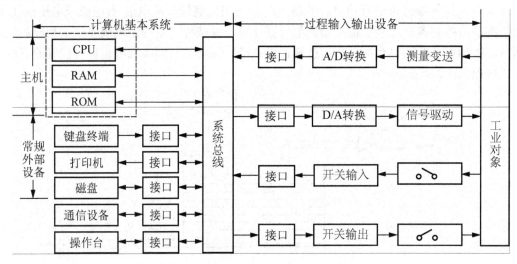

图1.4　计算机控制系统硬件组成框图

1) 主机

由中央处理器(CPU)、内存储器(RAM、ROM)和系统总线构成的主机是控制系统的核心。主机根据过程输入通道发送来的反映生产过程工况的各种实时信息，按照预定的控制算法做出相应的控制决策，并通过过程输出通道向生产过程发送控制命令。

主机所产生的各种控制是按照人们事先安排好的程序进行的。这里，实现信号输入、运算控制和命令输出等功能的程序已预先存入内存，当系统启动后，CPU 就从内存中逐条取出指令并执行，以达到控制目的。

2) 常规外部设备

常规外部设备由输入设备、输出设备和外存储器等组成。

常规的输入设备有键盘、光电输入机、辅操台(按钮)等，主要用来输入程序、数据和操作命令。

常规的输出设备有打印机、绘图机、显示器(CRT 显示器或数码显示器)、电视墙(大屏幕)、辅操台(指示灯、蜂鸣器)等，主要用来把各种信息和数据提供给操作者。

外存储器有磁盘装置(软盘、硬盘和半导体盘)、磁带装置等，兼有输入/输出两种功能，主要用于存储系统程序和数据。硬盘用于存储程序和数据，光盘(CD、DVD)进行数据导入导出，尽量避免使用 U 盘等闪存设备，避免计算机病毒对系统稳定性的影响。

外部设备与主机组成的计算机基本系统(即通常所言的计算机)，用于一般的科学计算和管理是可以满足要求的，但是用于工业过程控制，则必须增加过程输入/输出设备。

3) 过程输入/输出设备

过程输入/输出设备是在计算机与工业对象之间起着信息传递和转换作用的装置，主要是指过程输入/输出通道(简称过程通道)，其中测量变送单元和信号驱动单元属于自动化仪表的范畴。

过程输入通道包括模拟量输入通道(简称 A/D 通道)和数字量输入通道(简称 DI 通道)，分别用来输入模拟量信号(如温度、压力、流量、液位等)和开关量信号(继电器触点、行程开关、按钮等)或数字量信号(如转速、流量脉冲、BCD 码等)。

过程输出通道包括模拟量输出通道(简称 D/A 通道)和数字量输出通道(简称 DO 通道)，D/A 通道把数字信号转换成模拟信号后再输出，DO 通道则直接输出开关量信号或数字量信号。

4) 操作台

操作台是操作员与系统之间进行人机对话的信息交换工具，一般由 CRT 显示器(或 LED 等其他显示器)、键盘、开关和指示灯等构成。操作员通过操作台可以了解与控制整个系统的运行状态。

操作员分为系统操作员与生产操作员两种。系统操作员负责建立和修改控制系统，如编制程序和系统组态；生产操作员负责与生产过程运行有关的操作。为了安全和方便，系统操作员和生产操作员的操作设备一般是分开的。

5) 接口电路

主机与外围设备(包括常规外部设备和过程通道)之间，因为外设结构、信息种类、传送方式、传送速度的不同而不能直接通过总线相连，必须通过其间的桥梁——接口电路来传送信息和命令。计算机控制系统有各种不同的接口电路，一般分为并行接口、串行接口、管理接口和专用接口等几类。

6) 通信设备

现代化工业生产过程的规模一般比较大，其控制与管理也很复杂，往往需要几台或几十台计算机才能分级完成控制和管理任务。这样，在不同地理位置、不同功能的计算机之间就需要通过通信设备连接成网络，以进行信息交换。

2. 软件组成

上述硬件只能构成计算机控制系统的躯体。要使计算机正确地运行以解决各种问题，必须为它编制各种程序。软件是各种程序的统称，是控制系统的灵魂。因此，软件的优劣直接关系到计算机的正常运行、硬件功能的充分发挥及其推广应用。软件通常分为系统软件和应用软件两大类。

系统软件是一组支持系统开发、测试、运行和维护的工具软件，核心是操作系统，还有编程语言等辅助工具。在计算机控制系统中，为了满足实时处理的要求，通常采用实时多任务操作系统。在这种操作环境下，要求将应用系统中的各种功能划成若干任务，并按其重要性赋予不同的优先级，各任务的运行进程及相互间的信息交换由实时多任务操作系统协调控制。另外系统提供的编程语言一般为面向过程或对象的专用语言或编译类语言。系统软件一般由计算机厂商以产品形式向用户提供。

应用软件是系统设计人员利用编程语言或开发工具编制的可执行程序。对于不同的控制对象，控制和管理软件的复杂程度差别很大。但在一般的计算机控制系统中，以下几类功能模块是必不可少的：过程输入模块、基本运算模块、控制算法模块、报警限幅模块、过程输出模块、数据管理模块等。

作为系统设计人员只有首先了解并会使用系统软件，才能编制出较好的应用软件。而设计开发应用软件，已成为当前计算机控制应用领域中最重要的一个方面。

1.1.2 计算机控制系统内的信号变换

如上所述，一个计算机控制系统主要是由计算机基本系统与过程输入/输出通道两大部分组成。它的工作过程就是通过过程输入通道把反映生产过程的模拟或数字信号采集进来，在计算机中进行运算和处理，再把控制结果经过程输出通道传送回生产过程中去。简言之，计算机控制系统的工作过程就是信号的采集、处理和输出的过程。

然而，来自生产过程中的信息大多数是模拟信号，而计算机只能接受和处理数字信号。因此，在计算机控制系统中必须解决这两种信号的相互转换问题。

由模拟信号到数字信号的转换以及由数字信号到模拟信号的转换，主要包含信号的采样、量化和保持几个过程。

计算机控制系统的信号流程如图 1.5 所示，其中包含四种信号：模拟信号 $y(t)$——时间上连续和幅值上也连续的信号；离散模拟信号 $y^*(t)$——时间上离散而幅值上连续的信号；数字信号 $y(kt)$ 或 $u(kt)$——时间上离散和幅值上离散量化的信号；量化模拟信号 $u(t)$——时间上连续而幅值上连续量化的信号。这些信号之间的转换是通过采样保持器(S/H)、模/数(A/D)转换器和数/模(D/A)转换器等硬件来实现的。

1. 信号的采样

信号的采样过程如图 1.6 所示。把时间和幅值上均连续的模拟信号，按一定的时间间隔转变为在瞬时 0, T, $2T$, $\cdots$, kT 的一连串脉冲序列信号的过程称为采样过程或离散过程。执行采样动作的装置叫采样器或采样开关，采样开关每次通断的时间间隔称为采样周期 T，采样开关每次闭合的时间称为采样时间或采样宽度。常把采样开关的输入信号 $y(t)$ 称为原信号，采样开关的输出信号 $y*(t)$ 则称为采样信号。在实际系统中，$\tau \ll T$，也就是说，可以近似地认为采样信号 $y*(t)$ 是 $y(t)$ 在采样开关闭合时的瞬时值。

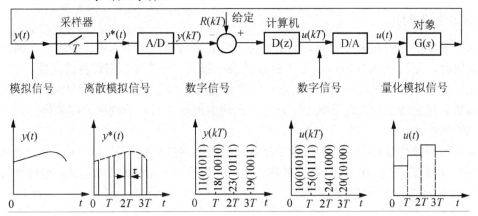

图 1.5 计算机控制系统的信号流程

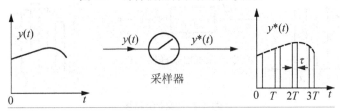

图 1.6 采样过程

比较 $y(t)$ 和 $y*(t)$ 可以看出，在采样过程中某些信息似乎丢失了。那么采样信号 $y*(t)$ 是否能如实地反映原信号 $y(t)$ 的所有变化与特征呢？香农(Shannon)采样定理指出：为了使采样信号 $y*(t)$ 能完全复现原信号 $y(t)$，采样频率 f 至少要为原信号最高有效频率 f (包括噪声干扰在内)的 2 倍，即 $f \geqslant 2f_{max}$。采样定理给出了 $y*(t)$ 唯一地复现 $y(t)$ 所必需的最低采样频率。实际应用中，常取 $f \geqslant (5 \sim 10)f_{max}$。

2. 信号的量化

时间上离散而幅值上连续的采样信号仍不能直接进入计算机中，还需要进一步将这种采样信号转换为数字信号，人们把这一转换过程称为量化过程。从理论上讲，连续信号的分辨率是无限高的，也就是说，必须用无限多个数值才能准确表示连续信号。在计算机中，信号是以有限字长的二进制数字表示的，因此，在量化过程中不可避免地存在着量化误差。

执行量化过程的装置是 A/D 转换器。设 A/D 转换器的字长为 n，当把 $Y_{min} \sim Y_{max}$ 范围内变化的采样信号变换为数字 $0 \sim 2^n - 1$ 时，其最低有效位(LSB)所对应的模拟量 q 称为量化单位。

$$q = \frac{Y_{max} - Y_{min}}{2^n - 1} \tag{1-1}$$

量化过程实际上是一个用 q 去度量采样信号幅值高低的小数归整过程，如同用单位长度(mm 或其他)去度量人的身高一样，量化误差可用 $\pm(1/2)q$ 表示。显然，对于同样范围内变化的采样信号，A/D 转换器的字长 n 越大，其最低有效位(LSB)所对应的量化单位 q 就越小，量化误差也就越小。

当 A/D 转换器的字长 n 足够大，量化误差足够小时，就可以认为量化后的数字信号近似等于采样信号，这时就可以沿用采样系统理论，来进行数字控制系统的分析。

3. 信号的保持

由于采样信号仅在采样时间有输出幅值，而其余时刻均输出为零。所以，在两次采样的中间时刻，无论是 A/D 转换，还是 D/A 转换，都有一个信号如何保持的问题。

在两次采样的间隔时间内，根据采样信号而复现原信号的装置称为保持器。当用常数、线性函数和抛物线函数去逼近两个采样时刻之间的原信号时，分别称为零阶保持、一阶保持和高阶保持。

零阶保持器是最常用的一种信号保持器，信号的保持过程如图 1.7 所示。它把当前采样时刻 kT 的采样值 $y(kt)$，简单地按常数外推，直到下一个采样时刻 $(k+1)T$，然后再按新的采样值 $y[(k+1)T]$ 再继续按常数外推。

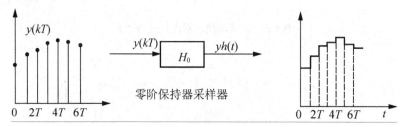

图 1.7　零阶保持器

由零阶保持器将采样信号 $y(kt)$ 恢复成原信号 $y(t)$ 的过程如图 1.8 所示。显然，只有当采样周期 T 足够小(采样频率足够大)时，恢复信号 $y_h(t)$ 才会比较接近原信号 $y(t)$。根据零阶保持器的特性，可知其传递函数为

$$H(s) = \frac{1 - e^{-Ts}}{S} \tag{1-2}$$

式中，T 为采样周期，S 为拉普拉斯(Laplace)运算算子。在计算机控制系统中，转换器一般都具有零阶保持器的功能。

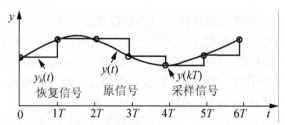

图 1.8　零阶保持器的信号恢复

1.1.3　计算机控制系统的分类

计算机控制系统与所控制的生产过程密切相关，根据生产过程的复杂程度和工艺要求的不同，系统设计者可采用不同的控制方案。现从控制目的、系统构成的角度介绍几种不同类型的计算机控制系统。

1. 数据采集系统(DAS)

数据采集系统(Data Acquisition System，DAS)是计算机应用于生产过程控制最早、也是最基本的一种类型，如图 1.9 所示。生产过程中的大量参数经仪表发送和 A/D 通道或 DI 通道巡回采集后送入计算机，由计算机对这些数据进行分析和处理，并按操作要求进行屏幕显示、制表打印和越限报警。该系统可以代替大量的常规显示、记录和报警仪表，对整个生产过程进行集中监视。因此，该系统对于指导生产以及建立或改善生产过程的数学模型，是有重要作用的。

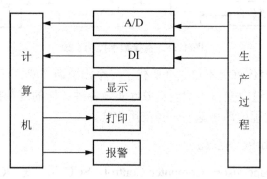

图 1.9　数据采集系统

2. 操作指导控制系统(OGC)

操作指导控制(Operation Guide Control，OGC)系统是基于数据采集系统的一种开环系统，如图 1.10 所示。计算机根据采集到的数据以及工艺要求进行最优化计算，计算出的最优操作条件，并不直接输出控制生产过程，而是显示或打印出来，操作人员据此去改变各个控制器的给定值或操作执行器，如此达到操作指导的作用。显然，这属于计算机离线最优控制的一种形式。

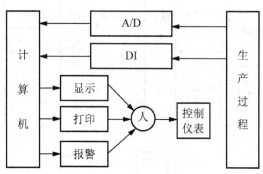

图 1.10　操作指导控制系统

操作指导控制系统的优点是结构简单，控制灵活和安全。缺点是要由人工操作，速度受到限制，不能同时控制多个回路。因此，常常用于计算机控制系统设置的初级阶段，或用于试验新的数学模型、调试新的控制程序等场合。

3. 直接数字控制系统(DDC)

直接数字控制(Direct Digital Control，DDC)系统是用一台计算机不仅完成对多个被控参数的数据采集，而且能按一定的控制规律进行实时决策，并通过过程输出通道发出控制信号，实现对生产过程的闭环控制，如图 1.11 所示。为了操作方便，DDC 系统还配置一个包括给定、显示、报警等功能的操作控制台。

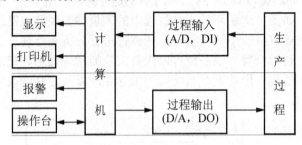

图 1.11 直接数字控制系统

DDC 系统中的一台计算机不仅完全取代了多个模拟调节器，而且在各个回路的控制方案上，不改变硬件只通过改变程序就能有效地实现各种各样的复杂控制。因此，DDC 系统是计算机在工业生产过程中最普遍的一种应用方式。

4. 计算机监督控制(SCC)系统

计算机监督控制(Supervisory Computer Control，SCC)系统是 OGC 系统与常规仪表控制系统或 DDC 系统综合而成的两级系统，如图 1.12 所示。SCC 系统有两种不同的结构形式，一种是 SCC+模拟调节器系统(也可称计算机设定值控制系统即 SPC 系统)，另一种是 SCC+DDC 控制系统。其中，作为上位机的 SCC 计算机按照描述生产过程的数学模型，根据原始工艺数据与实时采集的现场变量计算出最佳动态给定值，送给作为下位机的模拟调节器或 DDC 计算机，由下位机控制生产过程。这样，系统就可以根据生产工况的变化，不断地修正给定值，使生产过程始终处于最优工况。显然，这属于计算机在线最优控制的一种形式。

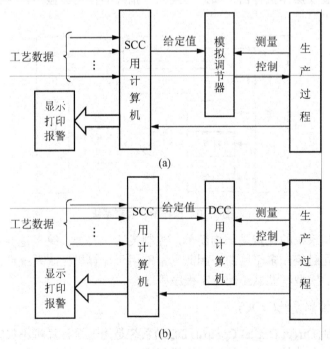

图 1.12 计算机监督控制系统

另外，当上位机出现故障时，可由下位机独立完成控制。下位机直接参与生产过程控制，要求其实时性好、可靠性高和抗干扰能力强；而上位机承担高级控制与管理任务，应配置数据处理能力强、存储容量大的高档计算机。

5. 分散控制系统(DCS)

随着生产规模的扩大，信息量的增多，控制和管理的关系日趋密切。对于大型企业生产的控制和管理，不可能只用一台计算机来完成。于是，人们研制出以多台微型计算机为基础的分散控制系统(Distributed Control System，DCS)。DCS 采用分散控制、集中操作、分级管理、分而自治和综合协调的设计原则，自下而上可以分为若干级，如过程控制级、控制管理级、生产管理级和经营管理级等。DCS 又称分布式或集散式控制系统。

1.1.4 计算机控制系统的发展概况与趋势

计算机控制系统是融计算机技术与工业过程控制为一体的计算机应用的领域，其发展历程必然与计算机技术的发展息息相关。

计算机控制技术及系统的发展大体上经历了以下几个阶段。

1965 年以前是试验阶段。1946 年，世界上第一台电子计算机问世，又历经十余年的研究，1958 年，美国 Louisina 公司的电厂投入了第一个计算机安全监视系统。1959 年，美国 Texaco 公司的炼油厂安装了第一个计算机闭环控制系统。1960 年，美国 Monsanto 公司的氨厂实现了第一个计算机监督控制系统。1962 年，美国 Monsanto 公司的乙烯厂实现了第一个直接数字计算机控制系统。

早期的计算机采用电子管，不仅运算速度慢、价格高，而且体积大、可靠性差。所以，这一阶段，计算机系统主要用于数据处理和操作指导。

1965 年到 1969 年是实用阶段。随着半导体技术与集成电路技术的发展，出现了专用于工业过程控制的高性能价格比的小型计算机。但当时的硬件可靠性还不够高，且所有的监视和控制任务都由一台计算机来完成，故使得危险也集中化。为了提高控制系统的可靠性，常常要另外设置一套备用的模拟式控制系统或备用计算机。这样就造成了系统的投资过高，因而限制了发展。

1970 年以后计算机控制系统的应用逐渐走向成熟阶段。随着大规模集成电路技术的发展，1972 年生产出运算速度快、可靠性高、价格低廉和体积很小的微型计算机，从而开创了计算机控制技术的新时代，即从传统的集中控制系统革新为集散控制系统(DCS)。世界上几个主要的计算机和仪表制造厂于 1975 年几乎同时生产出 DCS 系统，如美国 Honeywell 公司的 TDC-2000 系统，日本横河(Yokogawa)公司的 CENTUM 系统等。

20 世纪 80 年代，计算机向着超小型化、控制智能化方向发展。随着超大规模集成电路技术的飞速发展，软件固化。前期开发的 DCS 基本控制器一般是八个回路以上的。20 世纪 80 年代中期，出现了只控制 1~2 个回路的数字调节器。20 世纪 80 年代末又推出了内涵专家系统、模糊理论、神经网络等智能控制技术，把控制、管理和经营融为一体的新型集散控制系统，如当今发展迅猛的现场总线控制系统(FCS)、发展热点计算机集成制造系统(CIMS)、计算机集成流程系统(CIPS)等。

可以预料，随着超大规模集成电路技术、软件智能化技术和自动控制理论的发展，计算机控制技术与系统将会不断跃升到更新、更高的水平上。

1.1.5 控制计算机的几种机型

为适应不同行业、不同工艺设备的需求，在计算机控制技术发展中，控制计算机制造厂家已生产了几种典型的常用机型。

1. 可编程控制器(PLC)

可编程逻辑控制器(Programmable Logical Controller，PLC)，简称可编程控制器，是计算机技术和继电器逻辑控制概念相结合的产物，其低端为常规继电器逻辑控制的替代装置，而高端为一种高性能的工业控制计算机。

1985年1月，IEC(国际电工委员会)作了如下定义：PLC是一种数字运算操作的电子系统，专为工业环境下应用而设计。它采用可编程的存储器，用来在其内部存储执行逻辑运算、顺序控制、定时、计数和算术操作的指令，并通过数字式、模拟式的输入和输出，控制各种类型的机械或生产过程。可编程控制器及其有关设备，都应按易于使工业控制系统形成一个整体，易于扩充其功能的原则设计。

PLC具有以下鲜明的特点。

(1) 系统构成灵活，扩展容易，以开关量控制为其特长；也能进行连续过程的PID回路控制；并能与上位机构成复杂的控制系统，如DDC和DCS等，实现生产过程的综合自动化。

(2) 使用方便，编程简单，采用简明的梯形图、逻辑图或语句表等编程语言，而无需计算机知识，因此系统开发周期短，现场调试容易。另外，可在线修改程序，改变控制方案而不必拆动硬件。

(3) 能适应各种恶劣的运行环境，抗干扰能力强，可靠性强，远高于其他各种机型。

总之，PLC是目前工业控制中应用最为广泛的一种机型。

2. 可编程调节器

可编程调节器(Programmable Controller，PC)，又称单回路调节器、智能调节器、数字调节器。它主要由微处理器 (Micro Processor Unit，MPU)单元、过程I/O单元、面板单元、通信单元、硬手操单元和编程单元等组成。

可编程调节器实际上是一种仪表化了的微型控制计算机，它既保留了仪表面板的传统操作方式，易于为现场人员接受，又发挥了计算机软件编程的优点，可以方便灵活地构成各种过程控制系统。但是，它又不同于一般的控制计算机，系统设计人员在硬件上无需考虑接口问题、信号传输和转换等问题，在软件编程上也只需使用一种面向问题的语言(Problem Oriented Language，POL)。

这种POL组态语言为用户提供了几十种常用的运算和控制模块。其中，运算模块不仅能实现各种组合的四则运算，还能完成函数运算。而通过控制模块的系统组态编程更能实现各种复杂的控制过程，诸如PID、串级、比值、前馈、选择、非线性、程序控制等。而这种系统组态方式又简单易学，便于修改与调试，因此，极大地提高了系统设计的效率。

可编程调节器还有断电保护和自诊断功能，系统的可靠性得以保证。

另外，通信单元(通信接口)使之能与集中监视操作站、上位机通信、计算机控制系统实现各种高级控制和管理。

因此，可编程调节器不仅可以作为大型分散控制系统中最基层的控制单元，而且可以在一些重要场合下单独构成复杂控制系统，完成 1～4 个控制回路，其在过程控制的广泛应用上是不言而喻的。

3. 单片微型计算机

随着微电子技术与超大规模集成技术的发展，计算机技术的另一个分支——超小型化的单片微型计算机(sing chip microcomputer)简称单片机诞生了。它抛开了以通用微处理器为核心构成计算机的模式，充分考虑到控制的需要，将 CPU、存储器、串并行 I/O 接口、定时/计数器，甚至 A/D 转换器、脉宽调制器、图形控制器等功能部件全都集成在一块大规模集成电路芯片上，构成了一个完整的具有相当控制功能的微控制器。

这种单片机有两种结构：一种是将程序存储器和数据存储器分开，分别编址的 Harvard 结构，如 MCS-51 系列；另一种是对两者不作逻辑上区分，统一编址的 Princeton 结构，如 MCS-98 系列。

由于单片机具有体积小、功耗低、性能可靠、价格低廉、功能扩展容易、使用方便灵活、易于产品化等诸多优点，特别是强大的面向控制的能力，使它在工业控制、智能仪表、外设控制、家用电器、机器人、军事装置等方面得到了极为广泛的应用。

但单片机自身的特点和应用场合又决定了单片机应用系统的开发与一般计算机不同。由于单片机是面向控制设计的，专用性强、内存容量小、人机接口功能不强，因此，单片机本身不具备自开发功能，必须借助于仿真器或开发系统与单片机联机，才能进行硬、软件的开发与调试。

单片机的应用软件多采用面向机器的汇编语言，这需要较深的计算机软件和硬件知识，而且汇编语言的通用性与可移植性差。随着高效率结构化语言的发展，其软件开发环境已在逐步改善。目前，市场上已推出了面向单片机结构的高级语言，如 Intel 公司的 PL/M 结构化程序设计语言和 C 语言等。

单片机的应用从 4 位机开始，历经 8 位、16 位、32 位四种。但在小型测控系统与智能化仪器仪表的应用领域里，8 位单片机因其品种多、功能强、价格廉，目前仍然是单片机系列的主流机种。

4. 总线式工控机

随着计算机设计的日益科学化、标准化与模块化，一种总线系统和开放式体系结构的概念应运而生。总线即是一组信号线的集合，一种传送规定信息的公共通道。它定义了各引线的信号特性、电气特性和机械特性。按照这种统一的总线标准，计算机厂家可设计制造出若干具有某种通用功能的模板，而系统设计人员则根据不同的生产过程，选用相应的功能模板组合成自己所需的计算机控制系统。

这种采用总线技术研制生产的计算机控制系统就称为总线式工控机。图 1.13 为其系统组成示意图，在一块无源的并行底板总线上，插接多个功能模板。除了构成计算机基本系统的 CPU、RAM/ROM 和人机接口板外，还有 A/D、D/A、DI、DO 等数百种工业 I/O。图 1.13 所示为总线式工控机结构图。其中的接口和通信接口板可供选择，其选用的各个模板彼此通过总线相连，均由 CPU 通过总线直接控制数据的传送和处理。

这种系统结构的开放性方便了用户的选用，从而大大提高了系统的通用灵活性和扩展性。而模板结构的小型化，使之机械强度好，抗振动能力强；模板功能的单一，则便于对系统故障进行诊断与维修；模板的线路设计布局合理，即由总线缓冲模块到功能模块，再到 I/O 驱动输出模块，使信号流向基本为直线，这都大大提高了系统的可靠性和可维护性。另外在结构配置上还采取了许多措施，如密封机箱正压送风、使用工业电源、带有 Watchdog 系统支持板等。

图 1.13　总线式工控机结构图

　　总线式工控机具有小型化、模板化、组合化、标准化的设计特点，能满足不同层次，不同控制对象的需要，又能在恶劣的工业环境中可靠地运行，因而，其应用极为广泛。

　　我国工控领域的主流机型当首推 STD 总线工控机，它有 3 种系列：Z80 系列、8088/86 系列和单片机系列。一方面 8088/86 系列采用与 IBM PC100%兼容、与 MS-DOS (Windows)100%兼容的原则，使得它置身于 IBM-PC 同样的软件环境中，因而具有无限的生命力。另一方面，一种融 PC 软硬件资源与工控机结构为一体的新型工业 PC——PC 总线工控机正以更优越的性能进入市场。

　　5. 集散控制系统(DCS)

　　DCS 是在人们分析比较了模拟仪表分散控制与计算机集中控制的特点之后，综合了两者的优点而推出的一种控制分散、操作集中的新型高级控制系统。自 1975 年第一套 DCS 问世以来，世界上各大仪表公司便纷纷研制出各种类型各具特色的系列产品。20 年来，DCS 在技术发展与市场需求方面都是其他机型无法比拟的，未来的 DCS 必将取代绝大多数仪表，而在控制领域中占据主导统治地位。

　　6. 现场总线控制系统(FCS)

　　控制、计算机、网络、通信和信息集成等技术的发展，带来了自动化领域的深刻变革，产生了现场总线控制系统(FCS)，FCS 用现场总线把传感器、变送器、执行器和控制器集成在一起，实现生产过程的信息集成，如图 1.14 所示。它把通信一直延伸到生产现场或生产设备，在生产现场直接构成现场通信网络，是现场通信网络与控制系统的集成。直接在现场总线上组成控制回路，在生产现场构成分布式网络自动化系统，使系统进一步开放。

　　当然，随着微电子技术的发展，这些不同的机型在性能与应用上已有互相交叉和覆盖的趋势。

上述可编程控制器、可编程调节器、单片机等均作为一种应用广泛而独特的控制装置在有关课程中讲授，因此本书中的计算机控制系统主要是介绍先进的集散控制系统。

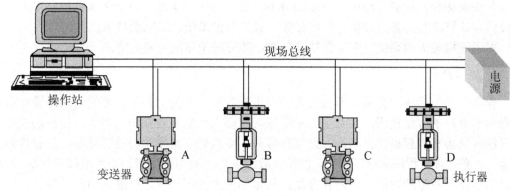

图 1.14 现场通信网络

1.2 计算机控制系统的设计与实现

当了解了工业计算机控制系统的组成、过程输入/输出技术、人机接口技术、抗干扰技术、总线技术、常用控制算法、通信技术以及集散控制系统后，就为设计计算机控制系统准备了条件。由于控制对象是多种多样的，要求控制系统达到的功能也各不相同，因此，计算机控制系统的构成方式和规模也具有多样性。本节简单介绍计算机控制系统设计的一般原则、内容与步骤。

1.2.1 计算机控制系统设计的原则

对于不同的控制对象，系统的设计方案和具体的技术指标是不同的，但系统设计的基本原则是一致的，即系统的可靠性高、操作性能好、实时性强、通用性好、经济效益高。

1. 可靠性要高

对工业控制系统最基本的要求是可靠性高。一旦系统出现故障，将造成整个控制过程的混乱，引起严重的后果，由此造成的损失往往大大超出计算机系统本身的价值。在工业生产过程中，特别是在一些连续生产过程的企业中，是不允许故障率高的设备存在的。

系统的可靠性是指系统在规定的条件下和规定的时间内完成规定功能的能力。在工业计算机控制系统中，可靠性指标一般用系统的平均无故障时间(Mean Time Between Failure，MTBF)来表示。MTBF 反映了系统可靠工作的能力。但是，组成一个系统的元器件往往成千上万，组合的方式有各种各样，因此一个系统的 MTBF 再长，也有失效的时候。因此，通常用平均故障维修时间(Mean Time To Repair，MTTR)，表示每次失效(即出现故障)后所需维修时间的平均值，它表示系统出现故障后立即恢复工作的能力。一般希望 MTBF 要大于某个规定值，而 MTTR 值越短越好。

因此，在系统设计时，首先要选用高性能的工业控制计算机，保证在恶劣的工业环境下仍能正常运行。其次是设计可靠的控制方案，并具备各种安全保护措施，比如报警、事故预测、事故处理、不间断电源等。

为了预防计算机故障，还须设计后备装置。对于一般的控制回路，选用手动操作器作为后备；对于重要的回路，选用常规控制仪表作为后备。这样，一旦计算机出现故障，就把后备装置切换到控制回路中去，以维持生产过程的正常运行。对于特殊的控制对象，可设计两台计算机互为备用地执行控制任务，成为双机系统，即冗余技术。

对于规模较大的系统，应注意功能分散，即可采用集散控制系统。

2. 操作性好

操作性好包括两个含义，即使用方便和维护容易。首先，是使用方便，系统设计时要尽量考虑用户的方便使用，并且要尽量降低对使用人员的专业知识的要求，使他们能在较短时间内熟悉和掌握操作；其次，是维修容易，即故障一旦发生时易于排除。从软件角度而言，要配置查错程序和诊断程序，以便在故障发生时能用程序帮助查找故障发生的部位，从而缩短排除故障的时间。在硬件方面，从零部件的排列位置、标准化的部件设计，以及能否便于带电插拔等等都要通盘考虑，包括操作顺序等都要从方便用户的角度进行设计，如面板上的控制开关不能太多、太复杂等。

3. 实时性强

工业控制计算机的实时性，表现在对内部和外部事件能及时地响应，并做出相应的处理，不丢失信息，不延误操作。计算机处理的事件一般分为两类。一类是定时事件，如数据的定时采集、运算控制等，对此，系统应设置时钟，保证定时处理；另一类是随机事件，如事故报警等，对此系统应设置中断，并根据故障的轻重缓急预先分配中断级别，一旦事故发生，保证优先处理紧急故障。

4. 通用性好

计算机控制的对象千变万化，而控制计算机的研制开发又需要有一定的投资和周期。一般来说，不可能为一台装置和一个生产过程研制一台专用计算机。

一个通用的计算机控制系统一般可同时控制多台设备或控制对象。因此，系统设计时应考虑能适应不同的设备和不同的控制对象。当设备或控制对象有所变更时，通用性好的系统一般稍作更改就可适应，这就需要系统能灵活扩充和便于修改功能。要使系统能达到这样的要求，首先，必须采用通用的系统总线结构，当需要扩充时，只要增加相应板卡就能实现。当CPU升级时，也只要更换相应的升级芯片及少量相关电路即可实现系统升级的目的。其次，系统设计时，各设计指标要留有一定的余量，如输入/输出通道指标、内存容量、电源功率等事先均要留有一定余量，为日后系统的扩充创造有利条件。

5. 经济效益高

计算机控制应该带来高的经济效益。经济效益表现在两方面：一方面是系统设计的性能价格比，在满足设计要求的情况下，尽量采用廉价的元器件；另一方面是投入产出比，应该从提高生产的产品质量与产量、降低能耗、消除环境污染、改善劳动条件等方面进行综合评估。

另外，要有市场竞争意识。由于计算机应用技术发展迅速，新老产品更迭速度很快，硬件价格一直呈周期下降趋势，因此在满足精度、速度和其他性能要求的前提下，应尽量缩短设计周期，以降低整个系统的开发费用。

1.2.2 计算机控制系统设计步骤

计算机控制系统的设计，虽然会随控制对象、控制方式、规模大小的不同有所差异，但系统设计的基本内容和主要步骤是大体相同的。一般分为总体设计、硬件设计、软件设计、系统调试。

1. 总体设计

1) 确定系统任务与控制方案

在进行系统设计之前，首先应对控制对象的工作过程或工艺流程进行分析归纳，明确具体要求，确定系统所要完成的任务，一般应同用户讨论并得到用户的认可。然后根据系统要求，确定采用开环还是闭环控制；闭环控制还需进一步确定是单环还是多环；进而还要确定出整个系统的结构形式，是采用直接数字控制(DDC)，还是采用计算机监督控制(SCC)，或者采用集散式控制(DCS)。

2) 确定系统的构成方式

控制方案确定后，就可以进一步确定系统的构成方式，即进行机型选择。目前已经研制和生产出许多工控机产品可供选择，如可编程控制器、可编程调节器、总线式工控机、单片机和集散控制系统等。

注意产品的系列化、模块化、标准化和开放式系统结构，有利于系统设计者在系统设计时根据要求任意选择，像搭积木般地组建系统。这种方式可提高系统研制和开发速度，提高系统的技术水平和性能，增加可靠性。

工控机的生产都是按工业标准进行的，考虑到了工控环境的恶劣性，元器件都进行了严格筛选与老化，平均无故障时间(MTBF)很高；按功能模块化生产模板，使电路干扰、电流发热等问题大为减少，同时通过合理的结构设计和采用电磁兼容技术、备份技术和可靠性保证技术等，使工控机产品各项指标都很高。根据系统规模、自动化水平要求，集控制与管理于一体的系统可选用集散控制系统(DCS)等其他工控网络构成；系统规模较小、控制回路数较少时，可以考虑采用可编程调节器；如果被控量中数字量较多，而模拟量较少或没有则可以考虑选用普通型可编程控制器(PLC)；如果是小型控制装置或智能仪器仪表的研制设计，则可以采用单片机系列。

3) 选择现场设备

这主要包含传感器、变送器和执行机构的选择。传感器的选择要正确，它是影响系统控制精度的重要因素之一。特别是随着控制技术的发展，测量各种参数的传感器，如温度、压力、流量、液位、成分、位移、质量、速度等，种类繁多，规格各异。因此，如何正确选择测量器件，确实不是一件容易的事情，必须给予高度的重视。

执行机构是计算机控制系统重要组成部件之一。常用的执行机构有电动执行机构、气动薄膜调节阀以及步进电动机等。

4) 控制算法

选用什么控制算法才能使系统达到要求的控制指标，也是系统设计的关键问题之一。控制算法的选择与系统的数学模型有关，在系统的数学模型确定后，便可推导出相应的控制算法。

随着计算机技术的发展，现在经常采用的方法是计算机仿真及计算机辅助设计，由计算机确定出系统的数学模型。当系统模型确定之后，即可确定控制算法。计算机控制系统的主要任务就是按此控制算法进行控制。因此，控制算法的止确与否，直接影响控制系统的调节品质。

由于控制对象多种多样，相应控制模型也各异，所以控制算法也是多种多样的。每个控制系统都有一个特定的控制规律，且有一套与此控制规律相对应的控制算法。如一般的直接数字控制可采用数字 PID；机床控制中常用逐点比较法和数字积分法的控制算法；对于快速随动系统，可选用最少拍控制算法；另外，还有模糊控制算法、随机控制、自适应控制、智能控制等其他控制算法。

在系统设计时，究竟选定哪一种控制算法，主要取决于系统的特性和要求达到的控制性能指标。在确定控制算法时，应注意所选定的控制算法要满足控制速度、控制精度和系统稳定性的要求；根据具体控制对象的特性，可能要对控制算法提供的通用计算公式进行某些修改与补充；对较复杂的控制算法应尽量简化。

5) 估算成本，做出工程概算

对所提出的总体设计方案要进行合理性、经济性、可靠性以及可行性论证。论证通过后，便可形成作为系统设计依据的系统总体方案图和系统设计任务书，以指导具体的系统设计过程。

2. 硬件设计

在计算机控制系统中，一些控制功能既能由硬件实现，亦能用软件实现，故设计系统时要综合考虑硬、软件功能的划分。用硬件来实现一些功能的好处是可以加快事件处理速度，减轻主机的负担，但要增加部件成本；而用软件来实现这些功能则占用主机时间多，但软件可降低成本，增加灵活性。一般原则是视控制系统的应用环境与今后的生产数量而定。对于今后能批量生产的系统，为了降低成本，提高产品竞争力，在满足指定功能的前提下，应尽量减少硬件器件的使用，多用软件来完成相应的功能。这样，在研制时可能要花费较多的时间或经费，但大批量生产后就可降低成本，而且，由于整个系统的部件数减少，系统的可靠性也能相应得以提高。如果用软件实现很困难，而用硬件实现却比较简单，并且系统生产批量又不大，则用硬件实现功能比较妥当。

对于通用控制系统，应首选成品的工控机系统，或者采用标准功能模板构成工控系统，以加快设计研制进程，使系统硬件设计的工作量减到最小。除非无法买到满足自己要求的产品，否则不要随意决定自行研制。

无论是选用现成的工控机，还是采用标准模板配置成工控系统，设计者都要根据系统要求选择合适的模板与设备。选择内容一般包括如下几项。

(1) 根据控制任务的复杂程度、控制精度以及实时性要求等选择主机板(即控制器，CPU)。

(2) 根据程序和数据量的大小等选择存储器板。

(3) 根据 AI、AO 点数、分辨率和精度以及采集速度等选 A/D 板、D/A 板(IO 模块)。

(4) 根据 DI、DO 点数和其他要求(如交流还是直流、功率大小等)选择开关量输入/输出板。

(5) 根据人机联系方式选择相应的接口板。

(6) 根据需要选择各种外设接口板、通信板、滤波板等。

(7) 选择各种计算机外设，选配插槽数量，满足各种功能模块数量的安装背板。

采用这种方案构成系统的优点是：系统配置灵活、规模可大可小、扩充方便、维修简单。由于无须进行硬件线路设计，所以对设计人员的硬件技术水平要求不高。一般工控机都配有实时操作系统或实时监控程序，有的还配有各种控制软件、运算软件、组态软件等，可使系统设计者在最短的周期内编制出应用程序；而有的工控机只提供硬件设计上的方便，而应用软件需自行开发，或者系统设计者愿意自己开发研制全部应用软件，以获取这部分较高的商业利润。

专用控制系统是指应用领域比较专一，或者是为某项应用而专门设计、开发的计算机控制系统，它主要包括 CPU、存储器、I/O 接口等。

常见的控制系统有许多专用的智能化仪器仪表及小型控制系统。如数控机床控制设备、各种智能数字测量设备、电子称重仪等。另外，带有智能控制功能的家电产品也属这类系统。这些系统偏重于某几项特定的功能，系统的软硬件比较简单和紧凑，常用于批量的定型产品。当硬件完全按系统的要求进行配置，软件多采用固化的专用芯片和相应器件时，一般可采用单片机系统或专用的控制芯片来实现，开发完成后一般不作较大的更动。

这种方法的优点是系统针对性强、价格便宜，缺点是设计制造周期长，设计人员应具备较深的计算机知识，系统的全部硬件、软件均需自行开发研制。

3. 软件设计

计算机控制系统的软件包括系统软件和应用软件两部分。

系统软件一般由计算机制造厂家提供给用户，用户可根据需要选用，需要设计的主要是应用软件。

计算机控制系统应用软件是根据被控制对象及具体控制任务而编制的各种程序的总称。这种程序只能由用户来编制。应用程序的编制是设计计算机控制系统的重要环节，其质量优劣对整个控制系统影响很大，所以掌握应用程序的设计方法非常重要。

计算机控制系统的应用程序设计与一般程序设计相比具有如下几个特点。

(1) 应用程序与硬件系统的密切性。程序设计者必须熟悉整个系统才能编写出高质量的应用程序。若系统硬件要作某些变动，则相应的程序也要进行修改，否则将不能满足预定的要求。

(2) 应用程序具有较强的实时性。即要求在对象允许的时间间隔内对系统进行控制、计算和处理。因此程序要编得精炼，处理速度尽可能快。

(3) 应用程序具有较强的针对性。即每个应用程序都是根据一个具体系统的要求来设计的。不同的被控对象配有不同的过程输入/输出通道，所以对输入/输出处理程序的要求也不同，应视具体的控制任务和要求而定。

(4) 应用程序要有一定的灵活性和通用性。即应用程序能适应不同系统要求。为此，可以采用模块式结构，尽量把公用的程序编写成具有不同功能的子程序。

(5) 应用程序要有较高的可靠性。在计算机控制系统中，除了要求系统的硬件具有较高的可靠性外，系统的软件的可靠性也是非常重要的。为此，可设计一个诊断程序，使其对系统的硬件及软件不断进行检查，一旦发现错误就及时处理。此外，为了提高系统软件的可靠性，常常把调试好的应用程序固化在 EPROM 中。

目前，由于软件技术的飞速发展，系统软件是应用软件开发的基础，如果选择比较合适的系统软件，就会缩短开发应用软件的时间。另外，嵌入式技术的应用，也为软件设计开辟了更广阔的前景。

应用程序设计所涉及的内容相当广泛，这里只介绍应用程序的语言选择、设计步骤和设计方法。

1) 应用程序语言的选择

编写应用程序，首先应选用合适的语言设计程序。要根据不同的机型和不同的控制工况选择不同的设计语言。目前常用的语言有以下几种。

(1) 机器语言。用机器语言编程就是用机器指令编写程序。用机器语言编写的程序一般质量很高，占用内存单元少，对内容的分配比较清楚，但编程效率低，机器指令不易读懂，程序不易检查、记忆和修改，且程序的输入非常麻烦、费时，这些都给编写程序带来很大困难。不同类型的 CPU，其机器语言是不同的，只有对 CPU 指令系统比较熟悉，编写的程序较短时，才有可能直接用机器语言来编写程序。

(2) 汇编语言。汇编语言是使用助记符代替二进制指令码的另一种面向机器的语言。用汇编语言编出的程序质量较高，且易读、易记、易检查和修改，但不同的机器有不同的汇编语言，编程者必须先熟悉这种机器的汇编语言才能编程，这就要求编程者要有较深的计算机软件和硬件知识以及一定程度的程序设计技能与经验。

(3) 高级语言。用高级语言编写程序，不必了解机器的指令系统，也不考虑内部寄存器和存储单元的安排和分配，可大大节约编程时间，编程效率高。但用高级语言编写的实时控制系统的源程序所得到的目标程序比用汇编语言得到的目标程序长 2~4 倍。因此用高级语言编写的应用程序不仅占用内存单元多且运算时间长，往往不能满足快速实时控制的要求。近年来在国内外得到迅速推广使用的一种高级语言——可用于过程控制的 C 语言。C 语言既具有高级语言的优点，又具有汇编语言的许多特点(如输入/输出、中断控制等功能)，C 语言的这种双重性，使它既是成功的系统描述语言，又是通用的程序设计语言，C 语言在应用软件和图形软件开发方面具有独特的优点。因此 C 语言在过程控制中广泛被采用。

(4) 高级语言和汇编语言混合使用。应充分发挥汇编语言实时性强，而高级语言运算能力强的优点，两种语言混合使用，用高级语言编写计算、图形显示、打印等程序，用汇编语言编写中断管理、输入/输出等程序。

(5) 组态语言。这是一种针对某一类控制系统或为解决某一类生产问题而设计的面向问题的高级语言。组态语言一般是泛指下位组态，如 IEC 61131-3 所规定的编程语言 ST、LD、FBD 等，下位的组态软件是根据 PLC 或 DCS 厂家自行开发的组态软件，它为用户提供了众多的功能模块，用户只需按要求来选择所用模块，进行控制系统的组态。为了便于系统组态(即选模块组成系统)，计算机提供了两种形式的组态语言，一种是填表式语言，另一种是编程式语言(或称批量控制语言)。

一般工控机把工业控制所需的各种功能以模块形式提供给用户。其中包含：控制算法模块(多为 PID)、运算模块(四则运算、开方、最大值选择、一阶惯性、超前滞后、工程量变换、上/下限报警等数十种)、计数/计时模块、逻辑运算模块、输入模块、输出模块、打印模块、CRT 显示模块，等等。系统设计者根据控制要求，选择所需的模块就能生成系统控制软件，因而软件设计工作量大为减小。

组态功能泛指上位组态。组态功能还包括，报警、趋势显示、历史数据存储与查询等。显然，这种组态语言的功能针对性很强，非常适合没有掌握计算机软硬件知识或无编程技能的一般工程技术人员使用。一般成套控制系统都有自己的组态软件，常用的组态软件有Intouch、Genie 和组态王、MCGS 等。

在软件技术飞速发展的今天，各种软件开发工具琳琅满目，每种开发语言都有其各自的长处和短处。在设计控制系统的应用程序时，究竟选择哪种语言编程，还是两种语言混合使用，这要根据被控对象的特点、控制任务的要求以及所具备的条件而定。

2) 应用程序的设计步骤

程序设计一般分成 5 个步骤：问题定义程序设计、汇编(或编译)、调试、改进和再设计。

应用程序设计的首要一步，就是要把程序承担的各项任务明确地定义出来，主要明确计算机完成哪些任务、执行什么程序、决定输入/输出的形式、与接口电路的连接和配合以及可能出现的错误类型和处置方法等。

3) 应用程序的设计方法

对于简单的程序，应用直接设计法便可一目了然，但对于复杂的、大的程序设计起来就不那么简单，应当采用一定的方法和结构，以便使问题简化，并便于查错和测试。应用程序的设计方法可采用模块化程序设计和结构化程序设计等方法。

(1) 模块化程序设计。

在计算机控制系统中，大体上可以分为数据处理和过程控制两大基本类型。数据处理主要包括：数据采集、数字滤波、标度变换以及数值计算等。过程控制程序主要是使计算机按照一定的方法(如 PID 或 DDC)进行计算，然后再输出，以便控制生产。

为了完成上述任务，应先画出程序总体流程图和各功能模块流程图，再编制程序。在进行软件设计时，通常把整个程序分成若干部分，每一部分称为一个模块。所谓"模块"，实质上就是能完成一定功能、相对独立的程序段。这种程序设计方法称为模块化程序设计方法。

模块化程序设计主要具有如下几种优点：

① 单个模块比起一个完整的程序易编写和调试。

② 模块可以共享，一个模块可能被多个事务在不同条件下调用。

③ 允许设计者分割任务和利用已有的程序，为设计工作提供了方便。

④ 检查错误容易，且修改时只需改正该模块即可，无须牵涉其他模块。

但模块程序也有缺点：

① 某些程序难以模块化。

② 把程序装配在一起比较困难，一些模块需要调用其他模块，各模块之间互相影响。

(2) 结构化程序设计。

结构化程序设计方法，给程序设计施加了一定的约束，它限定采用规定的结构类型和操作顺序，因此能编写出操作顺序分明，便于查找错误和纠正错误的程序。常用的结构有以下 4 种。

① 直线顺序结构。

① 条件结构。

③ 循环结构。

④ 选择结构。

利用上述结构，可以组成任意复杂的程序，这种结构的特点如下。

① 由于每个程序只有一个入口和一个出口，因此，操作顺序易于跟踪便于查找错误和测试。

② 由于基本结构是限定的、标准的，因此易于装配成模块。

③ 程序本身易于用程序框图来描述。

4. 系统调试

计算机控制系统设计完成之后，要对整个系统进行调试。调试的步骤及内容如下。

1）硬件调试

硬件设计完成后就可以进行组装和调试，包括对元器件的筛选、老化、印制电路板的制作、元器件的焊接及试验等，所有这些工作必须严格进行。整机安装调试完毕后，要经过连续考机运行。

2）软件调试

把编制好的各个模块程序分别在计算机上进行调试，使其正确无误再把各个模块程序连接在一起调试，直到程序运行正常，然后固化在 EPROM 中。

3）软件硬件统调

当系统硬件及软件分别调好后，把两者组合统调，在实验室进行模拟试验。所谓模拟调试，就是在实验室模拟被控对象和运行现场，进行长时间的运行试验和特殊条件(高/低温、振动、干扰等)试验。其目的在于全面检查系统的硬、软件功能，系统的环境适应能力和可靠性。控制对象可以用物理装置或电子装置来模拟。

4）现场调试投运

在实验室通过模拟装置调试后，就可以到现场进行安装调试。在工业现场会遇到一些新问题，如干扰、接地、恶劣的环境等对控制系统的影响。这些问题一一予以解决，控制系统才能可靠运行。通过现场调试，进一步修改和完善系统的硬件和软件，使控制系统的各项性能指标能够达到或基本达到设计要求，直到控制系统正式投产运行。

以上就是设计计算机控制系统的基本方法和步骤。当然，由于系统复杂程度不同，所以设计方法及步骤也不是一成不变的。一个良好的计算机控制系统的设计主要是靠设计者对工艺情况的熟悉以及对计算机控制系统设计综合知识的运用熟练程度，只有通过不断的实践才能逐步积累经验，达到运用自如的程度。

1.3 集散控制系统概述

1.3.1 集散控制系统(DCS)概念

如上所述，从 1958 年开始就陆续出现了由计算机组成的控制系统，这些系统实现的功能不同，实现数字化的程度也不同。监视系统仅在人机界面中对现场状态的观察方式实现了数字化，SPC 系统则在对模拟仪表的设定值方面实现了数字化，而 DDC 在人机界面、控制计算等方面均实现了数字化，但还保留了现场模拟方式的变送单元和执行单元，系统与它们的连接也是通过模拟信号线来实现的。

DDC 将所有控制回路的计算都集中在主 CPU 中，这引起了可靠性问题和实时性问题，上节对此已有论述。随着系统功能要求的不断增加，性能要求的不断提高和系统规模的不断扩大，这两个问题更加突出。经过多年的探索，在 1975 年出现了 DCS，这是一种结合了仪表控制系统和 DDC 两者的优势而出现的全新控制系统，它很好地解决了 DDC 存在的两个问题。如果说，DDC 是计算机进入控制领域后出现的新型控制系统，那么 DCS 则是网络进入控制领域后出现的新型控制系统。

在 DCS 出现的早期，人们还将其看成是仪表系统，这在 ISA-S5.3 1983 年对 DCS 的定义中可以看出："That class of instrumentation(input/output devices, control devices and operator interface devices)which in addition to executing the stated control functions also permits transmission of control, measurement, and operating information to and from a single or a plurality of user specifiable locations, connected by a communication link." ——某一类仪器仪表(输入/输出设备、控制设备和操作员接口设备)，它不仅可以完成指定的控制功能，还允许将控制、测量和运行信息在具有通信链路的、可由用户指定的一个或多个地点之间相互传递。

按照这个定义，可以将 DCS 理解为具有数字通信能力的仪表控制系统。从系统的结构形式看，DCS 确实与仪表控制系统相类似，它在现场端仍然采用模拟仪表的变送单元和执行单元，在主控制室端是计算单元和显示、记录、给定值等单元。但从实质上，DCS 和仪表控制系统有着本质的区别。首先，DCS 是基于数字技术的，除了现场的变送和执行单元外，其余的处理均采用数字方式；其次，DCS 的计算单元并不是针对每一个控制回路设置一个计算单元，而是将若干个控制回路集中在一起，由一个现场控制站来完成这些控制回路的计算功能。这样的结构形式不只是为了成本上的考虑——与模拟仪表的计算单元相比，DCS 的现场控制站是比较昂贵的，采取一个控制站执行多个回路控制的结构形式，是由于 DCS 的现场控制站有足够的能力完成多个回路的控制计算。从功能上讲，由一个现场控制站执行多个控制回路的计算和控制功能更便于这些控制回路之间的协调，这在模拟仪表系统中是无法实现的。一个现场控制站应该执行多少个回路的控制，则与被控对象有关，系统设计师可以根据控制方法的要求具体安排在系统中使用多少个现场控制站，每个现场控制站中各安排哪些控制回路。在这方面，DCS 有着极大的灵活性。

ISA(Industrial Standard Architecture，工业标准结构总线)除了在[S5.3]1983 中对 DCS 作了定义外，还给出许多不同角度的解释：[1]

"A system which, while being functionally integrated, consists of subsystems which may be physically separate and remotely located from one another[S5.1]" ——物理上分立并分布在不同位置上的多个子系统，在功能上集成为一个系统——解释了 DCS 的结构特点。

"Comprised of operator consoles, a communication: system, and remote or local processor units performing control, logic, calculations and measurement functions." ——由操作台、通信系统和执行控制、逻辑、计算及测量等功能的远程或本地处理单元构成。指出了 DCS 的三大组成部分。

"Two meanings of distributed shall apply: a)Processors and consoles distributed physically in different areas of the plant or building; b)Data processing distributed such as several processors running in parallel, (concurrent)each with a different function." ——分布的两个含义：(1)处理

器和操作台物理地分布在工厂或建筑物的不同区域；(2)数据处理分散，多个处理器并行执行不同的功能。解释了分布的两个含义：物理上的分布和功能上的分布。"A system of dividing plant or process control into several areas of responsibility，each managed by its own controller(processor)，with the whole interconnected to form a single entity usually by communication buses of various kinds。"——将工厂或过程控制分解成若干区域，每个区域由各自的控制器(处理器)进行管理控制，它们之间通过不同类型的总线连成一个整体。侧重描述了 DCS 各个部分之间的连接关系，是通过不同类型的总线实现连接的。

总结以上各方面的描述，可对 DCS 作一个比较完整的定义：

(1) 以回路控制为主要功能的系统。

(2) 除变送和执行单元外，各种控制功能及通信、人机界面均采用数字技术。

(3) 以计算机的 CRT、键盘、鼠标、轨迹球代替仪表盘形成系统人机界面。

(4) 回路控制功能由现场控制站完成，系统可有多台现场控制站，每台控制一部分回路。

(5) 人机界面由操作员站实现，系统可有多台操作员站。

(6) 系统中所有的现场控制站、操作员站均通过数字通信网络实现连接。

上述定义的前三项与 DDC 系统无异，而后三项则描述了 DCS 的特点，也是 DCS 与DDC 之间最根本的不同。

1.3.2　DCS 的基本组成及特点

集散控制系统是采用标准化、模块化和系列化设计，由过程控制单元、过程接口单元、管理计算机以及高速数据通道等五个主要部分组成。基本结构如图 1.15 所示。

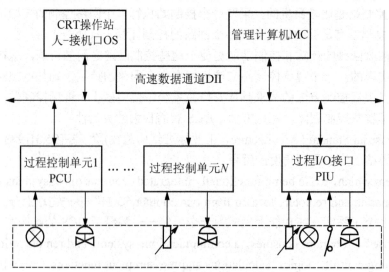

图 1.15　集散控制系统基本结构

(1) 过程控制单元(Process Control Unit，PCU)，又叫作现场控制站。它是 DCS 的核心部分，对生产过程进行闭环控制，可控制数个至数十个回路，还可进行顺序、逻辑和批量控制。

(2) 过程(I/O)接口单元(Process Interface Unit，PIU)，又叫作数据采集站。它是为生产

过程中的非控制变量设置的采集装置，不但可完成数据采集和预期处理，还可以对实时数据作进一步加工处理，供 CRT 操作站显示和打印，实现开环监视。

(3) 操作站(Operating Station, OS)是集散系统的人-机接口装置。除监视操作、打印报表外，系统的组态、编程也在操作站上进行。

操作站有操作员键盘和工程师键盘，实际上通过登录权限来区别。操作员键盘供操作人员用，可调出有关画面，进行有关操作，如修改某个回路的给定值；改变某个回路的运行状态；对某回路进行手工操作、确认报警和打印报表等。工程师键盘主要供技术人员组态用，所有的监控点、控制回路、各种画面、报警清单和工艺报警表等均由技术人员通过工程师键盘进行输入。

此外，DCS 本身的系统软件也存储在硬件中。当系统突然断电时，硬盘存储的信息不会丢失，再次上电时可保证系统正常装载运行。软盘和磁带存储器作为中间存储器使用。当信息存储到软盘或磁带后，可以离机保存，以作备用。

(4) 高速数据通道(Data Hiway, DH)，又叫高速通信总线、大道和公路等，是一种具有高速通信能力的信息总线，一般由双绞线、同轴电缆或光导纤维构成。它将过程控制单元、操作站和上位机等连成一个完整的系统，以一定的速率在各单元之间传输信息。

(5) 管理计算机(Manager Computer, MC)。管理计算机是集散系统的主机，习惯上称它为上位机。它综合监视全系统的各单元，管理全系统的所有信息，具有进行大型复杂运算的能力以及多输入、多输出控制功能，以实现系统的最优控制和全厂的优化管理。

从仪表控制系统的角度看，DCS 的最大特点在于其具有传统模拟仪表所没有的通信功能。从计算机控制系统的角度看，DCS 的最大特点则在于它将整个系统的功能分成若干台不同的计算机去完成，各个计算机之间通过网络实现互相之间的协调和系统的集成。在DDC 系统中，计算机的功能可分为检测、计算、控制及人机界面等几大块，而在 DCS 中，检测、计算和控制这三项功能由称为现场控制站的计算机完成，而人机界面则由称为操作员站的计算机完成。这是两类功能完全不同的计算机。往往在一个系统中有多台现场控制站和多台操作员站，每台现场控制站或操作员站对部分被控对象实施控制或监视，此时计算机的划分是功能相同而范围不同的。因此，DCS 中多台计算机的划分有功能上的，也有控制、监视范围上的。这两种划分就形成了 DCS 的"分布"一词的含义。

DCS 有一系列特点和优点，主要表现在以下 6 个方面：分散性和集中性、自治性和协调性、灵活性和扩展性、先进性和继承性、可靠性和适应性、友好性和新颖性。

1. 分散性和集中性

DCS 分散性的含义是广义的，不单是分散控制，还有地域分散、设备分散、功能分散和危险分散的含义。分散的目的是为了使危险分散，进而提高系统的可靠性和安全性。

DCS 硬件积木化和软件模块化是分散性的具体体现。因此，可以因地制宜地分散配置系统。DCS 横向分子系统结构，如直接控制层中一台过程控制站(PCS)可看成是一个子系统；操作监控层中的一台操作员站(OS)也可看成是一个子系统。

DCS 的集中性是指集中监视、集中操作和集中管理。

DCS 通信网络和分布式数据库是集中性的具体体现，用通信网络把物理分散的设备构成统一的整体，用分布式数据库实现全系统的信息集成，进而达到信息共享。因此，可以同时在多台操作员站上实现集中监视、集中操作和集中管理。当然，操作员站的地理位置不必强求集中。

2. 自治性和协调性

DCS 的自治性是指系统中的各台计算机均可独立地工作,例如,过程控制站能自主地进行信号输入、运算、控制和输出;操作员站能自主地实现监视、操作和管理;工程师站的组态功能更为独立,既可在线组态,也可离线组态,甚至可以在与组态软件兼容的其他计算机上组态,形成组态文件后再装入 DCS 运行。

DCS 的协调性是指系统中的各台计算机用通信网络互联在一起,相互传送信息,相互协调工作,以实现系统的总体功能。

DCS 的分散和集中、自治和协调不是互相对立,而是互相补充。DCS 的分散是相互协调的分散,各台分散的自主设备是在统一集中管理和协调下各自分散独立地工作,构成统一的有机整体。正因为有了这种分散和集中的设计思想,自治和协调的设计原则,才使 DCS 获得进一步发展,并得到广泛应用。

3. 灵活性和扩展性

DCS 硬件采用积木式结构,类似儿童搭积木那样,可灵活地配置成小、中、大各类系统。另外,还可根据企业的财力或生产要求,逐步扩展系统,改变系统的配置。

DCS 软件采用模块式结构,提供各类功能模块,可灵活地组态构成简单、复杂各类控制系统。另外,还可根据生产工艺和流程的改变,随时修改控制方案,在系统容量允许范围内,只需通过组态就可以构成新的控制方案,而不需要改变硬件配置。

4. 先进性和继承性

DCS 综合了"4C"(计算机、控制、通信和屏幕显示)技术,随着这"4C"技术的发展而发展。也就是说,DCS 硬件上采用先进的计算机、通信网络和屏幕显示;软件上采用先进的操作系统、数据库、网络管理和算法语言;算法上采用自适应、预测、推理、优化等先进控制算法,建立生产过程数学模型和专家系统。

DCS 自问世以来,更新换代比较快。当出现新型 DCS 时,老 DCS 作为新 DCS 的一个子系统继续工作,新、老 DCS 之间还可互相传递信息。这种 DCS 的继承性,给用户消除了后顾之忧,不会因为新、老 DCS 之间的不兼容,给用户带来经济上的损失。

5. 可靠性和适应性

DCS 的分散性带来系统的危险分散,提高了系统的可靠性。DCS 采用了一系列冗余技术,如控制站主机、I/O 板、通信网络和电源等均可双重化,而且采用热备份工作方式,自动检查故障,一旦出现故障立即自动切换。DCS 安装了一系列故障诊断与维护软件,实时检查系统的硬件和软件故障,并采用故障屏蔽技术,使故障影响尽可能地小。

DCS 采用高性能的电子元器件、先进的生产工艺和各项抗干扰技术,可使 DCS 能够适应恶劣的工作环境。DCS 设备的安装位置可适应生产装置的地理位置,尽可能满足生产的需要。DCS 的各项功能可适应现代化大生产的控制和管理需求。

6. 友好性和新颖性

DCS 为操作人员提供了友好的人机界面(HMI, Human Machine Interface)。操作员站采用彩色 CRT 和交互式图形画面,常用的画面有总貌、组、点、趋势、报警、操作指导和流程图画面等。由于采用图形窗口、专用键盘、鼠标或球标器等,使得操作简便。

DCS 的新颖性主要表现在人机界面，采用动态画面、工业电视、合成语音等多媒体技术，图文并茂，形象直观，使操作人员有如身临其境之感。

1.3.3 集散控制系统的发展历程

从 1975 年第一套 DCS 诞生到现在，DCS 经历了 3 个大的发展阶段，或者说经历了三代产品。从总的趋势看，DCS 的发展体现在以下几个方面：

(1) 系统的功能从低层(现场控制层)逐步向高层(监督控制、生产调度管理)扩展。

(2) 系统的控制功能由单一的回路控制逐步发展到综合了逻辑控制、顺序控制、程序控制、批量控制及配方控制等混合控制功能。

(3) 构成系统的各个部分由 DCS 厂家专有的产品逐步改变为开放的市场采购的产品。

(4) 开放的趋势使得 DCS 厂家越来越重视采用公开标准，这使得第三方产品更加容易集成到系统中来。

(5) 开放性带来的系统趋同化迫使 DCS 厂家向高层的、与生产工艺结合紧密的高级控制功能发展，以求得与其他同类厂家的差异化。

(6) 数字化的发展越来越向现场延伸，这使得现场控制功能和系统体系结构发生了重大变化，将发展成为更加智能化、更加分散化的新一代控制系统。

1. 第一代 DCS (初创期)

第一代 DCS 是指从其诞生的 1975—1980 年间所出现的第一批系统，控制界称这个时期为初创期或开创期。这个时期的代表是率先推出 DCS 的 Honeywell 公司的 TDC—2000 系统，同期的还有 Yokogawa(即横河)公司的 Yawpark 系统、Foxboro 公司的 Spectrum 系统、Bailey 公司的 Network 90 系统、Kent 公司的 P4000 系统、Siemens 公司的 TelepermM 系统及东芝公司的 TOSDIC 系统等。

在描述第一代 DCS 时，一般都以 Honeywell 的 TDC—2000 为模型。第一代 DCS 是由过程控制单元、数据采集单元、CRT 操作站、上位管理计算机及连接各个单元和计算机的高速数据通道这五个部分组成，这也奠定了 DCS 的基础体系结构，如图 1.16 所示。

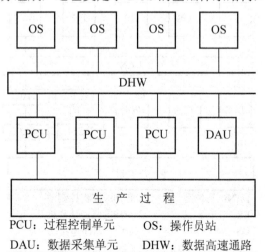

图 1.16 第一代 DCS 基本结构

这个时期的系统的特点是：

(1) 比较注重控制功能的实现，系统的设计重点是现场控制站，各个公司的系统均采用了当时最先进的微处理器来构成现场控制站，因此系统的直接控制功能比较成熟可靠。

(2) 系统的人机界面功能则相对较弱，在实际中只用 CRT 操作站进行现场工况的监视，使得提供的信息也有一定的局限。

(3) 在功能上更接近仪表控制系统，这是由于大部分推出第一代 DCS 的厂家都有仪器仪表的生产和系统工程的背景。其分散控制、集中监视的特点与仪表控制系统类似，所不同的是控制的分散不是到每个回路，而是到现场控制站，一个现场控制站所控制的回路从几个到几十个不等；集中监视所采用的是 CRT 显示技术和控制键盘操作技术，而不是仪表面板和模拟盘。

(4) 各个厂家的系统均由专有产品构成，包括高速数据通道、现场控制站、人机界面工作站及各类功能性的工作站等。这与仪表控制时代的情况相同，不同的是 DCS 还没有像仪表那样形成了 4mA～20mA 的统一标准，各个厂家的系统在通信方面是自成体系的，由于当时网络技术的发展也不成熟，还没有厂家采用局域网标准，而是各自开发自引技术的高速数据总线或称数据高速公路，各个厂家的系统并不能像仪表系统那样可以实现信号互通和产品互换。这种由独家技术、独家产品构成的系统形成了极高的价位，不仅系统的购买价格高，系统的维护运行成本也高，可以说 DCS 的这个时期是超利润时期，因此其应用范围也受到一定的限制，只在一些要求特别高的关键生产设备上得到了应用。

DCS 在控制功能上比仪表控制系统前进了一大步，特别是采用了数字控制技术后，许多仪表控制系统所无法解决的复杂控制、多参数大滞后、整体协调优化等控制问题得到了实现。DCS 在系统的可靠性、灵活性等方面又大大优于直接数字控制系统(DDC)，因此一经推出就显示了强大的生命力，得到了迅速的发展。

2. 第二代 DCS(成熟期)

第二代 DCS 是在 1980—1985 年推出的各种系统，其中包括 Honeywell 公司的 TDGC-3000、Fisher 公司的 PROVOX、Taylor 公司的 MOD300 及 Westinghouse 公司的 WDPF 等系统。第二代 DCS 的结构如图 1.17 所示。

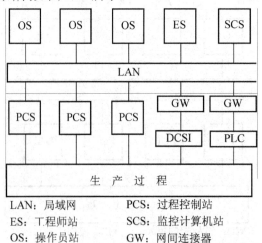

LAN：局域网　　　　PCS：过程控制站
ES：工程师站　　　　SCS：监控计算机站
OS：操作员站　　　　GW：网间连接器
DCSI：第一代DCS　　PLC：可编程逻辑控制器

图 1.17　第二代 DCS 基本结构

第二代 DCS 的最大特点是引入了局域网(LAN)作为系统骨干，按照网络节点的概念组织过程控制站、中央操作站、系统管理站及网关(Gate Way，用于兼容早期产品)，这使得系统的规模、容量进一步增加，系统的扩充有更大的余地，也更加方便。这个时期的系统开始摆脱仪表控制系统的影响，而逐步靠近计算机系统。

在功能上，这个时期的 DCS 逐步走向完善，除回路控制外，还增加了顺序控制、逻辑控制等功能，加强了系统管理站的功能，可实现一些优化控制和生产管理功能。在人机界面方面，随着 CRT 显示技术的发展，图形用户界面逐步丰富，显示密度大大提高，使操作人员可以通过 CRT 的显示得到更多的生产现场信息和系统控制信息。在操作方面，从过去单纯的键盘操作(命令操作界面)发展到基于屏幕显示的光标操作(图形操作界面)，轨迹球、光笔等光标控制设备在系统中得到了越来越多的应用。

由于系统技术的不断成熟，更多的厂家参与竞争，DCS 的价格开始下降，这使得 DCS 的应用更加广泛。但是在系统的通信标准方面仍然没有进展，各个厂家虽然在系统的网络技术上下了很大工夫，也有一些厂家采用了由专业实时网络开发商的硬件产品，但在网络协议方面，仍然是各自为政，不同厂家的系统之间基本上不能进行数据交换。系统的各个组成部分，如现场控制站、人机界面工作站、各类功能站及软件等都是各个 DCS 厂家的专有技术和专有产品。因此从用户的角度看，DCS 仍是一种购买成本、运行成本及维护成本都很高的系统。

3. 第三代 DCS(扩展期)

第三代 DCS 以 1987 年 Foxboro 公司推出的 I/A Series 为代表，该系统采用了 ISO 标准 MAP(制造自动化规约)网络。这一时期的系统除 I/A Series 外，还有 Honeywell 公司的 TDC-3000/UCN、Yokogawa 公司的 Centum-XL 和/1XL、Bailey 公司的 INFI-90、Westinghouse 公司的 WDPFⅡ、Leeds&Northrup 公司的 MAX1000 及日立公司的 HIACS 系列等。如图 1.18 所示为第三代 DCS 基本结构。

这个时期的 DCS 在功能上实现了进一步扩展，增加了上层网络，将生产的管理功能纳入到系统中。这样，就形成了直接控制、监督控制和协调优化、上层管理三层功能结构，这实际上就是现代 DCS 的标准体系结构。这样的体系结构已经使 DCS 成为一个很典型的计算机网络系统，而实施直接控制功能的现场控制站，在其功能逐步成熟并标准化之后，成为整个计算机网络系统中的一类功能节点。进入 20 世纪 90 年代以后，已经很难比较出各个厂家的 DCS 在直接控制功能方面的差异，而各种 DCS 的差异则主要体现在与不同行业应用密切相关的控制方法和高层管理功能方面。

在网络方面，各个厂家已普遍采用了标准的网络产品，如各种实时网络和以太网等。到 20 世纪 90 年代后期，很多厂家将目光转向了只有物理层和数据链路层的以太网和在以太网之上的 TCP/IP。这样，在高层，即应用层虽然还是各个厂家自己的标准，系统间还无法直接通信，但至少在网络的低层，系统间是可以互通的，高层的协议可以开发专门的转换软件实现互通。

除了功能上的扩充和网络通信的部分实现外，多数 DCS 厂家在组态方面实现了标准化，由 IEC 61131-3 所定义的五种组态语言为大多数 DCS 厂家所采纳，在这方面为用户提供了极大的便利。各个厂家对 IEC 61131-3 的支持程度不同，有的只支持一种，有的则支持五种，当然支持的程度越高，给用户带来的便利也越多。

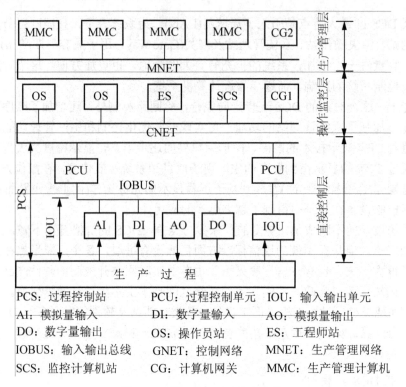

PCS：过程控制站   PCU：过程控制单元   IOU：输入输出单元
AI：模拟量输入   DI：数字量输入   AO：模拟量输出
DO：数字量输出   OS：操作员站   ES：工程师站
IOBUS：输入输出总线   GNET：控制网络   MNET：生产管理网络
SCS：监控计算机站   CG：计算机网关   MMC：生产管理计算机

图 1.18　第三代 DCS 基本结构

在构成系统的产品方面，除现场控制站基本上还是各个 DCS 厂家的专有产品外，人机界面工作站、服务器和各种功能站的硬件和基础软件，如操作系统等，已没有哪个厂家在使用自己的专有产品了，这些产品已全部采用了市场采购的商品，这给系统的维护带来了相当大的好处，也使系统的成本大大降低。目前 DCS 已逐步成为一种大众产品，在越来越多的应用中取代了仪表控制系统而成为控制系统的主流。

4. 新一代 DCS 的出现

DCS 发展到第三代，尽管采用了一系列新技术，但是生产现场层仍然没有摆脱沿用了几十年的常规模拟仪表。DCS 从输入输出单元(IOU)以上各层均采用了计算机和数字通信技术，唯有生产现场层的常规模拟仪表仍然是一对一模拟信号(4mA～20mA DC)传输，多台模拟仪表集中接于 IOU。生产现场层的模拟仪表与 DCS 各层形成极大的反差和不协调，并制约了 DCS 的发展。电子信息产业的开放潮流和现场总线技术的成熟与应用，造就了新一代的 DCS，其技术特点包括全数字化、信息化和集成化。

因此，人们要变革现场模拟仪表，改为现场数字仪表，并用现场总线(field bus)互联。由此带来 DCS 控制站的变革，即将控制站内的软功能模块分散地分布在各台现场数字仪表中，并可统一组态构成控制回路，实现彻底的分散控制。也就是说，由多台现场数字仪表在生产现场构成虚拟控制站(Virtual Control Station，VCS)。这两项变革的核心是现场总线。

20 世纪 90 年代现场总线技术有了重大突破，公布了现场总线的国际标准，并生产出现场总线数字仪表。现场总线为变革 DCS 带来希望和可能，标志着新一代 DCS 的产生，取名为现场总线控制系统(Field bus Control System，FCS)，其结构原型如图 1.19 所示。该图中流量变送器(FT)、温度变送器(TT)、压力变送器(PT)分别含有对应的输入模块 FL-121、TL-122、PL-123，调节阀(V)中含有 PID 控制模块(PID-124)和输出模块(FO-125)，用这些功能模块就可以在现场总线上构成 PID 控制回路。

现场总线接口(Field Bus Interface，FBI)下接现场总线，上接局域网(LAN)，即 FBI 作为现场总线与局域网之间的网络接口。FCS 革新了 DCS 的现场控制站及现场模拟仪表，用现场总线将现场数字仪表互联在一起，构成控制回路，形成现场控制层。即 FCS 用现场控制层取代了 DCS 的直接控制层，操作监控层及其以上各层仍然同 DCS。

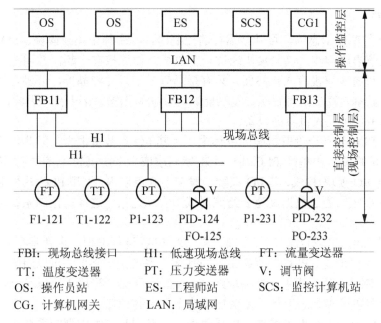

FBI：现场总线接口	H1：低速现场总线	FT：流量变送器
TT：温度变送器	PT：压力变送器	V：调节阀
OS：操作员站	ES：工程师站	SCS：监控计算机站
CG：计算机网关	LAN：局域网	

图 1.19 新一代 DCS(FCS)结构原型

实际上，现场总线的技术早在 20 世纪 70 年代末就已出现，但始终是作为一种低速的数字通信接口，用于传感器与系统间交换数据。从技术上，现场总线并没有超出局域网的范围，其优势在于它是一种低成本的传输方式，比较适合于数量庞大的传感器连接。现场总线大面积应用的障碍在于传感器的数字化，因为只有传感器的数字化，才有条件使用现场总线作为信号的传输介质。现场总线的真正意义，在于这项技术再次引发了控制系统从仪表(模拟技术)发展到计算机(数字技术)的过程中，没有新的信号传输标准的问题，人们试图通过现场总线标准的形成来解决这个问题。只有这个问题得到了彻底解决，才可以认为控制系统真正完成了从仪表到计算机的换代过程。

1.4 几种计算机控制系统与 DCS 的比较

目前，与 DCS 并存于市场上的计算机控制系统包括由 PLC 构成的控制系统、监督控制系统、SCADA 系统及以个人计算机(PC Based)为核心构成的小型监督/控制系统等。这些系统在应用目标上、系统功能上、体系结构上、产品形态和实现方法上等多个方面与 DCS 有较大的区别，但也有相当多的共同之处。下面对各种系统的异同点作简要的比较。

1.4.1 以 PLC 构成的控制系统监督控制系统

1. 功能和应用目标

PLC 的控制功能在早期以逻辑控制和顺序控制为主，近年来在回路控制方面的功能不断加强，已具备了离散控制、连续控制和批量控制等综合控制能力。但是，PLC 由于其软件处理方式的不同，与 DCS 相比，在连续控制方面的效率比较低而成本则比较高，因此，其主要应用领域仍以离散控制为主。

2. 体系结构

PLC 是一种产品形态的、可独立运行的控制器，其主体由主控模块、I/O 模块、电源模块和网络通信模块构成，这些模块通过一个总线背板连接在一起，并用金属机架实现机械固定。PLC 设备本身没有人机界面，只有指示灯或小尺寸液晶屏，以进行状态显示或简单的运行参数显示。PLC 执行直接控制功能，运行期间无需人工干预，因此，在以 PLC 构成的控制系统中可不配人机界面设备。

最小型的 PLC 是一个没有机架的单体模块，其 I/O 点数量很少，因此，只能够完成小规模或较简单的控制。中型的 PLC 由一个机架构成或一个主机架(含有主控模块)加若干扩展机架(只包含 I/O 模块)构成，其 I/O 点数一般在 500 点以内。大型 PLC 系统由若干台 PLC 构成，各个 PLC 之间通过数据高速公路或局域网实现连接，这样的控制系统可实现几千个 I/O 点的控制。

在 PLC 的现场安装和实际运行之前，必须对 PLC 进行编程，也就是在 DCS 中常说的组态。与 DCS 不同的是，PLC 的组态工具与其运行系统是分离的，可以用同一套组态工具对多个 PLC 控制系统进行组态，在完成组态、编译并下装，形成了可以独立运行的目标系统后，PLC 就可以脱离组态工具，完全自主地完成控制功能。

另外，PLC 控制系统也可增加人机界面功能，特别是在大中型的系统中。这样，由底层的 PLC 完成直接控制功能，配合第三方人机界面和组态软件，就可以形成一个完整的监督控制系统。

3. 现场设备

PLC 控制系统的现场设备就是其本身，小型 PLC 一般可安装在现场的电气柜中，可以与低压电气设备，如小型断路器等安装在一起，安装方式同样采用标准导轨。对于中大型 PLC 或使用 PLC 组成的控制系统，可采用独立的系统机柜进行安装。

PLC 一般做成一体化的结构，其 I/O 模块和现场信号端子是一体的，并不单独配置端子板或端子排，这是由它的产品形态决定的。相应的，PLC 在现场信号的处理方面也比较简单，这是由于 PLC 要符合大多数应用的需求，因此，对于一些不是广泛应用的功能需求尽量简化，在具体应用中由系统集成商根据需要进行配置。

4. 系统特点

PLC 系统的特点是其构成部分的完全产品化，这其中包括 PLC 产品、组态工具软件产品、人机界面和监督控制软件产品、网络产品等。这类系统一般由用户自行购买各类产品并自行组成系统，当系统规模较大、功能较复杂时，也可由专业的系统集成商来实现系统的工程实施。

目前各个厂家的 PLC 基本上都支持以太网,与 PLC 配套的组态工具软件、人机界面和监督控制软件也基本上采用了 PC 的硬件环境和 Windows 的操作系统环境,即所谓的 Wintel 架构,因此其开放性很好。但由于各个厂家的网络通信规约不同,内部数据文件的结构也不相同,虽然各种 PLC 的组态工具基本上都支持 IEC 61131-3 标准,也无法实现设备的互换。如果所采用的多种 PLC 设备都支持某种开放标准的通信规约,如 Modbus,那么可以实现不同种类 PLC 间的互操作。

1.4.2 监督控制和数据采集系统

1. 功能和应用目标

监督控制和数据采集(Supervisory Control And Data Acquisition,SCADA)系统的功能主要是监督控制功能,一般用在对生产过程进行全面监视,使运行人员全面掌握生产情况的场合。如在一个化工厂中,生产装置一般都用 DCS 实现生产过程的控制,但与生产过程有关的还有很多方面,如原料的储存输送、成品的储存输送、电力供应、热力供应、水的供应及燃气供应,等等。只有这些方面都是正常的,生产才能够正常进行,而这些方面的正常运行,主要依靠监督控制系统的保证。

2. 体系结构

SCADA 系统的主要功能是监督控制,因此其软件主要由两个部分组成:一部分是人机界面软件,另一部分是数据采集软件。系统的硬件也同样分成两个大的部分:人机界面设备和数据采集设备。在这两大部分之间,通过数据通信系统实现连接。

对于一些规模较小的 SCADA 系统,现场数据经过数据采集设备集中后直接送到人机界面计算机中,由该计算机进行数据的存储、处理和显示等操作。在一些规模较大,系统功能比较复杂的系统中,还应该有专门的数据服务器来进行全系统实时数据的存储、处理和访问查询服务。

人机界面设备主要是操作员工作站(即人机界面计算机),由 CRT 显示、通用或专用键盘、光标控制设备(如鼠标、轨迹球、光笔及触摸屏等)等硬件组成。数据采集设备是安装在现场的远程终端单元(即 RTU),这是一种没有直接控制功能的,只有现场 I/O、数字化及打包传送功能的现场设备。RTU 只将现场的原始数据(俗称"生数据")送到人机界面计算机或服务器上,其本身没有本地数据库,因此也无法进行任何本地的处理和控制。

早期的 SCADA 系统是针对远程的测量和监督控制的(即以往所说的遥测、遥控等),因此数据通信系统都是远程通信,一般是利用 MODEM 和电话线路,物理介质有电话电缆、微波、无线、载波及光缆等。由于在一些地域分布较广的系统中,远程通信的处理量很大,因此配有通信处理前置机,以减轻中心服务器的负荷。近年来随着网络技术的不断发展,越来越多的 SCADA 系统开始使用广域网甚至互联网作为系统的通信手段,另外,现在也不将 SCADA 系统局限于远程的遥测遥控,而是泛指以监督控制功能为主的各种计算机系统。

3. 现场设备

SCADA 系统的现场设备就是 RTU 和用于远程通信的设备,这些设备的设计力求简单,但要有极高的可靠性,因为这些设备一般都是分散安装在各个不同的地点,绝大多数没有专用的电子设备间和现场运行维护人员,而且设备数量很大,因此一旦出现故障很难修复或要花费很多时间才能修复。MTBF 是 RTU 的一个最重要的指标,另外 RTU 对现场各种恶劣环境的耐受力、对现场干扰的抵御能力和对现场破坏力的抵御能力(如高电压、大电流冲击,雷击、地震及人为破坏等)都有很高的要求。

4. 系统特点

SCADA 系统的特点在于其广泛的监视范围和庞大的数据量,这类系统一般不追求毫秒级的响应,一般能够达到秒级就完全可以满足要求,但系统中所包含的检测点非常多,因此需要一个强有力的中心数据库作为支持。另外,SCADA 系统的人机界面是非常讲究的,由于信息量大,因此要精心设计人机界面,既要全面反映现场发生的所有情况,又要排除很多干扰,突出重点,在出现异常时能够协助运行人员迅速做出正确的判断和果断的处置。

1.4.3 PC Based 监督/控制系统

1. 功能和应用目标

PC Based 系统可以说是一个集多种功能于一身的系统,它既可以成为一个直接控制系统,也可以成为一个监督控制系统,还可以成为一个既有直接控制、又有监督控制功能的综合性系统。但由于 PC 本身是一种针对个人应用的计算机系统,虽然现在其 CPU 的能力越来越强,但受体系结构的制约,以一个单机组成系统的能力还是有限的,因此多应用于小型的、低成本的应用场合。

2. 结构

PC Based 系统是一种小型的、灵活的、低成本的系统,由于 PC 本身具有运算处理、人机界面及 I/O 等功能,因此可以利用 PC 构成一个完整的系统。这种系统是在 PC 的基础上,利用 PC 本身的总线槽位,或通过总线扩展增加的总线槽位,插入现场 I/O 板卡,同时在 PC 中装入相应的软件,实现直接控制和域监督控制功能。系统的人机界面也直接利用 PC 的 CRT 屏幕、键盘和鼠标。

这类系统的功能主要取决于在 PC 上运行的软件,因此其功能非常灵活。例如,在 PC 中装入直接控制软件,就可以形成直接控制系统;装入 SCADA 软件,就可以形成监督控制系统;装入 PLC 软件,就可以成为一台 PLC,也就是所谓的软 PLC(Soft PLC)。还可以通过软件的配置,使系统同时具备几种功能,如直接控制+监督控制,PLC+人机界面等。

3. 现场设备

PC Based 系统没有现场设备,这类系统将现场信号直接接入插在 PC 总线槽内的 I/O 卡中。

4. 系统特点

PC Based 系统的突出优点是其灵活性和低成本,但其弱点则是其可靠性低。由于 PC 本身的设计是针对个人的桌面应用,对成本比较苛求,因此可靠性自然不如工业级的产品,而所有功能集于一身的系统设计更凸显了这个弱点,因此虽然这类系统有很好的灵活性和价格优势，也不宜用在关键性的应用中。另外，系统的规模也不可能很大。近年来有不少工业级的 PC 出现，主要是在电源、机械结构及散热等方面作了改进，但由于基础体系结构没有改变，因此效果并不显著。也有些工业级的产品采用了符合工业标准的总线设计，将 PC 改造成了真正的工业机，同时保持了软件的兼容，但可惜的是这类机器又失去了价格的优势。不管怎么说，价格是 PC Based 系统的最大优势，因此，在非常多的小型应用中，这类系统发展得非常快。

1.5　DCS 典型产品及特点

下面给出几种典型的 DCS 实例，以便读者对系统建立起一个感性的认识。

1.5.1　Honeywell 公司的 TDC-3000 系统

Honeywell 公司的 TDC-3000 系统结构如图 1.20 所示。

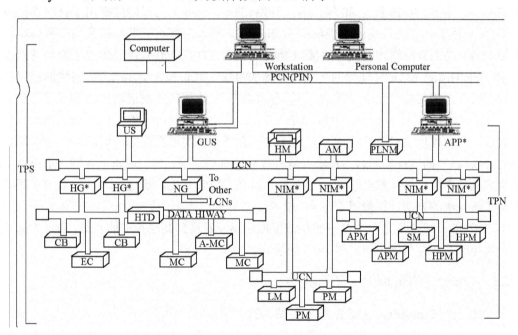

图 1.20　Honeywell 公司的 TDC-3000 系统结构

术语解释。

PCN：工厂控制网。

LCN：局部控制网。

UCN：通用控制网。

US、GUS：通用操作站、全局用户操作站。

HG：高速数据公路接口网关。

NG：局部控制网络网关。

CB：基本控制器。

EC：扩展控制器。

MC、A-MC：多功能控制器、先进多功能控制器。

PM、APM、I-PM：过程管理站、先进过程管理站、高性能过程管理站。

LM：逻辑管理站。

HM：历史模块。

AM：应用模块。

HTD：高速数据公路通信指挥器。

NIM：网络接口模块。

PLNM：工厂控制网与局部控制网接口单元。

TDC-3000 系统是 Honeywell 公司在其 TDC-2000 系统基础上于 1983 年推出的新一代 DCS。图 1.19 中由数据高速公路(Data Hiway)连接的 CB、EC、MC、A-MC 等单元是属于 TDC-2000 系统的组成部分，在此基础上，TDC-3000 系统扩充了 LCN 局部控制网及由 LCN 连接的通用操作站、历史模块及应用模块等监督控制功能模块，LCN 与 Data Hiway 之间通过 HG 实现连接。从 20 世纪 80 年代后期开始，Honeywell 公司又陆续推出了针对直接控制的 UCN 网络和用于工厂生产管理层的 PCN 网络，以及连接在这些网络上的各种模块。新推出的网络与原有网络均有相应的接口模块。目前，TDC-3000 系统已形成了现场直接控制层(由 Data Hiway 和 UCN 连接的各种控制模块组成)、监督控制层(由 LCN 连接的底层控制网和人机界面等功能单元组成)和工厂管理层(由 PCN 连接的控制层功能和管理层功能所组成)这样清晰的三层体系结构。可贵的是，Honeywell 公司所推出的各代系统都具有向前的兼容性，用户可以在已有系统的基础上通过扩充新设备实现系统的升级，从中也可清晰地看到 DGS 发展的过程和脉络。其缺点是系统显得有些烦琐，为了追求兼容性，不得不增加了很多接口单元，这必然会影响运行效率，而且对用户来说，通过在旧系统上增加新模块实现系统升级的办法，在费用上也不会太低。

TDC-3000 可以说是一个典型的从低层控制逐步发展到高层管理的系统，这是大部分具有仪表控制系统背景的公司发展 DCS 的模式。

1.5.2 ABB 公司的 Industrial IT 系统

ABB 公司 Industrial-I 系统的结构如图 1.21 所示。

Industrial IT 系统是 ABB 公司最新推出的控制管理一体化系统，其核心设计理念是高度集成化的工厂信息，系统集成了 ABB 公司的 800xA 控制系统，具有过程控制、逻辑控制、操作监视、历史趋势及报警处理等综合性的系统控制能力，同时支持多种现场总线、OPC 等开放系统标准，形成了从现场控制到高层经营管理的一体化信息平台。该系统以控制网络为核心，向下连接现场总线型网络，向上连接工厂管理网络。该系统最大的特点是其开放性，据 ABB 公司认证机构提供的数据，到 2003 年年底，已有 36 000 种产品可以接入系统的"属性目标"(Aspect Object)软件，被纳入统一的信息框架，实现完全的即插即用，信息共享。这些产品既有 ABB 自己的，也有第三方提供的。

Industrial IT 系统是一个典型的采用"自顶向下"设计方式形成的系统，这样的系统比较注重标准，特别是有关信息技术(即 IT)的标准，在统一的标准构架上集成各个方面的产品。这也是很多有计算机系统背景的公司所采取的方法。用这种方法形成的系统具有开放性好、适用性强及功能完善的特点，而它要着重解决的问题，是在不同行业应用时，要针对行业特点进行专门的开发，这样才能够充分满足应用需求。

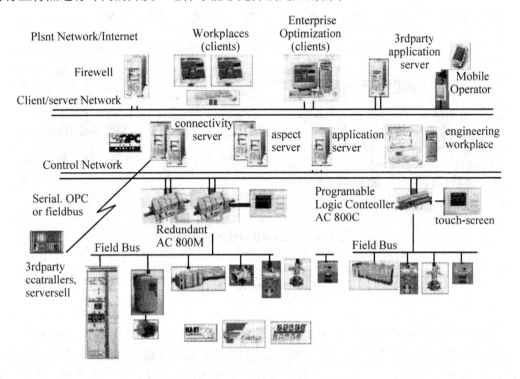

图 1.21　ABB 公司的 Industrial IT 系统的结构

1.5.3　和利时公司的 HOLLiAS 系统

和利时公司的 HOLLiAS 系统实际上是一种体系结构，是将底层的直接控制、中层的监督控制和高层的管理控制，通过开放的网络连接成为一个整体的系统，如图 1.22 所示。

HOLLiAS 系统是一个典型网络结构，该系统分为 3 个层次，最底层是各个装置的控制、环境控制及防灾报警安全控制等直接控制与自动化功能，这些功能由控制器、PLC 等直接控制设备完成。中层是各个装置的综合控制室功能，由各个装置操作人员集中监视并控制整个装置的运行情况。高层是企业管理和控制，由设在中央控制室的服务器和管理控制工作站组成。装置和中央控制室之间通过光纤骨干网实现连接，通信协议采用标准的 TCP/IP，系统支持 OPC 等标准信息接口，允许接入多种第三方控制设备。

HOLLiAS 采用了多"域"的结构形式，在上例中，每个装置就是一个"域"，实际上就是一个典型的传统意义上的 DCS，而多个域通过骨干网的连接，就形成了范围更广泛，功能更完善，具备更高层次管理功能的信息系统。

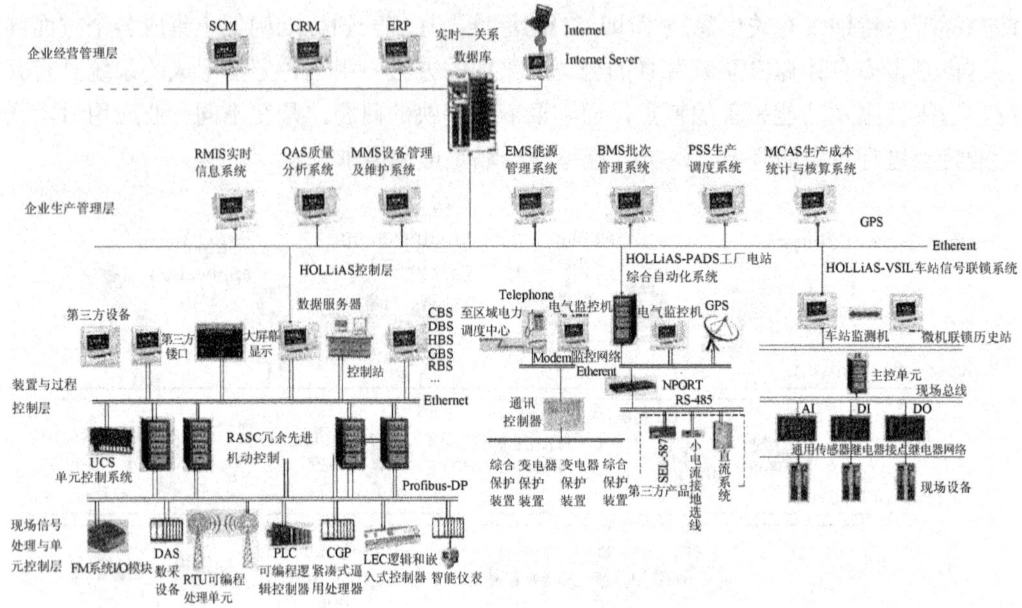

图 1.22 HOLLiAS 系统网络结构图

本章小结

本章首先对计算机控制系统的作了概述,主要介绍了计算机控制系统的一般概念、计算机控制系统内的信号变换、计算机控制系统的分类及其发展概况与趋势,介绍了几种常用的控制计算机的机型;归纳总结了计算机控制系统的设计与实现的一般原则和步骤。介绍了集散控制系统(DCS)概念、基本组成及特点、发展历程,几种计算机控制系统与 DCS 系统比较以及 DCS 典型产品及特点。

思考题与习题

1-1 计算机控制系统与常规仪表控制系统的主要异同点是什么?

1-2 画图说明计算机控制系统的硬件由哪几部分组成。各部分的主要作用是什么?

1-3 说明何为信号的采样过程、量化过程与保持过程。

1-4 从控制目的与系统构成上,计算机控制系统可分为哪几类?各有什么特点?

1-5 简述计算机控制系统的设计原则。

1-6 简述计算机控制系统的设计内容与步骤。

1-7 试分析仪表分散控制、仪表集中控制和计算机集中控制系统的优缺点。

1-8 概述 DCS 的产生过程,并分析其设计思想和设计原则。

1-9 分析在集散控制系统的发展中,其随哪四项技术的发展而不断更新?

第 2 章　DCS 的体系结构

第 1 章已经将集散控制系统的概念、特点、起源及其发展作了介绍，本章着重从集散控制系统的体系结构出发，来分析 DCS 体系结构的特点和功能，以便使读者了解和认识 DCS。自 DCS 诞生以来，随着计算机、通信网络、屏幕显示和控制技术的发展与应用，DCS 也不断发展，结构体系不断更新，功能不断加强，已经向着计算机集成综合制造系统方向发展。尽管不同 DCS 产品在硬件的互换性、软件的兼容性、操作的一致性上很难达到统一，但从其基本构成方式和构成要素来分析，仍然具有相同或相似的体系结构。因此，本章介绍的体系结构只能从功能上、一般意义上进行讲解，以便于学习、理解，而具体产品则要考查其特点，以便正确应用。

本章介绍了 DCS 的层次结构、硬件结构、软件结构和网络结构，并给出几种 DCS 体系结构的典型示例。

2.1　DCS 的体系结构形成

1975 年 Honeywell 公司宣布其世界上第一套集散控制系统(TDC-2000)诞生之后，工业控制自动化进入了一个崭新的时期。经过十几年的发展，总的来说，过程控制系统的体系结构的发展经历了：集中型计算机控制系统，多级计算机控制系统，集散型计算机控制系统和计算机集成综合系统。纵观整个过程控制的发展阶段，它们都是与计算机技术的发展紧密结合而且在技术上要滞后 3～5 年。以往的计算机控制系统，大都是自我封闭的，没有按照一种工业标准来生产制造。只是到了 20 世纪 80 年代，开始提出开放系统结构，而各制造厂商都宣称自己的产品朝开放系统发展，但是，他们为了自身的利益，对开放系统的定义上就很难达到统一。所以体系结构从形态上看可能大体类似，但实质的内容却有很大的差别。

2.1.1　中央计算机集中控制系统的形成

在 20 世纪 60 年代前期，大量的工业控制计算机用来解决一些特定而明确的工业控制问题(如进行数据采集、数据处理、过程监视等)，这类计算机通常称作专用机。由于专用机只用来处理一个特定的事情，因此，工程系统就必然需要一系列的这类计算机来解决各种各样的问题，如图 2.1 所示，而且各种专用机之间也不直接发生联系。若需要相互之间联系的话，也只有依靠数据传输介质(磁带、纸带、卡片)来传输。后来由于中央计算机的引入，各专用机都可连接到中央计算机上，那么各专用机之间联系就可以通过中央计算机转换而实现(参见图 2.2)。这样无疑给系统的集成带来了方便，由于专用机之间可以不用人工干预就可以达到相互联系的目的，进而整个系统就有可能协调一致地运转，从而奠定了集中控制模式的基础。

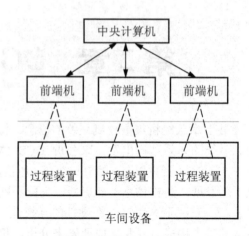

图 2.1　专用计算机控制系统　　　　图 2.2　中央计算机的引入

到了 20 世纪 60 年代中期，由于出现了大型而高速的过程控制计算机，就使得采用单独的一台大型控制计算机来代替先前的众多专用小型机，使监视和控制多个装置成为可能。这样的系统就形成了中央集中式的计算机控制系统。在当时，由于各工厂企业都有中央控制室，而分布在各车间的变送器、执行器以及其他的各种仪器仪表都直接连接到中央控制室，从而只要在中央控制室里安装一台大型计算机就可以实现这种中央计算机的集中控制模式，因此，由于既成事实的原因，中央计算机的集中控制模式很快得到了发展。尤其是在工厂的旧设备改造过程中，它的优势更加明显。

在中央计算机上必须完成以下功能：

(1) 过程监测。

(2) 数据采集。

(3) 报警和记录。

(4) 数据存档。

(5) 数据处理。

(6) 过程控制。

另外，一些生产计划和工厂管理功能也可由中央计算机来处理。由此可以看出中央计算机的权利无所不包，集数据采集、过程控制、过程监视、操作和系统管理于一身。中央计算机集中控制模式持续到 20 世纪 70 年代中期，仍占主导地位。

2.1.2　DCS 分层体系结构的形成

对于集中式计算机控制系统，其两大应用指标就是中央计算机的处理速度和计算机自身的可靠性，存在如下问题。

(1) 计算机的处理速度问题。计算机的处理速度越快，它在一定时间范围内就可以管理更多的被控设备，但处理速度是受当时技术条件限制的。

(2) 系统的复杂性问题。与传统控制一样，工厂中已有的仪器仪表装置(如所有的变送器、执行器等)都不得不连接到计算机上，这样在计算机和仪器仪表间就存在着成百上千的连接装置。故障集中，一处设备发生故障，不得不使整个系统停止工作。另外就是所有的控制功能都集中到单台计算机上来完成，而一旦计算机出了问题，就意味着所有功能都将失效，这是集中式计算机控制系统非常局限的一点。

(3) 系统维修改造问题。若是利用中央计算机来进行技术改造，利用现存的连接装置，整个控制系统的完成就比较容易。若是要重建工厂就不容易了，因为计算机变得越来越便宜，而连接装置的造价则相对变化不大，这就会使得连接装置比计算机的花费还要大。

基于这种状况，必须寻求一种更加可靠的计算机自动化控制系统，其方案不外乎有以下两种。

(1) 使计算机本身更加可靠。

(2) 引入功能上可替代的集散型控制技术，以改善系统的可靠性。

对于第一种方案，就意味着要中央计算机更加可靠，其实施的方法可以采用大规模集成电路过程控制计算机或是采用多计算机(多 CPU)结构。后来的发展朝集散型控制技术方向发展，其原因可以归结如下。

20 世纪 60 年代末到 70 年代初，由于低成本的集成电路技术的发展，出现了小型、微型计算机，使得小型、微型计算机的功能更加完善，而且价格便宜，因而可以用这种小型计算机来替代中央计算机的局部工作，以对在其周围的装置进行过程监测和控制，把这些小型计算机称作第一级计算机。而中央计算机只处理中心自动化问题和管理方面的问题，从而产生了第二级自动化控制系统的结构，如图 2.3 所示。也有人把这种结构叫做分散式计算机系统，这种结构在 20 世纪 70 年代得到广泛的应用。在 20 世纪 70 年代末，起初多计算机自动化系统由制造商们推出，而一旦用户采用了分散式计算机控制系统，就必然会在满足自己应用的前提下，选择价格更加合理的不同厂家的计算机产品，而且当分散式控制系统逐渐建成后，就会与现存的过程控制计算机集成起来，一起完成它们的主要功能。这些小型计算机主要是完成实时处理、前端处理功能，而中央计算机只充当后继处理设备。这样，中央计算机不用直接跟现场设备打交道，从而把部分控制功能和危险都分散到前端计算机上，如果中央计算机一旦失效，依旧能保证设备的控制功能。

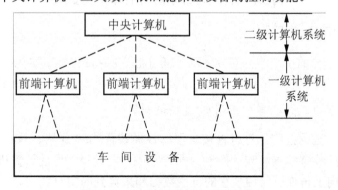

图 2.3 二级自动化控制系统结构

图 2.3 中所示的多计算机结构比较适合于小型工业自动化过程，在这些系统中存在的前端计算机较少，然而当控制规模增大后(诸如一座钢铁厂的自动化控制系统)，就需要很

多台前端计算机才能满足应用要求,从而使中央计算机的负载增大,难以在单台中央计算机的条件下及时地完成诸如模块上优化、系统管理等方面的工作,在这种应用的条件下,就出现了具有中间层次计算机的控制系统。在整个控制系统中,中间计算机分布在各车间或工段上,处于前端计算机和中央计算机之间,并担当起一些以往要求中央计算机来处理的职能(参见图2.4)。至此,系统结构就形成了三层计算机控制模式,这样的结构模式在工厂自动化方面得到了很广泛的应用,至今仍常常见到。例如,一座炼油厂有不同的车间,各车间都有相应的各式被控装置,用前端计算机对各式被控装置的诸种变量(如温度、压力、流量等)直接进行控制,并在各车间安装一台中间级控制计算机,令其向下与前端计算机相连,向上与中央计算机相连。把中央计算机与工厂办公室自动化系统连接起来,工厂自动化控制系统就集成到信息处理系统中,使工厂制造与办公室、实验室、仓库等商业和事务管理等系统构成一体。这也是现代化工厂的结构模式。

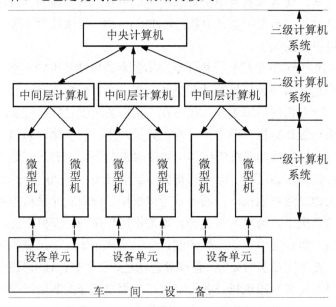

图 2.4 具有三层结构模式的计算机控制系统

2.1.3 DCS 的分层体系结构

DCS 按功能划分的层次结构充分体现了其分散控制和集中管理的设计思想,DCS 从下至上依次分为直接控制层、操作监控层、生产管理层和决策管理层,如图 2.5 所示。

1. 现场装置管理层次的直接控制层(过程控制级)

在这一级上,过程控制计算机直接与现场各类装置(如变送器、执行器、记录仪表等)相连,对所连接的装置实施监测、控制,同时它还向上与第二层的计算机相连,接收上层的管理信息,并向上传递所监控装置的特性数据和采集到的实时数据。

2. 过程管理层(操作监控层)

在这一级上的过程管理计算机主要有监控计算机、操作站、工程师站。它综合监视过程控制级各站的所有信息、集中显示操作、修改控制回路的组态和参数、优化过程处理等。

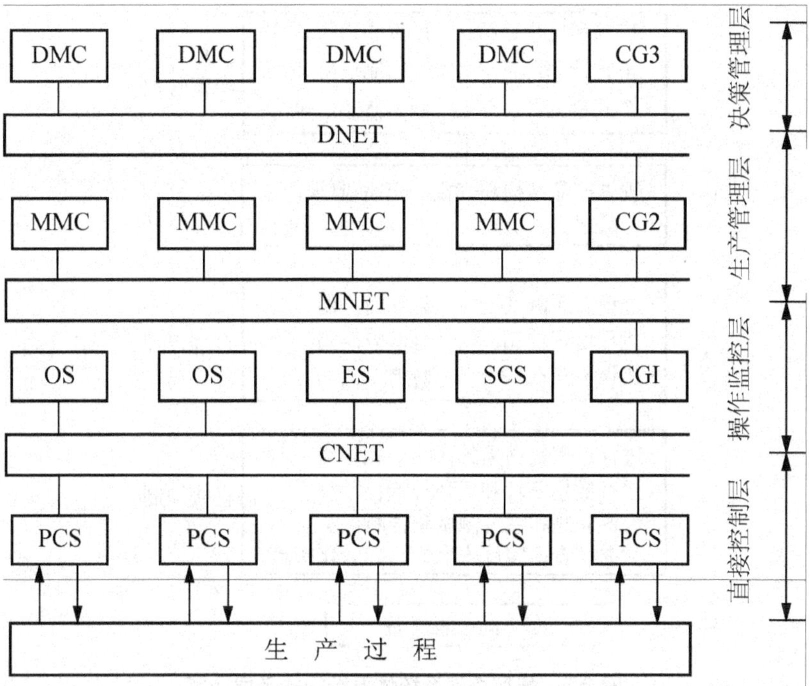

PCS：过程控制站　OS：操作员站　ES：工程师站
SCS：监控计算机站　CG：计算机网关　CNET：控制网络
MNET：生产管理网络　DNET：决策管理网络
MMC：生产管理计算机　DMC：决策管理计算机

图 2.5　DCS 的层次结构

3. *生产管理层(产品管理级)*

在这一级上的管理计算机根据产品各部件的特点，协调各单元级的参数设定，是产品的总体协调员和控制器。

4. *决策管理层(工厂总体管理和经营管理层)*

这一级居于中央计算机上，与办公室自动化相连，担负各类经营活动、人事管理等总体协调工作。

2.2　DCS 分层结构中各层的功能

2.1 节已经就计算机控制系统的发展谈及到集散控制系统的结构分层模式，并归纳出集散控制系统的四级典型功能层次，下面将着重阐述各层的功能。

从图 2.5 中可以看出，新型的集散控制系统是开放型的体系结构，可方便地与生产管理的上位计算机相互交换信息，形成计算机一体化生产系统，实现工厂的信息管理一体化。图 2.6 列出了各层所实现的功能。

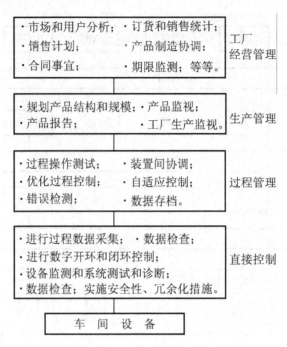

图 2.6 集散控制系统体系结构的各层功能

2.2.1 直接控制级

直接控制层是集散型控制系统的基础,其主要任务有:

(1) 进行过程数据采集:即对被控设备中的每个过程量和状态信息进行快速采集,以获得数字控制、开环控制、设备监测、状态报告等过程控制所需的输入信息。

(2) 进行直接数字的过程控制:根据控制组态数据库、控制算法模块实时控制过程量(如开关量、模拟量等)。

(3) 进行设备监测和系统测试、诊断:把过程变量和状态信息取出后,分析是否可以接受以及是否可以允许向高层传输。进一步确定是否对被控装置实施调节;并根据状态信息判断计算机系统硬件和控制板件的性能(功能),在必要时实施报警、错误或诊断报告等措施。

(4) 实施安全性、冗余化方面的措施:一旦发现计算机系统硬件或控制板有故障,就立即实施备用件的切换,保证整个系统安全运行。

例如,由中国石化总公司和航空航天部联合研制的友力-2000 集散控制系统的过程控制级就是由监测站或(和)控制站组成,可以完成 A/D、D/A 转换,信号调理,开关量的输入/输出,并把采集到的现场数据经由 A/D 转换、信号调理后得到的信号,或某些直接输入信号进行整理、分析,通过高速数据公路实时传到上一层计算机中,对于要求控制的量实施实时调节控制,当发现某一 CPU 板,或数据采集板,或信号输出板出现故障,立即向上报告,并根据条件实施切换,以确保系统的正常工作。

2.2.2 过程管理级

在过程管理级主要是应付单元内的整体优化,并对其下层产生确切的命令,在这一层可完成的功能有:

(1) 优化过程控制：可以在确保优化执行条件的情况下，根据过程的数学模型以及所给定的控制对象进行优化过程控制，即使在不同策略条件下仍能完成对控制过程的优化。

(2) 自适应回路控制：在过程参数希望值的基础上，通过数字控制的优化策略。当现场条件发生改变时，经过过程管理级计算机的运算处理得到新的设定值和调节值，并把调节值传送到直接过程控制层。

(3) 优化单元内各装置，使它们密切配合：以优化准则来协调单元内的产品、原材料、库存以及能源使用情况之间的相互关系。

(4) 通过获取直接控制层的实时数据，进行单元内的活动监视、故障检测存档、历史数据的存档、状态报告和备用。

例如，MACS-Ⅱ集散控制系统的过程管理级由多台操作站和工程师站组成。操作站相互备份，完成数据、图形、状态的显示，历史数据的存档，故障声响报警，故障记录打印，故障状态显示，定时报表打印，实时动态调整回路参数，优化控制参数等过程控制功能。在工程师站上可进行控制优化，通过重新对控制回路的组态，经由数据高速公路下装到直接过程控制级以改变回路的控制算法，实施优化策略。

2.2.3 生产管理级

产品规划和控制级完成一系列的功能，要求有比系统和控制工程更宽的操作和逻辑分析功能，根据用户的订货情况、库存情况、能源情况来规划各单元中的产品结构和规模。并且可使产品重新计划，随时更改产品结构，这一点是工厂自动化系统高层所需要的，有了产品重新组织和柔性制造的功能就可以应对由于用户订货变化所造成的不可预测的事件。由此，一些较复杂的工厂在这一控制层就实施了协调策略。此外，对于统观全厂生产和产品监视以及产品报告也都在这一层来实现，并与上层交互传递数据。在中小企业的自动化系统中，这一层可能就充当最高一级管理层。

2.2.4 工厂经营管理级

经营管理级居于工厂自动化系统的最高一层，它管理的范围很广，包括工程技术方面、经济方面、商业事务方面、人事活动方面以及其他方面的功能。把这些功能都集成到软件系统中，通过综合的产品计划，在各种变化条件下，结合多种多样的材料和能量调配，以达到最优地解决这些问题。在这一层中，通过与公司的经理部、市场部、计划部以及人事部等办公室自动化相连接，来实现整个制造系统的最优化。

在经营管理这一层，其典型的功能为：

(1) 市场分析。

(2) 用户信息的收集。

(3) 订货统计分析。

(4) 销售与产品计划。

(5) 合同事宜。

(6) 接收订货与期限监测。

(7) 产品制造协调。

(8) 价格计算。

(9) 生产能力与订货的平衡。

(10) 订货的分发。

(11) 生产与交货期限的监视。

(12) 生产、订货和合同的报告。

(13) 财政方面的报告等。

2.3　DCS 的构成与联系

2.2 节讲解了集散控制系统的分层体系结构的各层功能，事实上，自 1975 年 Honeywell 公司推出第一套 DCS 以来，世界上有几十家自动化公司推出了上百种 DCS，虽然这些系统各不相同，但在体系结构方面却大同小异，所不同的只是采用了不同的计算机、不同的网络或不同的设备。由于 DCS 的现场控制站是系统的核心，因此各个厂家都把系统设计的重点放在这里，从主处理器到 I/O 模块的设计，从内部总线的选择到外形和机械结构的设计，都各有特色。但是最大差异还是在于软件的设计和网络的设计，使这些系统在功能上、性能上、易用性上及可维护性上产生了相当大的差别。因此对 DCS 体系构的讨论，实际上是对系统的软件组织方式、网络通信方式的讨论。本节将从系统的功能入手，说明 DCS 各部分的作用、技术要求和相互关系。

2.3.1　DCS 的基本构成

一个最基本的 DCS 应包括四个大的组成部分：至少一台现场控制站，至少一台操作员站，一台工程师站(也可利用一台操作员站兼做工程师站)，一条系统网络。一个典型的 DCS 体系结构如图 2.7 所示，图中表明了 DCS 各主要组成部分和各部分之间的连接关系。

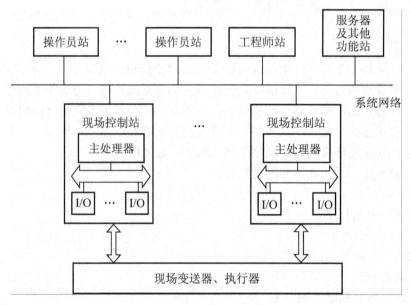

图 2.7　典型的 DCS 体系结构

除了上述 4 个基本的组成部分之外，DCS 还可包括完成某些专门功能的站、扩充生产管理和信息处理功能的信息网络，以及实现现场仪表、执行机构数字化的现场总线网络。

1. 操作员站

操作员站主要完成人机界面的功能，一般采用桌面型通用计算机系统，如图形工作站或个人计算机等。其配置与常规的桌面系统相同，但要求有大尺寸显示器(CRT 或液晶屏)和高性能图形处理器，有些系统还要求每台操作员站使用多屏幕，以拓宽操作员的观察范围。为了提高画面的显示速度，一般都在操作员站上配置较大的内存。

2. 现场控制站

现场控制站是 DCS 的核心，系统主要的控制功能由它来完成。系统的性能、可靠性等重要指标也都要依靠现场控制站保证，因此对它的设计、生产及安装都有很高的要求。现场控制站的硬件一般都采用专门的工业级计算机系统，其中除了计算机系统所必需的运算器(即主 CPU)、存储器外，还包括了现场测量单元、执行单元的输入/输出设备，即过程量 I/O 或现场 I/O。在现场控制站内部，主 CPU 和内存等用于数据的处理、计算和存储的部分被称为逻辑部分，而现场 I/O 则被称为现场部分，这两个部分是需要严格隔离的，以防止现场的各种信号，包括干扰信号对计算机的处理产生不利的影响。现场控制站内的逻辑部分和现场部分的连接，一般采用与工业计算机相匹配的内部并行总线，如 Multibus、VME、STD、ISA、PCI04、PCI 和 Compact PCI 等。

由于并行总线结构比较复杂，用其连接逻辑部分和现场部分很难实现有效的隔离，成本较高，很难方便地实现扩充，现场控制站内的逻辑部分和现场 I/O 之间的连接方式转向了串行总线。

串行总线的优点是结构简单，成本低，很容易实现隔离，而且容易扩充，可以实现远距离的 I/O 模块连接。近年来，现场总线技术的快速发展更推进了这个趋势，目前直接使用现场总线产品作为现场 I/O 模块和主处理模块的连接已很普遍，如 CAN、Profibus、Devicenet、Lonworks 及 FF 等。由于 DCS 的现场控制站有比较严格的实时性要求，需要在确定的时间期限内完成测量值的输入、运算和控制量的输出，因此现场控制站的运算速度和现场 I/O 速度都应该满足很高的设计指标。一般在快速控制系统(控制周期最快可达到50ms)中，应该采用较高速的现场总线，而在控制速度要求不是很高的系统中，可采用较低速的现场总线，这样可以适当降低系统的造价。

3. 工程师站

工程师站是 DCS 中的一个特殊功能站，其主要作用是对 DCS 进行应用组态。应用组态是 DCS 应用过程当中必不可少的一个环节，因为 DCS 是一个通用的控制系统，在其上可实现各种各样的应用，关键是如何定义一个具体的系统完成什么样的控制，控制的输入/输出量是什么，控制回路的算法如何，在控制计算中选取什么样的参数，在系统中设置哪些人机界面来实现人对系统的管理与监控，还有诸如报警、报表及历史数据记录等各个方面功能的定义，所有这些都是组态所要完成的工作，只有完成了正确的组态，一个通用的 DCS 才能够成为一个针对一个具体控制应用的可运行系统。

组态工作是在系统运行之前进行的，或说是离线进行的，一旦组态完成，系统就具备了运行能力。当系统在线运行时，工程师站可起到对 DCS 本身的运行状态进行监视的作用，能及时发现系统出现的异常，并及时进行处置。在 DCS 在线运行当中，也允许进行组态，并对系统的一些定义进行修改和添加，这种操作被称为在线组态，同样，在线组态也是工程师站的一项重要功能。

一般在一个标准配置的 DCS 系统中，都配有一台专用的工程师站，也有些小型系统不配置专门的工程师站，而将其功能合并到某台操作员站中，在这种情况下，系统只在离线状态具有工程师站，而在在线状态下就没有了工程师站的功能。当然也可以将这种具有操作员站和工程师站双重功能的站设置成可随时切换的方式，根据需要使用该站来完成不同的功能。

4. 服务器及其他功能站

在现代的 DCS 结构中，除了现场控制站和操作员站以外，还可以有许多执行特定功能的计算机，如专门记录历史数据的历史站；进行高级控制运算功能的高级计算站；进行生产管理的管理站等。这些站也都通过网络实现与其他各站的连接，形成一个功能完备的复杂的控制系统。

随着 DCS 的功能不断向高层扩展，系统已不再局限于直接控制，而是越来越多地加入了监督控制乃至生产管理等高级功能，因此当今大多数 DCS 都配有服务器。服务器的主要功能是完成监督控制层的工作，如监视整个生产装置乃至全厂的运行状态、及时发现并处置生产过程中各部分出现的异常情况、向更高层的生产调度和生产管理，直至企业经营等管理系统提供实时数据和执行调节控制操作等。或者简单讲，服务器就是完成监督控制，或称 SCADA 功能的主节点。

在一个控制系统中，监督控制功能是必不可少的，虽然控制系统的控制功能主要靠系统的直接控制部分完成，但是这部分正常工作的条件是生产工况平稳、控制系统各部分工作状态正常。一旦出现异常情况，就必须实行人工干预，使系统回到正常状态，这就是 SCADA 功能的最主要作用。在规模较小，功能较简单的 DCS 系统中，可以利用操作员站实现系统的 SCADA 功能，而在系统规模较大，功能复杂时，则必须设立专门的服务器节点。

5. 系统网络

DCS 的另一个重要的组成部分是系统网络，它是连接系统各个站的桥梁。由于 DCS 是由各种不同功能的站组成的，这些站之间必须实现有效的数据传输，以实现系统总体的功能，因此系统网络的实时性、可靠性和数据通信能力关系到整个系统的性能，特别是网络的通信规约，关系到网络通信的效率和系统功能的实现，因此都是由各个 DCS 厂家专门精心设计的。以太网逐步成为事实上的工业标准，越来越多的 DCS 厂家直接采用了以太网作为系统网络。

在以太网的发展初期，是为满足事务处理应用需求而设计的应用系统，其网络介质访问的特点比较适宜传输信息的请求随机发生，每次传输的数据量较大而传输的次数不频繁，因网络访问碰撞而出现的延时对系统影响不大。而在工业控制系统中，数据传输的特点是需要周期性的进行传输，每次传输的数据量不大而传输次数比较频繁，而且要求在确定的时间内完成传输，这些应用需求的特点并不适宜使用以太网，特别是以太网传输的时间不确定性，更是其在工业控制系统中应用的最大障碍。但是由于以太网应用的广泛性和成熟性，特别是它的开放性，使得大多数 DCS 厂家都先后转向了以太网。近年来，以太网的传输速率有了极大的提高，从最初的 10Mbit/s 发展到现在的 100Mbit/s 甚至达到 10Gbit/s，这为改进以太网的实时性创造了很好的条件。尤其是交换技术的采用，有效地解决了以太网在多节点同时访问时的碰撞问题，使以太网更加适合工业应用。许多公司还在提高以太网的实时性和运行于工业环境的防护方面做了非常多的改进。因此当前以太网已成为 DCS 等各类工业控制系统中广泛采用的标准网络，但在网络的高层规约方面，目前仍然是各个 DCS 厂家自有的技术。

6. 现场总线网络

早期的 DCS 在现场检测和控制执行方面仍采用了模拟式仪表的变送单元和执行单元，在现场总线出现以后，这两个部分也被数字化，因此 DCS 将成为一种全数字化的系统。在以往采用模拟式变送单元和执行单元时，系统与现场之间是通过模拟信号线连接的，而在实现全数字化后，系统与现场之间的连接也将通过计算机数字通信网络，即通过现场总线实现连接，这将彻底改变整个控制系统的面貌。

由于现场总线涉及现场的测量和执行控制等与被控对象关系密切的部分，特别是它将使用数字方式传输数据而不是使用简单的 4mA～20mA 模拟信号，其传输的内容也完全不局限于测量值或控制量，而包含了许多与现场设备运行相关的数据和信息，因此现场总线的传输问题要比模拟信号的传输问题复杂得多，这就是现场总线虽已出现多年，但至今仍然不能形成如 4mA～20mA 这样统一标准的原因。这种多标准并存的局面很有可能长期延续下去，因为工业的应用是复杂多样的，而现场总线又涵盖了许多应用方面的内容(4mA～20mA 标准仅仅实现了各种物理量的电气表示，而不管被表示的物理量做什么用途)，加上各个利益集团的竞争，因此在一个不会很短的时期内，无法用一个单一的标准来满足所有需求。

图 2.8 是采用了现场总线技术以后的 DCS 体系结构，如果仅仅使用现场总线连接现场控制站的主处理器和现场 I/O，即使用串行总线来代替并行总线，这对 DCS 的体系结构的改变还不是很大，而如果将现场总线引到现场，实现了现场 I/O 和现场总线仪表与现场控制站主处理器的连接，那么 DCS 的体系结构将发生很大的改变。

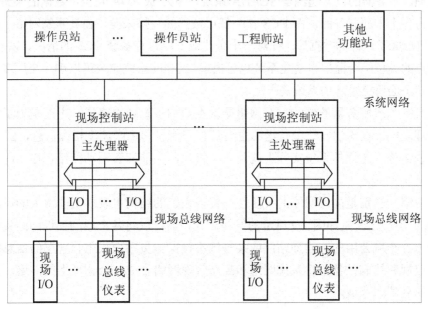

图 2.8 现场总线技术进入 DCS 后的系统体系结构

(1) 改变的是现场信号线的接线方式，将从 1∶1 的模拟信号线连接改变为 1∶n 的数字网络连接，现场与主控制室之间的接出线数量将大大减少，而可以传递的信息量则大大增加。

(2) 现场控制站中有很大部分设备将被安装在现场，形成分散安装、分散调试、分散运行和分散维护，因此安装、调试、运行和维护的方式将不同，也必然需要有一套全新的方法和工具。

(3) 改变回路控制的实现方式，由于现场 I/O 和现场总线仪表的智能化，它们已经具备了回路控制计算的能力，这便有可能将回路控制的功能由现场控制站下放到现场 I/O 或现场总线仪表来完成，实现更加彻底的分散。

在传统的单元式组合仪表的控制方式中，传统的仪表控制也是由一个控制仪表实现一个回路的控制，这和现场总线仪表的方式是一样的，而本质的不同是传统仪表的控制采用的是模拟技术，而现场总线仪表采用的是数字技术。另外，还有一个本质的不同是：传统仪表不具备网络通信能力，其数据无法与其他设备共享，也不能直接连接到计算机管理系统和更高层的信息系统，而现场总线仪表则可轻易地实现所有这些功能。

7. 高层管理网络

目前 DCS 已从单纯的低层控制功能发展到了更高层次的数据采集、监督控制、生产管理等全厂范围的控制、管理系统，因此再将 DCS 看成是仪表系统已不符合实际情况，从当前的发展看，DCS 更应该被看成是一个计算机管理控制系统，其中包含了全厂自动化的丰富内涵。从现在多数厂家对 DCS 体系结构的扩展就可以看到这种趋势。

几乎所有的厂家都在原 DCS 的基础上增加了服务器，用来对全系统的数据进行集中的存储和处理。服务器的概念起源于 SCADA 系统，因为 SCADA 是全厂数据的采集系统，其数据库是为各个方面服务的，而 DCS 作为低层数据的直接来源，在其系统网络上配置服务器，就自然形成了这样的数据库。针对一个企业或工厂常有多套 DCS 的情况，以多服务器、多域为特点的大型综合监控自动化系统也已出现，这样的系统完全可以满足全厂多台生产装置自动化及全面监控管理的系统需求。

这种具有系统服务器的结构，在网络层次上增加了管理网络层，主要是为了完成综合监控和管理功能，在这层网络上传送的主要是管理信息和生产调度指挥信息，图 2.9 给出了这种系统结构。这样的系统实际上就是一个将控制功能和管理功能结合在一起的大型信息系统。

由于网络，特别是高层网络的灵活性，使得系统的结构也表现出非常大的灵活性，一个大型 DCS 不一定就是如图 2.9 所示的结构形式，如可以将各个域的工程师站集中在管理网上，成为各个域公用的工程师站；或某些域不设操作员站而采用管理层的信息终端实现对现场的监视和控制；甚至将系统网络和高层管理网络合成一个物理上的网络，而靠软件实现逻辑的分层和分域。

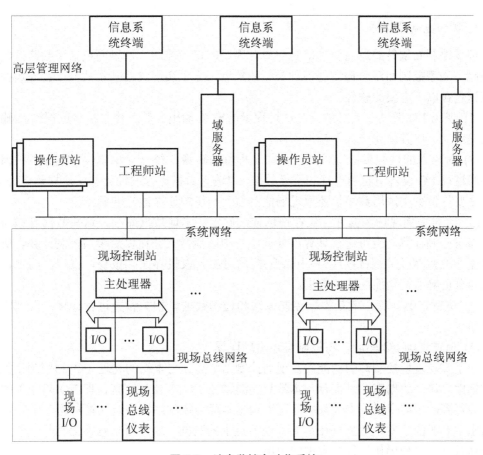

图 2.9　综合监控自动化系统

2.3.2　DCS 的软件构成

DCS 的基本构成已如上节所述，而 DCS 软件的基本构成也是按照硬件的划分形成的，这是由于在计算机发展的初期，软件是依附于硬件的，对于 DCS 的发展也是如此。当 DDC 系统的数字处理技术与单元式组合仪表的分散化控制、集中化监视的体系结构相结合产生了 DCS 时，软件就跟随硬件被分成现场控制站软件、操作员站软件和工程师站软件，同时，还有运行于各个站的网络软件，作为各个站上功能软件之间的桥梁。

通过以上对 DCS 中各个站的功能描述，可以很清楚地知道每个站上的软件的功能，如现场控制站上的软件主要完成各种控制功能，包括回路控制、逻辑控制、顺序控制以及这些控制所必需的现场 I/O 处理；操作员站上的软件主要完成运行操作人员所发出的各个命令的执行、图形与画面的显示、报警的处理、对现场各类检测数据的集中处理等；工程师站软件则主要完成系统的组态功能和系统运行期间的状态监视功能。

按照软件运行的时机和环境，可将 DCS 软件划分为在线的运行(Run Time)软件和离线的应用开发工具软件(即组态软件)两大类，其中控制站软件、操作员站软件、各种功能站上的软件及工程师站上在线的系统状态监视软件等都是运行软件，而工程师站软件(除在线的系统状态监视软件外)则属于离线软件。

下面分别描述各个站的软件功能及其构成。

1. 现场控制站软件

现场控制站软件的最主要功能是完成对现场的直接控制，这里面包括了回路控制、逻辑控制、顺序控制和混合控制等多种类型的控制。为了实现这些基本功能，在现场控制站中应该包含以下主要的软件。

(1) 现场 I/O 驱动，其功能是完成过程量的输入/输出。其动作包括对过程输入/输出设备实施驱动，以具体完成输入输出工作。

(2) 对输入的过程量进行预处理，如工程量的转换、统一计量单位、剔除各种因现场设备和过程 I/O 设备引起的干扰和不良数据、对输入数据进行线性化补偿及规范化处理等，总之是要尽量真实地用数字值还原现场值并为下一步的计算做好准备。

(3) 实时采集现场数据并存储在现场控制站内的本地数据库中，这些数据可作为原始数据参与控制计算，也可通过计算或处理成为中间变量，并在以后参与控制计算。所有本地数据库的数据(包括原始数据和中间变量)均可成为人机界面、报警、报表、历史、趋势及综合分析等监控功能的输入数据。

(4) 进行控制计算，就是根据控制算法和检测数据、相关参数进行计算，得到实施控制的量。

(5) 通过现场 I/O 驱动，将控制量输出到现场。

为了实现现场控制站的功能，在现场控制站中建立与本站的物理 I/O 和控制相关的本地数据库，这个数据库中只保存与本站相关的物理 I/O 点及与这些物理 I/O 点相关的、经过计算得到的中间变量。本地数据库可以满足本现场控制站的控制计算和物理 I/O 对数据的需求，有时除了本地数据外还需要其他节点上的数据，这时可从网络上将其他节点的数据传送过来，这种操作被称为数据的引用。

2. 操作员站软件

操作员站软件的主要功能是人机界面，即 HMI 的处理(即 HMI 软件)，其中包括图形画面的显示、对操作员操作命令的解释与执行、对现场数据和状态的监视及异常报警、历史数据的存档和报表处理等功能。为了上述功能的实现，操作员站软件主要由以下几个部分组成。

(1) 图形处理功能，该功能根据由组态软件生成的图形文件进行静态画面(又称为背景画面)的显示和动态数据的显示及按周期进行数据更新，画面操作(切换)。

(2) 操作命令处理功能，其中包括对键盘操作、鼠标操作、画面热点操作的各种命令方式的解释与处理，按钮命令动作下发、设定值变更等。

(3) 历史数据和实时数据的趋势曲线显示功能。

(4) 报警信息的显示、事件信息的显示、记录与处理功能。

(5) 历史数据的记录与存储、转储及存档功能。

(6) 报表功能。

(7) 系统运行日志的形成、显示、打印和存储记录功能。

为了支持上述操作员站软件的功能实现，在操作员站上需要建立一个全局的实时数据库，这个数据库集中了各个现场控制站所包含的实时数据及由这些原始数据经运算处理所得到的中间变量。这个全局的实时数据库被存储在每个操作员站的内存之中，而且每个操作员站的实时数据库是完全相同的副本，因此每个操作员站可以完成相同的功能，形成一种可互相替代的冗余结构。当然各个操作员站也可根据运行的需要，通过软件人为地定义其完成不同的功能，而成为一种分工的形态。

3. 工程师站软件

工程师站软件可分为两个大部分，其中一部分是在线运行的，主要完成对 DCS 系统本身运行状态的诊断和监视，发现异常时进行报警，同时通过工程师站上的 CRT 屏幕给出详细的异常信息，如出现异常的位置、时间、性质等。

工程师站软件的最主要部分是离线态的组态软件，这是一组软件工具，是为了将一个通用的、对多个应用控制工程有普遍适应能力的系统，变成一个针对某一个具体应用控制工程的专门系统。为此，系统要针对这个具体应用进行一系列定义，如系统要进行什么样的控制；系统要处理哪些现场量，这些现场量要进行哪些显示、报表及历史数据存储等功能操作；系统的操作员要进行哪些控制操作，这些控制操作具体是如何实现的，等等。在工程师站上，要做的组态定义主要包括以下方面。

(1) 系统硬件配置定义，包括系统中各类站的数量、每个站的网络参数、各个现场 I/O 站的 I/O 量配置(如各种 I/O 模块的数量、是否冗余、与主控单元的连接方式等)及各个站的功能定义等。

(2) 实时数据库的定义，包括现场物理 I/O 点的定义(该点对应的物理 I/O 位置、工程量转换的参数、对该点所进行的数字滤波、不良点剔除及死区等处理)以及中间变量点的定义。

(3) 历史数据库的定义，包括要进入历史数据库的实时数据、历史数据存储的周期、各个数据在历史数据库中保存的时间及对历史库进行转储(即将数据转存到光盘、硬盘等可移动介质上)的周期等。

(4) 历史数据和实时数据的趋势显示、列表及打印输出等定义。

(5) 控制算法的定义，其中包括确定控制目标、控制方法、控制周期及定义与控制相关的控制变量、控制参数等。

(6) 人机界面的定义，包括操作功能定义(操作员可以进行哪些操作、如何进行操作等)、现场模拟图的显示定义(包括背景画面和实时刷新的动态数据)及各类运行数据的显示定义等。

(7) 报警定义，包括报警产生的条件定义、报警方式的定义、报警处理的定义(如对报警信息的保存、报警的确认、报警的清除等操作)及报警列表的种类与尺寸定义等。

(8) 系统运行日志的定义，包括各种现场事件的认定、记录方式及各种操作的记录等。

(9) 报表定义，包括报表的种类、数量、报表格式、报表的数据来源、报表自动生成的周期(班报、日报、周报、月报)及在报表中各个数据项的运算处理等。

(10) 事件顺序记录和事故追忆等特殊报告的定义。

以上列出了主要的组态内容，对组态的具体操作将在第 3、4 两章进行详细描述。组态后形成的文件被称为定义文件，或组态源文件，这是一种便于阅读、检查、修改的文件格式，但还不能被 DCS 系统执行。这些定义文件还必须经过工程师站上的编译软件将其转换成系统可执行的数据文件，然后经过下装软件对各个在线运行的节点进行下装，这样在实际运行时才可以按照组态的定义完成相应的控制和监视功能。

4. 各种专用功能的节点及其相应的软件

DCS 在其产生的初期，是以直接控制作为其主要功能的，而且 DCS 的主要作用是替代单元式组合仪表，因此 DCS 软件的重心是在现场控制站上，对 DCS 软件的要求是稳定可靠地实现对被控过程的回路控制。由于这样的定位，早期的 DCS 一般都规模不大，一般都在 1000 个物理 I/O 点以内，而且监督控制功能相对较简单。随着 DCS 功能的不断加强，越来越多的监控内容被纳入 DCS，系统的规模不断扩大，如当前用在火力发电站单元机组的监控系统，200MW 机组的 DCS 大约在 4000 个物理 I/O 点，300MW 机组的 DCS 大约在 6000 个物理 I/O 点，而 600MW 机组的 DCS 大约在 8000 个物理 I/O 点。这样大的系统规模，已经使得原来经典的 DCS 体系结构无法满足要求。

以操作员站的功能为例，原来是将直接控制以外的几乎所有功能集中在操作员站上，每个操作员站上都有一份全局数据库的实时复制以支持这些功能的实现。但在系统规模大幅度上升后，操作员站的硬件环境就无法满足需求了，一是容量无法满足要求，二是操作员站的主要功能是图形画面的显示，需要随时根据操作员的操作调出相应的显示画面，这种性质的功能具有相当大的随机性，一旦请求发生，就需要立即响应，而且图形的处理需要极大的处理器资源，基本上在图形处理期间是不能同时做很多其他处理的，因此许多需要周期执行的任务会受到很多干扰而不能正常完成其功能，如历史存储、报表处理及日志处理等。而且，这些任务也不是完全均衡负荷的，如报表任务和历史数据存储任务，在某些整点时会有大量的数据需要处理，这时的 CPU 负荷就会严重超出，造成操作员站不能稳定工作。

为了有效地解决上述问题，在新一代较大规模的 DCS 中，针对不同功能设置了多个专用的功能节点，如为了解决大数据量的全局数据库的实时数据处理、存储和数据请求服务，设置了服务器；为了处理大量的报表和历史数据，设置了专门的历史站，等等。这样的结构，有效地分散了各种处理的负荷，使各种功能能够顺利实现，相应的，每种专用的功能节点上，都要运行相应的功能软件。而所有这些节点也同样使用网络通信软件实现与其他节点的信息沟通和运行协调。

5. DCS 软件结构的演变和发展

由于软件技术的不断发展和进步，以硬件的划分决定软件体系结构的系统设计已逐步让位于以软件的功能层次决定软件体系结构的系统设计。从软件的功能层次看，系统可分为以下 3 个层次。

(1) 直接控制层软件——完成系统的直接控制功能。
(2) 监督控制层软件——完成系统的监督控制和人机界面功能。
(3) 高层管理软件——完成系统的高层生产调度管理功能。

这三个层次的软件分别具有自己的数据结构和围绕各自数据结构的处理程序，以实现各个层次的功能。各个层次的软件之间通过网络软件实现数据通信和功能协调，低层软件为高层软件提供基础数据的支持，而系统则通过逐层提高的软件实现比低一层软件更多的功能和控制范围。从数据本身所代表的物理意义来看，底层数据比较简单，它们主要反映的是测量值，主要是作为控制计算的原始数据；而高层数据则逐级增加复杂程度，监督控制层的数据除反映测量值外，还要反映生产设备的运行状态，为操作人员掌握生产过程提供依据，因此需要增加很多特性，这就要对直接控制层提供的数据进行进一步的筛选和加工，使这些数据具备所需的特性；在高级管理层，原始数据除了要反映其测量值、生产设备运行状态外，还要反映生产调度信息、生产质量信息及设备管理信息等，为生产管理人员和企业经营人员提供经营管理信息，因此还要对监督控制层提供的数据再次进行筛选和加工，并且还要派生出一些新的数据，使其携带所需的信息。这种逐级增加并不断丰富数据内容的体系结构正是现代 DCS 的最大特点。

按照上述的三个功能层次，系统将具有直接控制、监督控制和高级管理这三个层次的数据库。这些数据库将分布在不同的节点上，因此需要通过各个节点之间的网络通信软件将各个层次的数据库联系在一起，并对数据内涵的逐级丰富提供网络支持。因此，可以说一个 DCS 系统的软件体系结构，主要决定于数据库的组织方式和各个功能节点之间的网络通信方式，这两个要素的不同，决定了各家 DCS 的软件体系结构，而且也造成了各家 DCS 的特点、性能及使用等诸方面的不同。

在 DCS 这样的实时系统中，特别是直接控制层和监督控制层的数据库主要是指实时数据库，这种实时数据库并不像商用数据库那样具有完备的数据组织、数据存储、数据保护及数据访问服务等功能，也不像商用数据库那样利用磁盘等外部存储器具有 GB 级以上的海量存储能力，实时数据库比较注重数据访问的实时性，因此实时数据库都是建立在内存之中的，其容量也不是很大，一般在 MB 数量级。为了提高数据访问效率，实时数据库的数据结构都比较简单，多数以查找最为便捷的二维表格方式组织数据。当然这里所说的是支持基本控制功能的实时数据库，在 DCS 的高级功能中，越来越多地加入了高层的管理功能，这些功能大多需要大量的数据支持，而对数据访问的实时性则不苛求。在这种情况下，商用数据库就成为一种必要的软件支持，DCS 厂家虽然并不生产这种通用的数据库产品，但必须解决好 DCS 的实时数据库与商用数据库的接口，使得不同层次的应用都能够很好地发挥效用。

DCS 的数据库是实现各种功能的基础，由于 DCS 的分布结构，其数据库也必然是一种分布结构，而在这种情况下，就必须借助网络通信才能够实现各种所期望的功能。例如，DCS 中所有的现场 I/O 被分在若干现场控制站中，绝大部分的直接控制功能可从本站得到原始数据，但也必然有一小部分功能要使用到不在本站的数据，这就需要进行引用，即通过网络将其他站的数据读取过来参加控制计算。如何才能够保证这种引用达到快速、准确及尽量少地占用网络资源，这就是系统体系结构设计所要解决的问题，其中包括网络的规约、网络通信的方式、物理 I/O 点的分站设计及各类功能软件如何分布的设计等。

早期的 DCS 中，系统硬件的结构决定了软件的结构，因此系统的数据库也是与硬件紧密相关的。一般来说，支持直接控制功能的实时数据库分布在各个现场控制站上，其数据记录与物理 I/O 相对应。而支持人机界面及系统监控功能的全局数据库则建立在操作员站上，是一种多副本的形式。通过系统网络，各个实时数据库将最新的数据广播到各个操作员站上，以实现全局数据库的刷新。

随着 DCS 规模的不断扩大和系统监控功能的不断加强，这种多副本的全局数据库已无法满足大数据量的处理，也很难在大数据量的情况下实现各个副本的数据一致性保证，因此 DCS 逐步演变成带有服务器的 Client/Server 结构，而全局数据库也成为一种单副本的集中数据库形式。各个现场控制站通过系统网络对服务器的全局数据库实现实时更新，而操作员站和其他专用功能节点则通过更高一层的网络(在物理上可以与系统网络是同一个网络)从服务器上取得数据以实现本节点的功能，或在本节点上保存一个全局数据库的子集，通过实时更新的方法以满足本节点的功能对数据的需求。

对于高级管理层的数据库，由于其数据量的庞大和需要商用数据库的支持，因此均采用集中数据库的方式。高级管理数据库可以建立在专门的生产管理服务器上，也可建在 $n:S$ 的系统服务器上，与 DCS 的监督控制层共用系统服务器。具体如何设计，可根据系统的规模、功能的设置灵活决定。

从软件本身的实现技术看，传统的软件技术是基于模块层次模型的，而现代软件技术则是基于面向对象模型的。这种新的软件技术以功能实现为主线组织数据和处理程序，而仅仅将硬件视为程序执行的载体，以此实现了规模化的专门处理，特别适合大规模、功能复杂的系统。

有关 DCS 各层软件的详细的描述可参见第 3～5 章。

2.3.3 DCS 的网络结构

1. DCS 的网络拓扑结构

关于网络的拓扑结构，可以参考许多有关网络的书籍。一般来说，网络的拓扑结构有总线型、环形和星形这 3 种基本形态。而实际上，对系统设计有实际意义的只有两种，一种是共享传输介质而不需中央节点的网络，如总线型网络和环形网络；另一种是独占传输介质而需要中央节点的网络，如星形网络。共享传输介质会产生资源竞争的问题，这将降低网络传输的性能，并且需要较复杂的资源占用裁决机制；而中央节点的存在又会产生可靠性问题，因此在选择系统的网络结构时，需要根据实际应用的需求进行合理的取舍。当然最理想的网络是既可独占传输介质，又不需中央节点的结构形式，为了实现这一点，目前只有将各个节点之间全部使用点对点连接，但这种方式已不能称其为网络了，尤其在节点数量较大时，无论在具体的工程实施方面还是在系统成本方面都是不可行的。

在共享传输介质类的网络中，常用的资源占用裁决机制有两种，一种是确定的传输时间分配机制，另一种是随机的碰撞检测和规避机制。

在确定的传输时间分配机制中，主要采用两种方法进行时间的分配，一种是采用令牌(Token)传递来规定每个节点的传输时间。令牌以固定的时间间隔在各个节点间传递，只有得到令牌的节点才能够传输数据，这样就可以避免冲突，也使各个节点都有相同的机会传输数据；另一种是根据每个节点的标识号分配时间槽(Time Slot)，各个节点只在自己的时间槽内传输数据，这种方法要求网络内各个节点必须进行严格的时间同步，以保证时间槽的准确性。

随机碰撞检测和规避机制的最典型例子就是以太网，这是一种非平均分配时间的传输机制，即抢占资源的传输方式。各个节点在传输数据前必须先进行传输介质的抢占，如果抢占不成功则转入规避机制准备再次抢占，直至得到资源，在传输完成后撤销对介质的占用，而对占用介质时间的长短并不做强制性的规定。显然，这种方式对于要求传输时间确定性的实时系统是不适合的，因此在 DCS 中，以往只在高层监控和管理网中才使用以太网。

随着以太网交换技术的发展，总线型的以太网逐步演变成了星形结构，即将原来的传输介质占用方式由共享变成了独占，这种拓扑结构的变化解决了传输介质资源的占用冲突问题，为以太网用于实时系统铺平了道路，而带来的问题是网络中出现了中央节点，这个中央节点成为网络可靠性的瓶颈。目前交换式以太网的中央节点是一个交换器，最简单的交换器由一个高速的电子开关组成，其中只有节点地址识别和接通相应路径的功能，而没有信息缓存和转发等其他功能，因此这是一个简单的电子设备。对于这种简单电子设备，可靠性还是比较容易保证的。在 DCS 的底层，并不需要除物理交换以外更高级的网络功能，因此采用具有更高级功能的交换器，如三层交换是不必要的，这不但会增加成本，还会降低系统的可靠性。而在 DCS 的高层，因其提供的功能更偏重于信息系统，因此将会用到具有高级交换功能的交换器。

2. DCS 的网络软件

在 2.3.2 节中，描述了 DCS 几个部分的软件，这些软件构成了 DCS 软件的主体，但它们是分别运行在各个节点上的，要使这些节点连接成为一个完整的系统，使各个部分的软件作为一个整体协调运行，还必须依靠网络通信软件。网络通信软件担负着在系统各个节点之间沟通信息、协调运行的重要任务，因此其可靠性、运行效率、信息传输的及时性等对系统的整体性能至关重要。在网络软件之中，最关键的是网络协议，这里指的是高层网络协议，即应用层的协议。由于网络协议设计得好坏直接影响到系统的性能，因此各个厂家对此都花费了大量的时间进行精心的设计，并且各个厂家都分别有自己的专利技术。

早期的 DCS 网络软件比较简单，其实质就是 DCS 中各个节点之间的通信软件，如现场控制站将本地的实时数据传送给每个操作员站、各个现场控制站间的变量引用、操作员站将操作员对现场的操作命令传送给相应的现场控制站等。

随着 DCS 规模的不断扩大，功能的不断扩充，通过网络传输的信息量大大增加，而且信息的种类也越来越繁杂，这时仅靠简单的数据通信就难以满足要求了，网络通信必须要能够容纳大量的、多种类型的信息传递，因此高速、通用及标准的网络产品，如以太网，逐步进入了 DCS 的体系中。标准的网络产品提供了完全规范并兼容的程序接口，屏蔽了底层，如物理层、数据链路层、网络层等与具体设备相关的特性，使 DCS 软件在网络设备改变、网络拓扑结构变化，甚至底层网络驱动软件改变时不必进行修改而直接沿用；对于需要传输的信息，不论信息量的大小，信息传递的频率，信息内容是什么，都可以用统一的网络通信命令实现通信。这些都大大有利于 DCS 软件在功能和性能上的提升。

就目前的情况看，上面所说的网络标准指的是建立在 ISO 七层网络模型 OSI 基础上的各层协议标准。DCS 所使用的标准网络协议，一般指四层及以下各层协议，例如 TCP/IP 以下的各层协议。这些低层协议只负责将有关数据及时、准确及完整地实现传输，而不关心被传输数据的内容和表示方法。OSI 的低层协议，一般指最低两层协议，决定了系统的网络拓扑结构。如以太网标准(即 IEEE 802.3 系列标准)，早期是典型的总线型网络，是一种无中央节点、各个节点共享传输介质的网络。而近期出现的交换式以太网，则通过增加交换器，在物理层将以太网由总线型网改造成了星形网，成为一种具有中央节点的、各个节点独占传输介质的网络。

对于一个完整的系统来说，不仅要完成各个节点之间的数据传输，更重要的是要通过数据的传输实现所需的功能，这就必须注重数据所携带的信息和这些信息的表达方式，也就是说，在网络通信中，更加重要的是信息内容，这是属于 OSI 模型的高层，即第七层协议所要解决的问题。目前，DCS 网络的高层协议仍由各个 DCS 厂家自行设计，因此在这方面，仍然是各个 DCS 厂家的专利技术。

近年来，人们试图在高层网络协议方面制定标准，其层次定位在第七层，即网络模型的最高层应用层，甚至在有些标准出现了更高的第八层用户层协议。之所以要制定高层的网络协议，是要规范在网络上传输的信息内容及其表示方法，实现完全彻底的开放，现场总线实际上就是要达到这个目的。但由于自动化应用的多样性和复杂性，用一个单一的标准规范所有的应用是非常困难的，比较现实的办法是区分几种不同的应用，分别形成适合不同应用的几种标准，而目前 IEC 在现场总线标准的制定方面就是采取了这种办法。除了应用的多样性和复杂性所带来的困难外，高层网络协议标准的难以形成还在于企业集团的商业利益。上面谈到，目前 DCS 中的高层网络协议都还是各个厂家的专利技术，如果将这部分标准化了，实现了网络的全面开放，那么由专利技术带给这些厂家的利益将会失去，这自然是他们不愿看到的事情，因此高层网络协议标准的形成将是一个相当漫长的过程。

有关 DCS 网络方面的详细讨论请参见第 6 章。

2.4　DCS 的体系结构的技术特点

2.4.1　信息集成化

系统网络是连接系统各个站的桥梁。由于 DCS 是由各种不同功能的站组成的，这些站之间必须实现有效的数据传输，以实现系统总体的功能。因此，系统网络的实时性、可靠性和数据通信能力关系到整个系统的性能，特别是网络的通信规约，关系到网络通信的效率和系统功能的实现。对于一个完整的系统来说，不仅要完成各个节点之间的数据传输，更重要的是通过数据的传输实现所需的功能，这就必须要注重数据所携带的信息以及这些信息的表达方式。也就是说，在网络通信中，更加重要的是信息内容，这是 OSI 模型的高层，即第七层协议所要解决的问题。

2.4.2　控制功能的进一步分散化

早期的仪表控制系统是由基地式仪表构成的。所谓基地式仪表，是指控制系统(即仪表)与被控对象在机械结构上是结合在一起的，而且仪表各个部分，包括检测、计算、执行及简单的人机界面等都做成一个整体，就地安装在被控对象之上。

DDC 将所有控制回路的计算都集中在主 CPU 中，这引起了可靠性问题和实时性问题，上节对此已有论述。随着系统功能要求的不断增加、性能要求的不断提高和系统规模的不断扩大，这两个问题更加突出，经过多年的探索，在 1975 年出现了 DCS，这是一种结合了仪表控制系统和 DDC 两者的优势而出现的全新控制系统，它很好地解决了 DDC 存在的两个问题。如果说，DDC 是计算机进入控制领域后出现的新型控制系统，那么 DCS 则是网络进入控制领域后出现的新型控制系统。

从仪表控制系统的角度看，DCS 的最大特点在于其具有传统模拟仪表所没有的通信功能。那么从计算机控制系统的角度看，DCS 的最大特点则在于它将整个系统的功能分配给若干台不同的计算机去完成，各个计算机之间通过网络实现互相之间的协调和系统的集成。在 DDC 系统中，计算机的功能可分为检测、计算、控制及人机界面等几大块。而在 DCS

中，检测、计算和控制这三项功能由称为现场控制站的计算机完成，而人机界面则由称为操作员站的计算机完成。这是两类功能完全不同的计算机。而在一个系统中，往往有多台现场控制站和多台操作员站，每台现场控制站或操作员站对部分被控对象实施控制或监视。

2.5 DCS 体系结构典型示例

在上一节中，讨论了集散控制系统的分层体系结构，介绍了各层的功能。但对于某一具体集散控制系统的应用来说，并不一定具有四层功能。大多数中小规模的控制系统只有第一、二层，少数情况使用到第三层的功能，在大规模的控制系统中才应用到完全的四层模式。就目前世界上优秀集散控制系统产品来看，多数局限在第一、二、三层，第四层的功能只附带在第三层的硬件基础上。

在这节中就几个典型的集散控制系统介绍它们的体系结构特点。

2.5.1 TDC-3000 型集散控制系统的体系结构

目前，在世界上应用较广而又具有四层体系结构的首推 Honeywell 公司推出的 TDC-3000 集散控制系统。它是在 TDC-2000 的基础上，经过 5 年的研究，在 1983 年 1 月发表的，其宗旨就是要解决过程控制领域内的关键问题——过程控制系统与信息管理系统的协调，为实现全厂生产管理提供最佳系统。

TDC-3000 发展十几年来，已几经更新换代，但它的基本系统与基本设备仍具有很强的生命力，如图 2.10 所示。旧的设备与新开发的系统兼容，新一代系统兼容旧一代产品，这是它的最大特色。

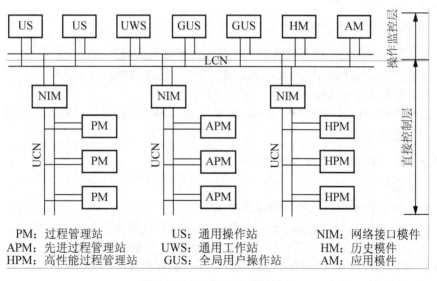

图 2.10 TDC-3000 系统结构

由图 2.10 体系结构图中可以看到，直接控制层由基本调节器和多功能调节器组成，可以进行基本回路调节，模拟量 I/O、过程 I/O 和顺序控制，可与单回路仪表、模拟开关等现场装置相连。

1. TDC-3000 有 3 种通信链路

(1) 局部控制网络(LCN)是 TDC-3000 的主干网，令牌存取通信控制方式，符合 IEEE 802.4 标准，传输速率 5Mbit/s，总线拓扑结构。通过计算机接口与 DECnet/Ethernet 相连，与 DEC-VAX 系统计算机联系构成综合管理系统；与个人计算机构成范围更广泛的计算机综合网络系统，从而将工厂所有计算机系统和控制系统联系成为一体，实现优化控制、优化管理的目的。

(2) 万能控制网络(UCN)是 1988 年开发的以 MAP 为基础的双重化实时控制网络，令牌传送载带总线网络，传输速率为 5Mbit/s，支持 32 个冗余设备，应用层采用 RS-511 标准。

(3) 数据高速公路(DH)是第一代集散控制系统的通信系统，采用串行、半双工方式工作，优先存取和定时询问方式控制，传输介质为 75Q-同轴电缆，传输速率为 250Kbit/s，DH 上设置了一个通信指挥器(HTD)来管理通信。任何 DH 之间的通信必须由 HTD 指挥，必须从 HTD 获得使用 DH 的权利。

2. TDC-3000 提供 3 个不同等级的分散控制

(1) 以过程控制设备(如 PM、LM 以及 DH 上各设备)为基础，并对控制元件进行控制的过程控制级。

(2) 先进的控制级包括比过程控制级更加复杂的控制策略和控制计算，通常称为工厂级。

(3) 最高控制级提供用于高级计算的技术和手段，例如，适用于复杂控制的过程模型，过程最优控制及线性规划等称为联合级。

3. TDC-3000 的过程控制站

TDC-3000 的过程控制站包括：基本控制器(BC)、多功能控制器(MC)、先进多功能控制器(AMC)、逻辑控制器、过程控制器、逻辑管理站(LM)、过程管理站(PM)、单回路控制器(KMM)和可编程控制器(PLC)等。

4. TDC-3000 有 4 种 CRT 操作站

(1) 万能操作站(US)是全系统的窗口，是综合管理的人机接口。
(2) 增强型操作站(EOS)是 TDC-2000CRT 操作站的改进型。
(3) 本地批量操作站(LBOS)主要用于小系统。
(4) 新操作站(.US)使用开放的 X-Window 技术，操作员能够同时观察工厂息、网络数据和过程控制数据。

5. TDC-3000 在 LCN 上挂接多种模件

(1) 万能操作站(US)。
(2) 历史模件(HM)可以收集和存储历史数据。
(3) 应用模件(AM)用于连续控制、逻辑控制、报警处理和批量历史收集，等等。其控制策略可用标准算法。此外，还有优化用工具软件包：回路自整定软件包、预测控制软件包、实时质量控制软件包(SPQC)、过程模型和优化软件包等。
(4) 可编程逻辑控制接口(PLCG)。
(5) 计算机接口(CG)提供与其他厂家如 DEC、IBM、HP 等主计算机之间的连接。
(6) 网络接口模件(NM)提供 UCN 和 LCN 之间的连接。
(7) 数据公路接口(HG)将数据公路(DH)与 LCN 相连。

2.5.2 Centum-XL 系统的体系结构

Centum-XL 是 1987 年日本横河电机推出的以"IF 整体自动化"为核心的集散控制系统，它能容纳横河几代产品于一体，包括 Centum、YS-80、YEWPACK、FA500(生产线控制器)和 uXL 等。系统结构如图 2.11 所示。

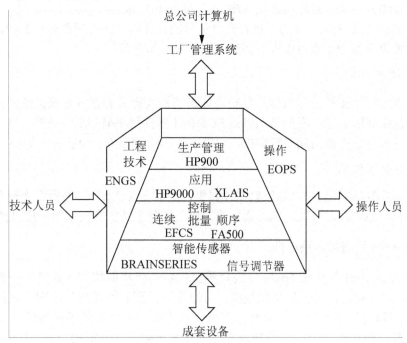

图 2.11 Centum-XL 系统结构

其技术特点如下。

1. 通信网络为三层

(1) 局域网络，它有两个 LAN 系统。

① SV-NET 系统，按 MAP 标准进行设计，传输速率为 10Mbit/s，可连接节点(机器台数)100 个，传送标准距离 500m，与光适配器一起使用最长可达 5.5km。

② Ethernet 系统，以适应通信的开放化、网络化。

(2) 数据公路，Centum-XL 称为 HF 总线，双重化结构，传输介质为 8D-V 电缆，网络拓扑为总线型，控制方式为无主令牌传送，符合 PROWAY C 标准，传送速率为 1Mbit/s，可接 32 个节点(站)，标准传送距离为 1km，和光通信系统一起使用最长距离可达 10km。

(3) RL 总线：是 HXL 连接分散设置的操作站和控制单元的通信总线，可以双重化，传输介质为同轴电缆，令牌传输方式，传输速率为 1Mbit/s，传输标准距离为 1km，使用光适配器时最长可达 15km。

2. 操作站(EOPS)

采用 32 位微处理器是为了掌握住整个工厂的运行状态，进行必要操作的集中化控制的高性能人机接口，具有卓越的流程图机能，复合窗口等画面显示功能，可监视 16000 个工位点，2300 点趋势点记录，300 个流程图画面，调出速度为 1 秒。

3. 过程控制级

是由现场控制站和现场监测站所构成，它具有反馈控制、顺序控制、批量控制、算术运算及监视等机能。

现场控制站(EFMS)和双重化现场控制站(EFCD)，采用 32 位微型计算机，可执行 80 个控制回路，顺序控制 786 点的接点输入/输出，在 1s 内完成。

现场监测站(EFMS)主要是为了进行温度信号的直接收集和监视的监视装置。不要信号变送器，最多可收集 255 点热电偶，测温电阻和 mV 信号等。

4. 工程技术站(ENGS)

工程技术站专司工程技术机能，包括诸如系统构成定义的系统生成机能、各种站的机能组态、流程图画面组态；应用机能包括 ECMP 计算机程序编制工作条件，自行文件、测试支援等；系统维修机能诸如系统维护、保养、远程维护保养、维护保养履历管理。

5. ECMP 计算机站

ECMP 计算机站采用 32 位超级微型计算机，是系统内计算机，执行品种管理、运算处理(数加工/最佳化运算)、与上位机的通信接口以及控制系统固有的实时应用机能。

2.5.3　I/A Series 系统的体系结构

I/A Series 是 1987 年美国 Foxboro 公司推出的新一代集散控制计算机——智能自动化系统(I/A Series)，从设计思想到系统结构，从硬件设计到软件思想都不同于老的产品。它的硬件、软件和通信都采用国际标准，为当今的工业自动化提供了灵活性、完整性、经济性和安全性，而且也为全厂信息集成和自动化系统提供了良好的结构。I/A Series 系统网络如图 2.12 所示。

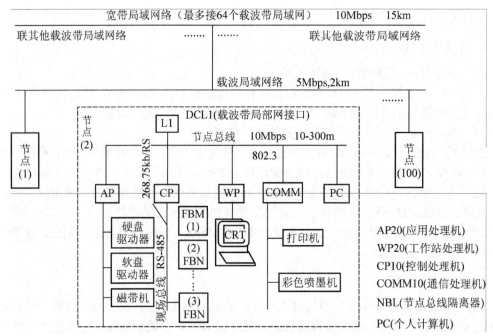

图 2.12　I/A Series 系统网络图

1. I/A Series 的通信网络是一个四层结构

I/A Series 的主干是现代化的局域网络——宽带局域网络和载带局域网络,采用国际标准组织 ISO 的开放系统互连 OSI 通信规程与 MAP 协议兼容,使它能集成不同厂商的产品和系统。

(1) 带局域网络:是全系统的主干,它可延伸 15km,向下连接 64 个载带局域网络,传输速率为 10Mbit/s。

(2) 载带局域网络:可挂接 100 个节点,传输速率为 5Mbit/s,传输介质为软性同轴电缆,最长距离为 2km,几个载带局域网络可以向上连接到宽带局域网络上,形成一个更大的系统。I/A Series 的节点是由节点总线与所连接的工作站所组成。

(3) 节点总线:传输介质为软性同轴电缆,通信规程符合 IEEE 802.3 标准,传输速率为 10Mbit/s,最长距离为 300m,可挂接 32 个工作站,这些工作站包括应用处理器、控制处理器、工作站处理器、节点扩展器、载带接口(DCLI)、个人计算机以及网间连接器(连接 Spectrum 系统)控制处理器通过现场总线挂接现场总线组件。

(4) 现场总线:传输介质为双绞线,是一种单主站共用线串行数据通信总线,它遵从 EIARS-485 标准,传输速率为 268.75Kbit/s。

现场总线的数据交换均由主站启动,所连接的现场总线组件都被视为从站。

2. I/A Series 的硬件

现场总线模件包括模拟 I/O 模件、数字 I/O 模件、触点 I/O 模件以及智能变送器接口模件等 20 多种,适应了现场输入/输出的各种复杂要求。所有现场总线模件都带有单片机,采集和处理现场来的各种模拟量和数字量信号,也包括智能变送器来的信号;转换和输出控制信号,对现场来的脉冲进行计数,对事故序列进行监视,实现梯形逻辑控制。现场总线模件采用 CMOS 电子元器件,表面安装技术和环境保护技术,具有自诊断功能和冗余技术,提高了系统的可靠性。各种工作站包括:

(1) 控制处理器(CP):可处理 60 个回路,实现用户所需的连续控制、梯形逻辑控制和顺序控制。

(2) 操作站处理器(WP):是为用户与系统功能间提供一个交互作用的环节,可完成各种显示、操作和组态功能。彩色 CRI 分辨率为 640×480,带触摸屏幕,鼠标,跟踪球操作器、字母数字键和组合式键盘,每个组合式键盘由带报警确认键的基本单元以及三块任意组合的报警指示键盘和数字键盘组成。

(3) 通信处理器(COMP):按优先等级打印来自网络中其他站的打印信息,如系统出错、过程报警、报表,文件和彩色图像等。报警信息优先级最高,将立即响应。它具有在网络中与远程站或上位机的通信功能。

(4) 应用处理器(AP):起着系统和网络管理、文件请求、数据库管理、历史数据及画面调用等作用。配有丰富的系统管理软件、组态软件和高级应用软件。执行各种应用功能如实时和历史数据、应用信息、系统和应用软件的组态。

3. I/A Series 的软件

(1) 系统软件采用国际工业标准。操作系统为 UNIX+VRTX。数据库管理系统为 IN-FORMIX。网络软件与 MAP 兼容。

(2) 控制软件包：提供 30 多种功能模块，集连续控制、梯形逻辑控制和顺序控制于一身。可以实现常规 PID 控制、采样控制、非线性控制、前馈控制、超驰控制、串级等各种先进复杂的控制方案，并为顺序或批量控制中设备控制和联锁构成了一个理想的混合使用基础。控制软件包提供的 EXACT 自整定功能是人工智能在过程控制中的实际应用，它始终对过程动态的变化提供最好的响应。

(3) 组态软件包括：系统组态程序、综合控制组态程序、画面组态软件、报警键盘组态功能和历史数据库组态功能。它是生成实用系统的有力工具。

(4) 人机接口软件包：包括窗口，渐进菜单。各种画面显示明了，操作方便，组态灵活，而且提供用户要求的特殊操作环境，以保证全厂信息的安全访问。

(5) 离线应用软件包：包括数据证实程序、生产模型程序、物理性能库、过程优化程序、电子表格、性能计算库和数学库等。为用户更好地应用 DCS 优化生产和优化管理提供了途径。

2.5.4　INFI-90 系统的体系结构

INFI-90 系统如图 2.13 所示，正式命名为过程决策管理系统(Strategm Process Management System)，它是贝利公司 1987 年的新一代 DCS，与 N-90DCS 完全兼容，而且还接纳了新技术。具备适应今后技术发展的特性。

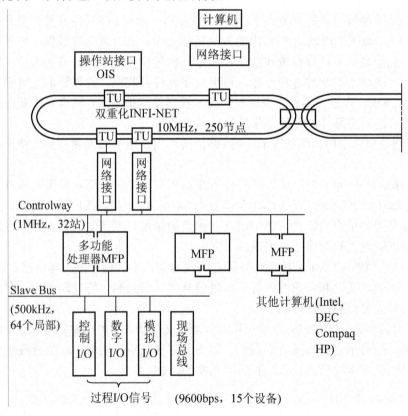

图 2.13　INFI-90 系统结构

(1) INFI-90 采用先进的微处理器(33MHz Motorola 68020 和 68030)、CRT 图形显示技术、高速安全通信技术和现代控制理论,形成了以过程控制站(PCU)、操作员接口站(OIS)、操作管理显示站和计算机接口站(CIU)与其他计算机通信设备为基础,做到物理位置分散、系统功能分散、控制功能分散以及操作显示管理集中的过程控制、过程决策管理的大型智能网络。

(2) INFI-90 的通信结构分为四层,它是能单独进行配置、保护的网络。

① 第一层网络为 INFI-NET 中央环,可带载 250 个节点,传输速率为 10Mbit/s。

② 第二层网络有两类:

● INFI-NET 环,可带载 250 个节,传输速率为 10Mbit/s;

● INFI-90 工厂环,可带载 63 个节点,传输速率为 500Kbit/s。

③ 第三层网络为总线结构,名称为控制公路(Control Way)。通信介质为经过腐蚀的印刷电路板,可带载 32 个站(智能模件)传输速率为 1Mbit/s,采用无指挥器的自由竞争协议。

④ 第四层网络为总线结构,名称为受控总线(Slave-11S),通信介质为经过腐蚀的印制电路板。它是一个并行总线,主要支持智能化模件的 I/O 通道。每个智能模件可带载 64 个 I/O 子模件,传输速率为 500Kbit/s。

(3) INFI-90 使用无通信指挥器的存储转发通信协议,做到环路上的节点在通信中的地位是平等的,在同一时刻,每一节点均能接受和发送信息,并且依次传递,直至信息回到源节点。从而提高了环形网络的利用率、可靠性和可扩展性。

INFI-90 还使用了例外报告技术。所谓的"例外报告"与数据信息的有效变化值有关。一个数据点被传送必须是这个数据有"明显"改变的时候,这个明显改变是用户设定的,此参数称为"例外死区"(即无报告区)。

采用例外报告,减少了不变化数据的传送,因而大大降低了传送信息量,提高了响应速度和系统的安全性。

(4) INFI-90 硬件结构遵循模件结构的原则,过程控制站有四类模件:通信模件、智能化的多功能处理模件、I/O 子模件、电源模件。由这四类模件就可组成适应工艺要求的过程控制站,去完成过程控制、数据采集、顺序控制、批量处理控制以及优化等高级控制。

(5) INFI-90 软件结构遵循模块化原则,做到高度模块化。在 MFP 的 ROM 中装入 11 大类 200 种功能码(标准算法),用户可以方便地加入自定义的功能码。用户还可以利用工程师站(EWS),选用适当的功能码,组成各种功能的组态控制策略,存入 BATRAM 中。EXPERT-90 这一专家系统的引入,构成优化策略,把过程控制提高到一个新的水平。

(6) INFI-90 的 OSI 操作员接口站是一个集硬件、软件于一体的计算机设备,它支持多种外部设备,如人机对话手段,包括触摸屏幕、球标仪、键盘图形及文本打印机、彩色图形复制机、光盘存储器。操作员接口站如系列终端是选用 DEC 公司的 VAX 计算机,运行 VMS 操作系统,能与 DEC net/Ethernet 通信网络连接。

(7) INFI-90 使用 CIU、MPF 的对外通道,可以和其他计算机、PLC 等设备通信,如 IBM、Intel、Compaq、DEC、HP 等多种计算机。使该系统更具有开发性以及可用性。

2.5.5 MACS 的体系结构

MACS(Meet All Customer Satisfaction)集散控制系统是 Hollysys(和利时)公司的产品,其体系结构如图 2.14 所示。冗余的系统网络(S-NET)和管理网络(M-NET)之间通过冗余服务器互连,这两条 Ethernet(以太网)通信速率为 10/100Mbit/s。控制站挂在 S-NET 上,工程师站和操作员站挂在 M-NET 上。冗余服务器的功能是进行实时数据库的管理和存取、历史数据库的管理和存取、系统装载服务和文件存取服务。工程师站、操作员站和服务器选用工业 PC 机和工作站，采用 Windows NT/2000 操作系统及其配套软件和 IEC61131-3 标准规定的功能块图(function block diagram，FBD)、梯形图(Ladder Diagram，LD)、顺序功能图(Sequence Function Chart，SFC)和结构文本语言(Structure Text，ST)组态方式。

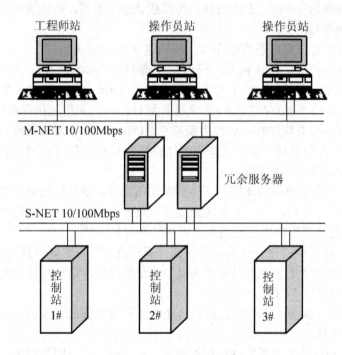

图 2.14　MACS 系统结构

　　MACS 的控制站由主控单元(MCU)和输入输出单元(IOU)两部分组成，两者之间通过控制网络(C-NET)互连，如图 2.15 所示。两个主控单元(MCU)构成冗余控制站，MCU 内有 3 块以太网(Ethernet)卡，其中第 1、2 块接冗余 S-NET，第 3 块作为双机数据备份线接口。MCU 内还有 1 块 CPU 卡、1 块 PROFIBUS-DP 总线卡和 1 块多功能卡。C-NET 选用 PROFIBUS-DP 总线，通信速率为 9.6Kbit/s～12Mbit/s，其快慢取决于传输介质和传输距离。IOU 的各类 AI、AO、DI、DO 等模块挂在 C-NET 上，采用 DIN 导轨模块式结构形式，IO 模块和接线端子分离，便于带电插拔维护，IO 模块也可以冗余配置。控制站选用 QNX 实时多任务操作系统，连续控制块、梯形逻辑块和计算机公式的运算周期可选为 50ms、100ms、…、1000ms。

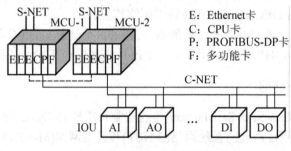

图 2.15　MACS 的控制站

本章小结

本章介绍了 DCS 的体系结构内容包括层次结构、硬件结构、软件结构和网络结构,并列举了几种典型 DCS 的体系结构。尽管目前世界上有多种 DCS 产品,具有定型产品供用户选择的一般仅限于直接控制层和操作监控层。

思考题与习题

2-1 DCS 的体系结构体现在哪几个方面?

2-2 DCS 的层次结构一般分为几层?概述每层的功能。

2-3 控制站的硬件主要由哪三部分组成?概述各部分的构成和功能。

2-4 简述 DCS 的操作员站、工程师站和监控计算机站的硬件结构。各部分的主要功能是什么?

2-5 简述控制站软件的用户表现形式及其作用。

2-6 控制站中输入和输出功能块的产生物理背景是什么?

2-7 简述操作员站软件的用户表现形式及其作用。

2-8 工程师站的用户软件可分为哪三类?简述各类的功能。

2-9 DCS 的网络结构体现在哪几个方面?

第3章 DCS硬件系统

集散控制系统的一个突出优点是系统的硬件和软件都具有灵活的组态和配置能力。DCS的硬件采用积木式结构，通过网络系统将不同数量的现场控制站、操作员站、工程师站等连接起来，共同完成各种采集、控制、显示、操作和管理功能。集散控制系统不仅可以灵活地配置成大、中、小型系统，还可以根据用户的财力和生产要求进行系统的扩展和功能的增强。目前，世界上有几百家DCS制造厂商，不同厂商的系统硬件千差万别。在本章中，将不对某个具体的DCS系统硬件做介绍，只介绍一般DCS系统所共有的硬件组成。

3.1 DCS硬件组成概述

一套典型的DCS系统的硬件组成如图3.1所示，其中各部分的基本功能如下所述。

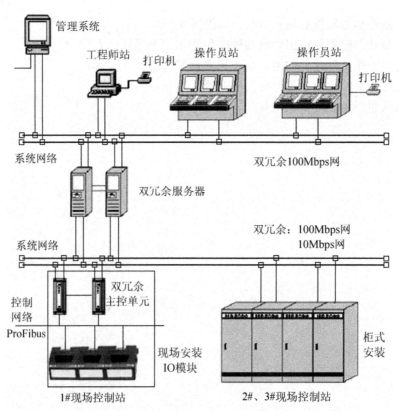

图3.1 典型DCS系统的硬件体系结构示意图

(1) 操作员站(Operator Station，OS)。

主要给运行操作工使用，作为系统投运后日常值班操作的人机接口(Man Machine

Interface，MMI)设备使用。在操作员站上，操作人员可以监视工厂的运行状况并进行少量必要的人工控制。每套 DCS 系统按照工艺流程的要求，可以配置多台操作员站，每台操作员站供一位操作员使用，监控不同的工艺过程，或者多人同时监控相同的工艺过程。有的操作员站还配置大屏幕显示。

(2) 工程师站(Engineer Station，ES)。

主要给仪表工程师使用，作为系统设计和维护的主要工具。仪表工程师可在工程师站上进行系统配置、I/O 数据设定、报警和打印报表组态、操作画面组态和控制算法组态等工作。一般每套 DCS 系统配置一台工程师站即可。工程师站可以通过网络连入系统，在线(On Line)使用，如在线监控设备运行情况，也可以不连入系统，离线 (Off Line) 做各种组态工作。在 DCS 系统调试完成投入生产运行后，工程师站就可以不再连入系统甚至不上电。

(3) 系统服务器(System Server)。

一般每套 DCS 系统配置一台或一对冗余的系统服务器。系统服务器的用途可以有很多种，各个厂家的定义也有差别。总的来说，系统服务器可以用作：①系统级的过程实时数据库，存储系统中需要长期保存的过程数据；②向企业管理信息系统 MIS(Management Information System)提供实时的过程数据；③作为 DCS 系统向其他系统提供通信接口服务并确保系统隔离和安全。

(4) 现场控制站。

现场控制站是 DCS 的核心组成部分，集数据采集、预处理、控制运算、输出控制等功能于一体，其硬件组成包括以下几个部分。

① 主控单元(Main Control Unit，MCU)：主控单元也就是主控制器，是 DCS 中各个现场控制站的中央处理单元，是 DCS 的核心设备。在一套 DCS 系统中，根据危险分散的原则，按照工艺过程的相对独立性，每个典型的工艺段应配置一对冗余的主控制器，主控制器在设定的控制周期下，循环地执行以下任务：从 I/O 设备采集现场数据→执行控制逻辑运算→向 I/O 输出设备输出控制指令→与操作员站进行数据交换。

② 输入/输出设备(Input/ Output，I/O)：用于采集现场信号或输出控制信号，主要包含模拟量输入设备(Analog Input，AI)、模拟量输出设备(Analog Output，AO)、开关量输入设备(Digital Input，DI)、开关量输出设备(Digital Output，DO)、脉冲量输入设备(Pulse Input，PI) 及一些其他的混合信号类型的输入输出设备或特殊 I/O 设备。

③ 电源、转换设备 主要为系统提供电源，主要设备包含：AC-DC 转换器和不间断电源(UPS)等。

④ 机柜：机柜用于安装主控制器、I/O 设备、网络设备及电源装置。

(5) 通信网络及设备。

① 控制网络及设备(Control Network，CNET)：控制网络也就是现场总线网络，主要用于将主控制器与 I/O 设备连接起来，也可用于将主控制器和智能仪表、PLC 等设备连接。其主要设备包括通信线缆(即通信介质)、中继器、终端匹配器、通信介质转换器、通信协议转换器或其他特殊功能的网络设备。

② 系统网络及设备(System Network，SNET)：系统网络用于将操作员站、工程师站及系统服务器等操作层设备和控制层的主控制器连接起来。组成系统网络的主要设备有网络接口卡(网卡)、集线器(或交换机)、路由器和通信线缆等。

3.2 DCS 的操作员站

在集散控制系统中，操作员站(图 3.2)的功能主要是操作、监视和管理各种生产设备。DCS 的操作员站作为 DCS 的人机界面，为用户提供各类操作和显示画面。一般有工艺流程图显示画面、通用操作画面、专用操作画面、报警信息画面、历史信息画面和系统信息画面等。操作员站的硬件部分一般包括：主机系统、显示设备、打印设备、存储设备、数据输入设备，以及一个支撑和固定这些设备的台子。下面将分别讨论操作员站的几个构成部分。

图 3.2 DCS 的操作员站

(1) 操作台。DCS 的操作台一般安放在工厂的操作车间，人员嘈杂，电气环境差，而且，操作员站是操作员时刻都在监视和进行操作的设备，因此，各 DCS 厂家都精心地设计一个便于操作员操作和监视的操作台。操作台可以起到固定并保护各种计算机和外设的作用，所以操作台要设计得坚固、美观、大方，同时高度和倾斜尺寸都很适合操作人员使用。目前，常用的操作台有两种：台式操作台和落地式操作台。操作台如图 3.3 所示。

(2) 主机系统。当前的 DCS 的操作员站功能强、速度快、记录数据量大。因此，对操作员站内的处理机系统提出了很高的要求。一般 DCS 的操作员站的主机系统都采用 32 位微处理器，内存 1GB 以上，硬盘容量 500GB 以上，光盘驱动器在 40 倍速以上。为系统安全考虑，一般操作员站在生产正常运行后都切断光驱、软驱，封锁 USB 接口。

以前的 DCS 采用各种专用的工业控制计算机作为操作员站的处理机系统，例如，西屋的 WDPF 采用 Intel 的多总线系统为主机系统，横河的 CENTUM 系统采用 6800 系列机作为主机系统。近几年，由于工业 PC(IPC)硬件和软件的通用性、兼容性和性能价格比的优势，使得越来越多的中、小型 DCS 采用工业 PC 来作操作员站主机系统。工业 PC 曾经成为操作员站的主流机型，现在很多系统使用普通商用计算机作为操作员站。

图 3.3 DCS 的操作台

(3) 存储设备。前面介绍了 DCS 操作员站具有很强的历史数据存储功能。许多 DCS 在网络上专门配备一台或几台历史数据记录仪，而今的外部存储器可以具备体积小、容量大、访问速度快等优点。因此，许多 DCS 在操作员站的主机系统里直接配有一个到两个大容量的存储设备，容量至少在 500GB 以上。

(4) 图形显示设备。在 DCS 系统中，系统流程图、操作画面、报警画面和趋势画面等均在数字化的显示设备中完成，不再使用传统的模拟电子墙。目前，比较适用于 DCS 的显示设备有 3 种：CRT (Cathode-Ray Tube，阴极射线管)、LCD(Liquid Crystal Display，液晶显示器)、DLP(Digital Light Processor，背投影)。其中，CRT 适合于低端的操作员站显示设备；LCD 适合于高端的操作员站显示设备；DLP 背投影适合于高端的大屏幕显示墙。CRT 显示器是以前工业控制计算机系统中应用最多、技术也最成熟的图形显示设备。它具有分辨率高(分辨率可达 2000×2000 像素)、色彩丰富、显示和刷新快、屏幕尺寸大、在光线弱时能够显示清晰的图形、允许的工作温度范围宽(-10℃～100℃)的优点；同时也有体积笨重、功耗大、易受震动和冲击易受射线干扰等缺点。LCD 显示器现在普遍应用于工业控制计算机系统中，它的特点包括体积小、重量轻、耗电少、可靠性高、寿命长、不易受干扰(震动、冲击和射线等)、平均故障间隔时间(Mean Time Between Failure，MTBF)长等优点(可达 10000 小时以上)；但其使用温度范围较窄，一般只有 0℃～50℃。

随着显示技术的发展，现在许多 DCS 厂家引入触摸屏显示技术，这样可以省掉操作员键盘。触摸屏输入由触摸检测器和触摸屏控制器两部分组成。其中触摸检测器负责操作员的触点在屏幕上的位置或坐标，并将该位置和坐标送给触摸屏控制器。触摸屏控制器再将触点位置转换成相关的计算机信息，进行操作监视。

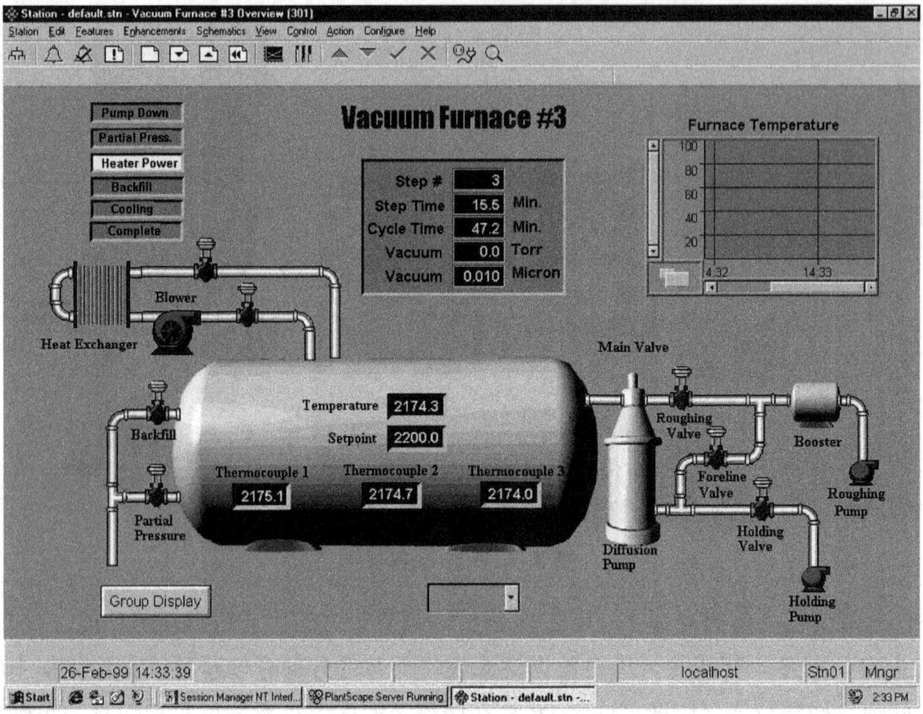

图 3.4　工艺流程图画面

(5) 数据输入设备。一般情况下，操作员站的数据输入设备包括键盘和鼠标(轨迹球)。键盘输入是一种最基本、最广泛使用的操作设备。按照键盘的材料可以分为打击式和薄膜式两种，其中打击式又有机械式和电容式之分。打击式键盘使用最为广泛，且价格低廉；其缺点是不防尘、不防水，只能在办公环境中使用。如今的 DCS 操作员键盘多采用薄膜键盘，盘面用无缝隙的薄膜塑料或硅胶制成，具有防水、防尘的能力，并且具有明确的图案(或名称)标志。这种键盘从按键的分配和布置上充分地考虑到操作直观、方便，并且适用于比较恶劣的环境。为了配合某类工业控制的特殊操作而设计的专用键盘，每个键的定义与某个特定的操作相对应，并在相应按键上印刷专用操作名称，从而使操作更为直观方便。一般的操作键可以根据其功能分为以下几个部分：

① 系统功能键。这些键定义了 DCS 的标准功能，如状态显示、图形复制、分组显示、趋势显示、修改点记录、主菜单显示等。

② 控制调节键。这些键定义了系统常用的控制调节功能，如控制方式切换(手动、自动、串级等)、给定值、输出值的调整、控制参数的整定等。

③ 翻页功能键。这些键定义了图形或列表显示时的翻页控制功能。

④ 光标控制键。用来控制参数修改和选择时的光标位置。

⑤ 报警控制键。用来控制报警信息的列表、回顾、打印及确认等。

⑥ 字母数字键。用来输入字母和数字。

⑦ 可编程功能键。这组键是用户可以自己定义的键，它可以在任何显示画面下起作用。

⑧ 用户自定义键。用来定义那些常用的操作，使得在任何情况下，只要用户按下某个自定义键，就可以切换到预先指定的功能。大部分的操作键盘上都留有一定数目的用户自定义键。

鼠标或轨迹球输入是一种基本且广泛使用的输入设备。尤其是在窗口(Windows)软件界面中，几乎都需要使用鼠标。普遍使用的鼠标是机械式和光电式的，使用于一般的计算机。另外，还有一些输入设备如触摸板、手写板等。

(6) 打印输出设备。打印机是一种最基本、广泛使用的输出设备，是 DCS 操作员站或工程师站不可缺少的外部设备，一般用于打印文件资料、数据报表和事故记录。在工业控制计算机中实时打印事故记录或事故追忆信息，可以供操作员分析事故的原因。常用的打印机类型有点阵式打印机、喷墨式打印机和激光式打印机，其中宽行点阵式打印机在工业控制计算机中使用比较普遍，因其打印纸能连续折叠，打印出较长的数据信息，便于分析和存档。在选择打印机时应从以下几个方面考虑。

① 打印质量：打印质量一般与打印机的针数和打印机的质量有关，较为流行的是 24 针打印机。

② 打印速度：打印速度是指单位时间内打印的字数(页数)。

③ 可靠性：打印机一般不是每时每刻都在运行，但目前打印机的可靠性还较低，如一般的打印机的平均故障间隔时间(MTBF)只有几百小时到上千小时。因此，在选择打印机时应尽可能选择可靠性高的。

④ 噪声：普通的针式打印机噪声很大，应尽量选择噪声低的打印机。

3.3 DCS 的工程师站和系统服务器

DCS 的工程师站的功能是进行组态，建立符合实际生产所需要的 DCS 系统、控制系统和人机界面。现场控制站和操作员站的功能都是通过工程师站的组态生成的。操作员站是工艺操作人员的人机界面，工程师站是控制工程师的人机界面，操作员站的人机界面首先是在工程师站上生成的，然后再装入操作员站运行，一旦 DCS 系统正常运行并达到操作和控制的目的，工程师站就失去作用，除非需要修改组态或在线监视，才会再用到工程师站。

3.3.1 工程师站的硬件结构

工程师站是承担从系统开发到系统保养等工程技术工作的多功能站，工程师站由 PC 机及工程师组态软件构成。它主要完成系统的配置、控制回路组态、操作监控软件组态以及编译、下装等功能。由于工程师站通常也使用普通的商用计算机，在 DCS 系统完成组态投入生产运行后，在工程师站中装载操作员站软件后也可以作为操作员站使用。

1. 工程师站基本的硬件配置

(1) CPU：双核以上；

(2) 内存容量：1GB 以上；

(3) 硬盘容量：500GB 以上；

(4) USB 接口：多个；

(5) 显示卡：VGA；

(6) 显示单元：21 寸以上 LCD 工业监视器，分辨率为 1024×768 以上，真彩色(可选触摸屏)；

(7) 键盘：标准键盘；

(8) 打印机：一般为 A4 激光打印机。

2. 工程师站的功能

通过工程师站，仪表工程师可以进行控制回路图、流程图的组态，可以在线修改(添加或删除)反馈控制仪表、可以对现场控制站进行编程、下装，并能建立用户文件及数据库改变的一些管理工作。工程师站也为维护、保养工程师提供了数据库保存和恢复、软件修订和再版的管理、系统运转状态的监视和远程维护、保养的功能。它可以使用户方便地进行维修。

1) 系统组态功能

(1) 系统硬件组态：包括现场控制站和操作员站数量地址的组态，现场控制站中输入/输出模块的分配，总线连接关系组态等。

(2) 操作员站软件组态：包括对操作站构成规格、整体观察画面的分配、控制分组画面的组态、趋势记录规格、趋势记录笔的定义，功能键规格、调节器规格及信息要求规格的定义。

(3) 现场控制站软件组态：包括组态用户控制程序，现场控制站中的实时数据库的组态等。

2) 系统维护功能

(1) 控制单元工作状态一览显示。

(2) 控制单元个别显示：显示控制单元的 CPU 状态，排空时间，冷却风扇单元的状态及输入/输出插件的状态；控制单元的 Run/Stop 操作；控制单元的 Load/Save 操作。

(3) 系统报警信息显示：按系统报警信息发生的顺序，进行显示、确认、消除。

(4) 日期、时刻设定：操作站的日期、时刻的显示和设定。

(5) 过程参数的相关检索：显示和顺序元件有关的连接对象；显示反馈控制内部仪表的回路连接状态及有关的连接对象。

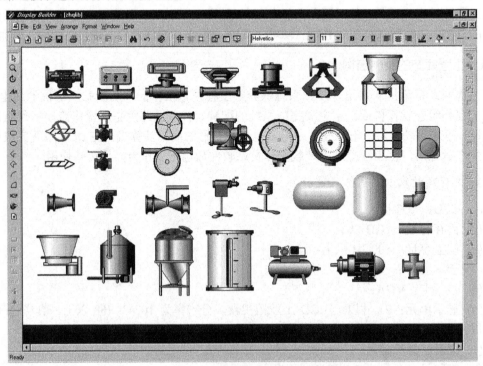

图 3.5　对流程图画面组态用的图库

3.3.2　系统服务器

在集散控制系统中，系统服务器是系统进行监督和控制的关键设备，所以对其可靠性的要求要比操作员站的高，而系统服务器也可以作为工程师站来使用。系统服务器一般都要求冗余配置，而且服务器的主要设备，如硬盘、电源和 CPU 也需要冗余结构。现在很多DCS 系统使用普通商用服务器，商用服务器有很高的可靠性，而且这些服务器有众多的生产厂家和大量用户的支持，技术保证和维护都十分方便。PC 服务器的基本性能以硬盘容量、磁盘阵列、内存容量、容错能力及集群系统等基本技术为主。

1. 硬盘容量

硬盘容量是指服务器的硬盘空间，它的一般要求是网络中每个用户需求的空间容量乘以网络设计用户数之积。由于服务器的重要功能之一是为网络用户提供一个共享文件和应用软件的存储中心仓库，因此，一般服务器的硬盘存储空间是 PC 硬盘容量的 10～100 倍。所以 PC 服务器除了采用大容量本机硬盘外，有些还采用容量更大、稳定性更高、备份机制更强的磁盘阵列。由于磁盘直接与内存交换信息，是随机存储数据的高速存储设备，因此，服务器磁盘阵列必须是高可靠性硬盘组，因为它们决定了服务器系统存储空间的大小，还决定了系统的安全稳定性能。

2. 磁盘阵列

对于关键应用，系统服务器的硬盘大都采用冗余磁盘阵列技术，通过对多个硬盘进行条带化处理，有效数据和校验数据被均匀分布在多个硬盘中并加入校验数据，当有硬盘损坏时，通过校验数据可以恢复损坏硬盘中的数据。在恢复过程中，不影响系统的服务。同时，冗余磁盘阵列系统可以大幅提高磁盘保护存储数据的性能。通过配置并使用冗余磁盘阵列系统，可以最大限度地减少由于硬件损坏而造成的系统故障和数据丢失。

磁盘阵列有许多优点：首先，提供了很大的存储容量；其次，多台硬磁盘驱动器可以并行工作，提高了数据传输速率；再次，由于有了校验技术，提高了系统的可靠性。如果阵列中有一台硬磁盘损坏，利用其他盘可以重组出损坏盘上原有的数据，不影响系统正常的工作，并可以在带电状态下更换已经损坏的硬磁盘，具有热插拔功能，阵列控制器自动把重组数据写入新盘，或写入热备份盘而使新盘成为热备份盘。磁盘阵列通常配有冗余设备，如电源和风扇，以保证磁盘阵列的散热和系统的可靠性。

3. 内存容量

一般情况下，较大内存可以提高服务器系统的处理能力和运算能力，因为输入/输出的数据处理和运算最先进入的就是内存。同时系统处理能力的提高还依赖于系统的二级高速缓存的增加，原因是二级高速缓存可为 CPU 提供一个超速工作空间。为了保证最大程度上的稳定、安全和高速，PC 服务器的内存和二级缓存基本上采用 100MHz 的 ECC SDRAM存储器。目前，市面上流行的 PC 服务器的内存容量一般在 512MB～4GB，二级缓存一般在 16MB～64MB 之间。

4. 容错能力

容错能力是指在出现故障时服务器能继续工作的能力。出于对现场的工作要求，服务器必须具有高可用性和持续工作的能力，即使是诸如磁盘、风扇、电源、应用程序等出现故障也应能运行。因此，PC 服务器除选用高质量、低故障的电源、磁盘阵列等设备外，还应采用多种部件备份容错方式，如双电源、双风扇、双主机备份通道及双设备通道等。同时，许多 PC 服务器还配置一些专用适配卡来对系统进行实时监控，这些设备随时与控制台保持通信联系，实时报告服务器的内部工作温度，提供系统各个组件的状态信息。

5. 在线修复技术

故障的在线修复技术包括故障部件可带电插拔和部件的在线配置技术。可带电插拔的部件有硬盘、内存、外设插卡、电源及风扇等，目前 PC 服务器中的亮点技术就是 PCI 的热插拔技术。模块化设计将是今后发展的方向。

6. SCSI 接口

SCSI (Small Computer System Interface)是一种小型计算机系统接口，它的最大特点就是该标准享有十分强劲的业界支持，几乎所有的硬件厂商都在开发与 SCSI 接口连接的相关设备，SCSI 连接设备有物理距离和设备数目的限制，SCSI 主要用于高可靠性存储设备与主机的连接。

7. 集群系统

服务器集群指通过特殊的软件和硬件支持将两台或多台服务器组成服务器集合，它的目的是减少系统的故障时间，提高系统的可用性。有两种服务器集群的方法：一种方法是将备份服务器连接在主服务器上，当主服务器发生故障时，备份服务器才投入运行，把主服务器上所有任务接管过来；另一种方法是将多台服务器连接，这些服务器一起分担同样的应用和数据库计算任务，改善关键大型应用的响应时间，同时，每台服务器还承担一些容错任务，一旦某台服务器出现故障时，系统可以在系统软件的支持下，将这台服务器与系统隔离，并通过各服务器的负载转嫁机制完成新的负载分配。

3.4　DCS 的现场控制站

现场控制站是 DCS 系统的重要组成部分，其组成包括主控单元(MCU)、模拟量输入设备 AI、模拟量输出设备 A0、数字量输入设备 DI、数字量输出设备 DO、脉冲量输入设备 PI、电源设备等，这些设备通常安装在机柜内，放置在工艺现场距离仪表和执行器较近的位置。输入/输出设备接口电路与 PLC 接口电路相似，都符合 IEC61131-2 的规定，一般有经验的电气工程师看过接口电路图都会知道线路接法。本节参考和利时公司的 MACS-II 系统，通过对现场控制站内各硬件组成部分的介绍，希望读者能对现场控制站有个比较完整的了解。

3.4.1　主控制器(MCU)

主控制器也称过程控制单元，是现场控制站的中央处理单元，也是 DCS 的核心控制计算单元，一种典型的主控单元结构如图 3.6 所示。在 DCS 系统中，根据风险分散的原则，按照工艺过程的相对独立性，每个工艺段通常配置一对冗余的控制器，并且在设定的控制周期内，循环地执行现场数据的采集、控制运算、控制指令的输出和人机界面的数据交换等任务。控制器是一个智能化的可独立运行的数据采集与控制的装置，作为其核心的控制计算单元，主要由 CPU、存储器、系统网络接口、控制网络接口等部分组成。

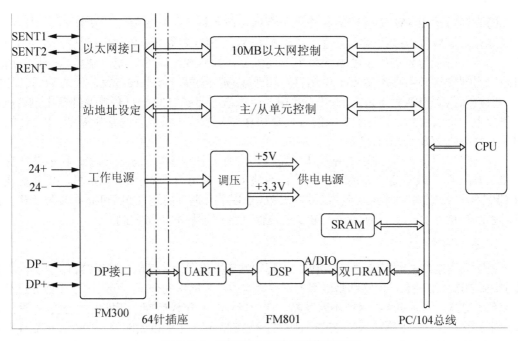

图 3.6 一种典型主控单元结构原理图

1. CPU

目前各厂家现场控制站的控制运算的主芯片普遍采用高性能的 32 位的微处理器,常见的有 Intel 486DX、Intel Pentium133/233/266、PowerPC 和 MC68030 等,大多为美国摩托罗拉公司和英特尔公司生产的系列产品。很多系统还配有浮点运算协处理器,因此数据处理能力大大提高,工作周期可缩短到 0.1~0.2S,并且可执行更为复杂先进的控制算法,如自整定、预测控制、模糊控制等。关于 CPU 的选择和评价,过去曾经有过只看主频的错误倾向。事实上这样来评价 CPU 是非常片面的。一个主控制器是否性能优良,主要是看它在控制软件的配合下,能否长期安全可靠地在规定的时间内完成规定的任务。一个效率低下的软件,即使在很高的主频下,也不可能得到很好的性能。另外工艺上也是问题,例如,Pentium 芯片的散热问题就比 486DX 的更难解决,如果安装风扇,工业生产一般连续 24 小时运转,这样风扇寿命不过 1~2 年,又带来维护问题。

2. 存储器

存储器是具有记忆功能的半导体电路,一般分为 ROM 和 RAM 两大部分。ROM 中的内容一般是 DCS 制造厂家写入的系统程序,通常情况下是一套固定的程序,并且大多采用了程序固化的方式。它不仅将系统启动、自检及基本的 I/O 驱动程序写入 ROM 中,而且将各种控制、检测功能模块、所有固定参数和系统通信、系统管理模块全部固化,并且永远驻留在 ROM 中。

DCS 启动后,首先由检查程序检查 DCS 的各个部件操作是否正常,并将检查的结果显示给操作人员;然后,编译程序将用户输入的控制程序变换成由微计算机指令组成的程序,并对用户程序进行语法检查;最后执行监测控制程序。在控制器的存储器中,ROM 占有较大的容量,一般达到几百 MB。有的系统将用户组态的应用程序也固化在 ROM 中,只要一加电,控制站就可正常运行,使用更加方便、可靠,但修改组态方式要相对复杂一些。

随机存储器 RAM 为程序运行提供了存储实时数据与计算过程中间变量的空间，用户在线操作时需修改的参数(如设定值、手动操作值、PID 参数、报警界限等)也需存入 RAM 中；当前一些较为先进的集散系统为用户提供了在线修改组态的功能，显然这一部分用户组态应用程序也必须存入 RAM 中运行。由于现场控制站一般不设磁盘，上述后两部分内容一般存入具有电池后备系统的 SRAM 中，当系统一旦掉电时，可有效保持其中的数据、程序数十天不被破坏，这对于事故的查询及快速恢复系统正常运行是很重要的。RAM 的空间一般为数百 MB 至数 GB。

在一些采用了冗余 CPU 的系统中，还特别设有一种双端口随机存储器，其中存放有过程输入/输出数据及设定值、PID 参数等；两块 CPU 板可分别对其进行读/写，从而实现了双 CPU 间运行数据的同步，当在线的主 CPU 出现故障时，离线 CPU 可立即接替工作，并且对生产过程不会产生任何扰动，可以有效保证生产过程的正常控制。

3. 系统网络接口

系统网络接口是控制器与操作员站、工程师站等操作层设备通信的网络接口。过去的大多数 DCS 制造厂商的系统网络都是专用的，并都宣称专用网络安全可靠，根本不允许接进另一方的系统网路。随着网络技术的不断发展，在 20 世纪 90 年代后期，新推出的 DCS 系统产品中，都采用了工业以太网技术。经过长时间的运营和测试，工业以太网的安全性和可靠性是完全有保障的，只需要在软件的应用层上采取一定的保护措施(如应答和重发)就可以了。采用工业以太网使得开放性的应用更为广泛，并且应用成本也比较低，增强了产品的竞争力。

4. 控制网络接口

控制网络接口是控制器与 I/O 单元进行数据交换的网络接口。由于 DCS 需要进行大量的模拟量和数字量的数据传输，而且每个 I/O 设备的数据量较大，所以控制网络接口一般选择字节型协议的通信网络，如 ProfiBus-DP、Modbus 等现场总线网络。一般情况下，DCS 标准配置都是双控制网络接口冗余运行，这大大加强了系统的可靠性和安全性。

5. 主从冗余控制逻辑

该部分电路用于控制互为备份的两台主控制器的切换。由于过程控制对安全性和可靠性的特殊要求，几乎所有的 DCS 系统；其标准配置都是双主控制器冗余运行，这和普通 PLC 只能是单控制器配置的结构是不同的。该部分电路必须确保任一时刻有且仅有一台主控制器的控制指令被输出到 I/O 设备。

6. 电源电路

主控制器的输入电源一般是 24V 直流电源，需要将其变换成 5V 直流或 3.3V 直流，供主控制器上的 IC 芯片使用。

在 DCS 中，MCU 的冗余结构主要采用主备双模块冗余的结构，当主模块正常运行时，由其输出控制命令，而备用模块虽然也在热运行(进行数据采集和运算)，但并不输出控制命令，这种配置方式，极大地提高了 DCS 系统连续运行的能力，所以，几乎所有的 DCS 应用都必须配置双冗余的 MCU。

3.4.2 模拟量输入设备(AI)

AI 设备是 DCS 系统控制常用的数据采集设备，现场传感器信号多样，与之相应也有多种 AI 接口设备，如图 3.7 所示为一种典型的 8 路 AI 模块接口电路，用于接收 4～20mA

电流信号或 0~5V/0~10V 电压信号。通过对 AI 电路原理的分析可知不同现场设备的接线方法，如图 3.8 所示为和利时公司 FM148A 模块接线图。

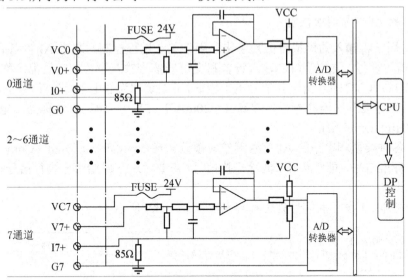

图 3.7 典型的 8 路 AI 模块接口电路

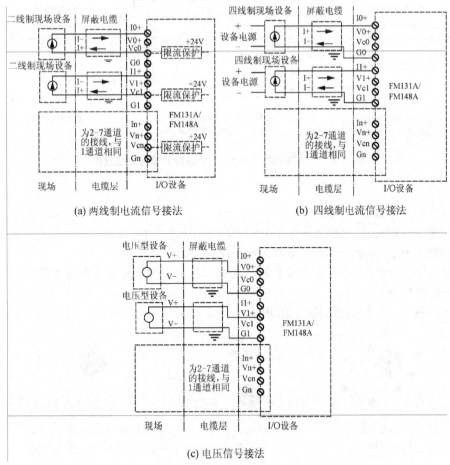

(a) 两线制电流信号接法   (b) 四线制电流信号接法

(c) 电压信号接法

图 3.8 FM148A 电压信号、电流信号接线图

这些 AI 接口设备在使用时,除了要了解模拟信号处理的 AD 转换技术,结合工业控制的需要,还需了解以下一些内容。

1. 基本的 AI 信号调理技术

AI 设备用于将输入的模拟量值数字化,用于工业过程控制的基本 AI 设备有 3 类:热电阻(RTD)输入设备、热电耦(TC)输入设备和变送器信号输入设备,它们都统称为 AI 输入设备,其中 RTD 和 TC 输入由于其信号电平较低,可以统称为低电平(或小信号)AI 设备(Low Level AI),而标准变送器的电平值较高(4~20mA/0~5V/0~10V),统称为高电平(或大信号)AI 设备(High Level AI)。

为了将各种类型和电平的 AI 信号调整成模数转换器(Analog to Digital Converter,ADC)能够接受的标准电平,同时也为了滤除干扰信号,需要对这些原始信号进行信号调理(Signal Conditioning)。

这 3 种基本 AI 设备的信号处理和转换流程如图 3.9 所示。

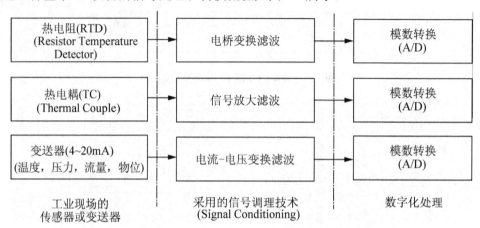

图 3.9 工业过程的 3 种基本 AI 设备的信号处理流程

2. 精度

首先我们来澄清 3 个概念。

精密度(Precision):表示测量结果的随机(偶然)误差大小。

正确度(Correctness):表示测量结果的系统误差大小。

精确度(Accuracy):是系统误差和随机误差的综合,表示测量结果与真值的一致程度,也称精确度或精度。

这 3 种概念之间的关系如图 3.10 所示。

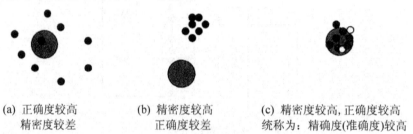

(a) 正确度较高 精密度较差   (b) 精密度较高 正确度较差   (c) 精密度较高,正确度较高 统称为:精确度(准确度)较高

图 3.10 正确度、精密度和精确度之间的关系

用来衡量精度的指标有相对误差、绝对误差和引用误差等多种表现形式，在工业控制仪表和控制系统领域，最常用的表示方法是引用误差，其定义如图 3.11 所示。

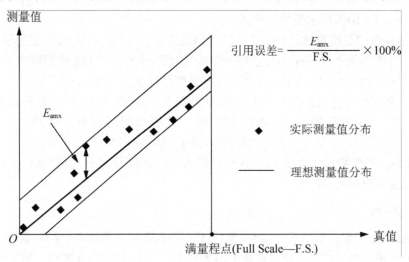

$$引用误差=\frac{E_{amx}}{F.S.}\times100\%$$

◆ 实际测量值分布

—— 理想测量值分布

图 3.11　引用误差定义示意图

引用误差：满量程内的最大绝对误差除以满量程。

国家标准 GB/T 13283-91《工业过程测量和控制用检测仪表和显示仪表精确度等级》中描述了引用误差的定义和用法。常见的引用误差等级有 0.1%、0.2% 和 0.5%，分别简称为 0.1 级、0.2 级和 0.5 级仪表或设备。

DCS 厂家在表示其系统 AI 的精度时，如果引用误差为 0.1%，国外厂家通常表示为"0.1%，F.S."，实际上指的就是引用误差，国内厂家一般表示为"0.1%，满量程"。由于精度还受环境温度的影响，该指标一般是室温(25℃)下的指标。

最后必须指出的是，AI 精度是 AI 设备本身及所处环境因素的综合体现，这些因素包含温度漂移、时间漂移和抗干扰。只看标准环境条件下 AI 的精度指标，并不能真正反映 AI 的精度品质。

2. 分辨率

分辨率(Resolution)是测量装置能感知和区分的最小变化量，对于采用 A/D 转换器的 AI 设备而言，分辨率就是采样数据最低位(Least Significant Bit，LSB)所代表的模拟量的值。分辨率以 A/D 转换器的位数和量程表示，例如，用 12 位 A/D 转换 0～5V 信号，其分辨率为：5V/4096=1.22mV。一般地，分辨率=信号量程/2^n，其中 n 为 A/D 转换器的位数。

4. 稳定度

稳定度分为短时间稳定度和长时间稳定度。其中短时间稳定度用于描述 AI 设备在噪声影响下的测量结果跳动，长时间稳定度用于描述 AI 设备的时间漂移。

短时间稳定度：在一段短时间内，对于同一个被测量值实施多次测量，测量值的波动范围(即最大值减最小值)与量程之比，以百分比表示。

长时间稳定度：对于同一个被测量值，相隔较长时间(如 1 年)用同一个测量装置进行测量，其引用误差漂移量与时间之比，单位为每年百万分之一(ppm/年)。

5. 温度漂移

在所有环境因素中，对 AI 设备的精度构成严重威胁的因素是环境温度。可以用温度漂移(Temperature Drift)指标来衡量这种影响。

AI 设备精度的温度漂移的定义是：环境温度每上升 1℃，AI 设备的引用误差可能的最大变化量。温漂的量纲是：ppm/℃，即每摄氏度百万分之一。由温度漂移的定义可知：

温度变化导致的引用误差的最大变化量=温度变化量×温漂指标

例如，在环境温度 25℃ 条件下标称引用误差为 0.1%的仪表，如果其温漂指标为 ±100ppm/℃，则当环境温度变化到 35℃ 时，其引用误差将可能达到：

$$0.1\%+(35-25)\times100\times10^{-6}=0.2\%$$

通过上式，提醒我们在阅读 DCS 制造厂的 AI 指标时，不要只看到 "0.1%，F.S.@25℃"，还要留意其温度漂移指标的大小。

6. 输入阻抗

对于 AI 设备来说，当用于测量电压信号时，输入阻抗的大小也会对测量精度带来影响。这是因为被测量的电压信号源都存在微小的等效内阻，该内阻与 AI 的输入阻抗是串联关系，当 AI 的输入阻抗不足够大时，信号源内阻上的电压降就不可忽略，AI 设备输入端得到的电压为开路时信号电压减去接通时信号源内阻上的压降，比真实值小。

一般要求 DCS 的 AI 设备的输入阻抗在 100kΩ以上(IEC61131-2 仅要求 10kΩ以上)，这意味着当信号源的内阻在 10Ω以内时，最多引起万分之一的相对误差。

7. 电气隔离

在一些场合，需要对 AI 输入信号进行隔离处理，即切断现场与 DCS 系统之间的直接的电气连接，其目的如下。

(1) 设备电气烧毁时不殃及 DCS 设备。

(2) 现场设备对 DCS 系统之间存在高压时不损坏 DCS 设备。

(3) 限制 DCS 局部故障或损坏的扩散化。

(4) 切断现场设备接地点和 DCS 系统接地点之间因接地电位差形成的**地环电流**，该地环电流导致 AI 设备输入端存在高共模电压，影响测量精度，有时甚至导致信号不能通过前端仪表放大器。

(5) 当现场设备串入高压或本身就有高压时，对 DCS 的维护人员提供人身保护。就隔离的程度和范围来说，现场信号与 DCS 系统间的隔离可以分为以下几种。

① 路间隔离。每个信号通道之间的电气隔离，且各通道都与控制网络隔离。

② 模块与模块间的隔离。AI 模块之间隔离，且各模块都与控制网络隔离，但同一个模块内的各通道之间不隔离。

③ 一列模块与另一列模块隔离。例如，这 5 个模块与那 5 个模块之间隔离，且所有模块都与控制网络隔离，但同一列的 5 个模块之间不隔离。

④ 站与站之间隔离。两个主控制站(一般装在不同的机柜中)之间隔离，但站内设备之间不隔离。

⑤ 现场输入与 DCS 系统隔离。所有现场设备之间不隔离，但都与控制网络隔离。

在上述 5 种隔离方式中，①成本最高，②、③方式成本适中，只要柜内接地良好，安全性和测量精度也能保证，就能广泛地被 DCS 系统所采用。所以在 DCS 的 AI 设备中，并不是所有的类型都必须要求提供路间隔离型设备，毕竟隔离型 AI 设备的成本要明显高于非隔离型，但某些情况下必须采用路间隔离型 AI 设备，下面来分析哪些 AI 信号应该采用路间隔离。

四线制 4～20mA 变送器：由于变送器自身有电源，并且可能在现场端接地，所以需要路间隔离。

0～5V/0～10V 信号：信号源自身提供电源，在现场端也可能接地或与其他系统连接，需要路间隔离。

现场接地型热电偶：热端与外壳接触，而外壳又接地，这种热电偶很少，需要路间隔离。

非接地型热电偶：在热电偶中占绝对多数，不需要路间隔离。

热电阻：不需要路间隔离。

两线制 4～20mA 变送器：其电源为 DCS 系统提供，所以变送器内部电路不接地，不需要路间隔离。

交流采样信号：近年来交流采样信号也开始纳入 DCS 系统，对于这些信号，必须用互感器(电流互感器 CT 和电压互感器 PT)在前端隔离，但互感器的低压侧的放大部分可以不做成路间隔离。

在前面列举的 5 种隔离结构中，除路间隔离以外，其他 4 种结构都采用光电隔离原理实现，因为它们的隔离部位都已经是数字信号。对于路间隔离，方法有很多种，除可以先将模拟信号转换成数字信号后再通过光电耦合器隔离以外，很多情况下是 AI 信号一进入模块就实施隔离，隔离器输出模拟信号后才进入 A/D 转换器。

能够实现模拟量到模拟量隔离转换的器件称为隔离放大器，从工作原理上分，隔离放大器可以分为变压器隔离型、电容隔离型和线性光耦隔离型 3 种，其电路结构原理同 PLC 基本相似，这里不再赘述。

8. 抗干扰

当在评价 DCS 的 AI 设备时，经常会提及 AI 设备的抗干扰能力。实际上，AI 的抗干扰能力主要指 3 个方面的指标：共模抑制比(Common Mode Rejection Ratio，CMRR)、差模抑制比(Normal Mode Rejection Ratio NMRR)和抗电磁干扰的能力。

所谓抑制比，是指系统限制某种不受欢迎的信号进入系统的能力。并且通过系统的输出变化量来判断有多少不受欢迎的信号进入了系统。

关于抑制比，可以打一个比方：一群好人堵在大门口，有多少坏人会混进去？可以用抑制比来衡量。假设 1000 个好人堵在大门口，有 1 个坏人混进去，则抑制比=1000：1，用分贝表示就是 20Lg(1000：1)=60dB(也就是说有千分之一混进去);如果有 10 个坏人混进去，抑制比=1000：10，用分贝表示就是 20Lg(1000：10)=40dB(也就是说有百分之一混进去)。

共模抑制比或差模抑制比的含义与上述比喻类似，只是"坏人"的定义不一样而已。在工业控制应用中，共模电压是个经常存在的威胁。通常需要测量含有大的共模成分的微弱差模信号。这些远距离信号和内部固有的 50Hz/60 Hz 的电网干扰往往对测量造成相当大的困难。所以，在 DCS 系统中，规定以下 3 种信号为不受欢迎的信号(即干扰信号)。

(1) 直流共模信号：直流共模信号的加入会直接导致测量结果的偏移；过高的直流共模信号会造成输入信号超过仪表放大器的共模输入范围，造成测量严重失真；更高的直流共模信号会直接损坏系统。

(2) 50Hz 交流共模信号：在过程控制中，不会有输出信号频率为 50Hz 的变送器。而以电网频率(中国为 50Hz，美国为 60Hz)为特征的工频干扰却无处不在，这些信号对测量结果同样造成影响。

(3) 50Hz 交流差模信号：这些差模信号直接叠加在被测量的模拟信号上，如果不加处理，将完全反映到测量结果中。

上述 3 种干扰信号通过图 3.12 所示的方式叠加到 AI 设备的输入端，设计 DCS 系统时需要考虑加以克服。

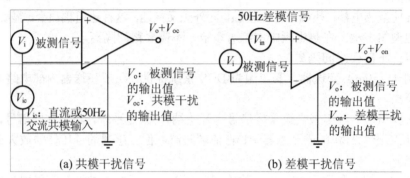

图 3.12　工业过程控制中的共模和差模干扰信号

9. 采样率

采样率(Sampling Rate)指测量设备每秒钟对输入信号的采集次数，单位为"次采样/秒"(Samples Per Second，SPS)。在采集信号时，根据香农采样定理(Nyquist-Shannon Sampling Theorem)，如果信号本身的频带是有限的，而采样频率又大于等于两倍信号所包含的最高频率，则理论上可以根据离散采样值恢复出原始信号波形。也就是说，在采样频率(F_{sam})已经确定的情况下，数字系统所能不失真恢复的最高信号频率为采样频率的一半，该最高可恢复信号频率称为乃奎斯特频率(F_{nyq})。采样定理可以用图 3.13 来形象地解释。

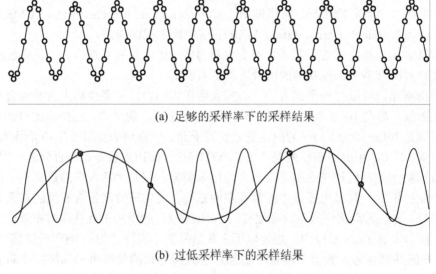

图 3.13　采样定理的解释示意图

10. AI 设备应用设计

在设计实施 DCS 项目时，AI 设备的应用应注意以下问题：

(1) 四线制 4～20mA，两线制 4～20mA、0～5VA～10V、RTD、TC 等不同类型的 AI 信号应该分布在不同的 AI 模块上。

(2) TC 信号需要设置冷端补偿(Cold Junction Compensation)测温元件，测温元件应靠近 TC 接入端子。

(3) 两线制 AI 设备应设置现场短路保护措施，避免烧毁其内部采样电阻。

(4) 在某些关键回路上，AI 设备应该冗余配置。

3.4.3 模拟量输出设备(AO)

AO 设备用于将数字量转换为模拟量输出，控制执行器动作。将数字量转换为模拟量的电路称为 D/A 转换电路，转换得到的电压输出，经过 V/I 变换后可以得到 4～20mA 电流输出。如图 3.14 所示为一种典型的模拟量输出接口电路图，图 3.15 为接线图。

和 AI 设备一样，在使用 AO 设备时需要了解以下一些内容。

1. 精度

AO 精度定义与 AI 的精度定义相同，采用引用误差表示(参见上一节)。AO 的精度一般要求 0.2%即可，因为执行器的精度一般不超过 0.2%，而且作为控制回路，输出环节的误差将通过反馈调节得到校正，只要 AO 的输出范围能确保阀门从全关到全开，恒定偏差是不影响调节精度的(但如果输出信号跳动则可能导致控制品质变坏)。

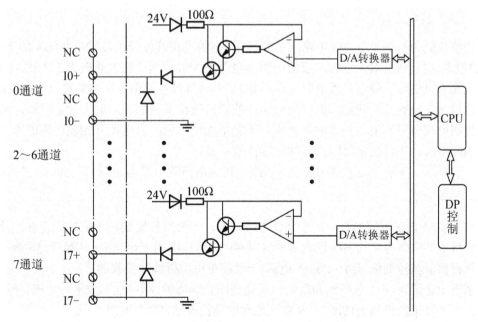

图 3.14 典型模拟量输出模块接口电路图

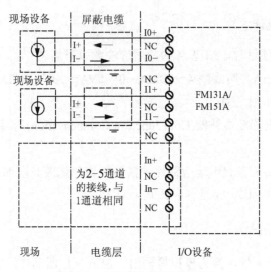

图 3.15　AO 输出信号的接线图

2. 分辨率

AO 的分辨率用 D/A 转换器的位数表示,常见的是 12 位,即 AO 输出电压的最小台阶高度为满量程输出电压/4096。

3. 稳定度

AO 稳定度的定义与 AI 相同。

4. 温漂

AO 温度漂移的定义与 AI 相同。

5. 带负载能力

带负载能力是电流型 AO 电路的重要指标,指的是在确保最大能输出 20mA 的条件下,AO 的最大电阻负载。对于以 24V 直流为驱动电源的 AO,其理论最大负载为 24/0.02=1200Ω。对于电流输出信号,最小负载电阻可以为 0Ω,所以可以直接用电流表测量 AO 输出信号。

测试 AO 电路带负载能力时,先将 AO 的输出值设置到 20mA 对应的数字量,然后将输出接到可调电阻器上,并串联电流表,不断增加电阻值,当电流开始随电阻的增大逐渐小于 20mA 时,该负载电阻即为 AO 的带负载能力。

一般要求 AO 的带负载能力达到 750Ω(一般常用负载电阻为 100Ω、250Ω、500Ω)。

6. 电气隔离

AO 与 AI 设备不同的是,对于 AO 电路来说,因为执行器结构上的先天便利,使得现场执行机构的主体电路与 AO 设备是电气隔离的。这是因为无论是电-气阀门定位器,还是电动执行器,其控制信号(4～20mA 电流)一般都是由电感线圈接收的。

基于上述因素,AO 系统地和现场仪表地之间是隔离的,不可能形成地环电流,所以 AO 设备并不需要采取措施去切断 DCS 系统地和现场仪表地之间的地环电流。

当然,出于其他安全因素的考虑,如防止局部故障扩大化,也可以考虑将 AO 设计成路间隔离的，这时候相当于每个 AO 通道的输出级与执行器的输入级构成了一个个独立的电路。

7. 建立时间

AO 的建立时间指的是，D/A 转换从数字指令下发到 AO 输出值达到预计的精度范围的响应时间。

8. AO 设备应用设计

AO 设备的设计应用应注意以下问题：
(1) 驱动负载不要高于 AO 设备的带负载能力；
(2) 关键控制回路应考虑选择冗余 AO。

3.4.4 开关量输入设备(DI)

典型的 DI 接口电路如图 3.16 所示，图中处理的是干接点(即接点上没有电压，需要外接电源，才能驱动光耦)，为了消除抖动，在光耦前应设置滤波电路，在光耦后应通过施密特触发器进一步消除抖动。

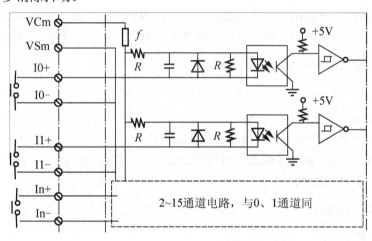

图 3.16　典型的 DI 接口电路原理图

1. 触点类型

DI 的现场触点主要有机械开关(干接点)、电子开关和电平触点 3 种，其中电平触点主要有 24V 直流、48V 直流、220V 交流和 220V 直流几种。

2. 查询电平

当触点类型为干接点时，需要 DCS 中自备的触点电源，才能驱动光耦，这种电源一般称为查询电源。查询电源(即给光耦的输出端供电的电源系统)不能采用 DCS 系统电源，否则 DI 处理电源与系统就不隔离了，如图 3.15 所示 VC_M 和 VS_M 需要采用其他电源供电。

查询电平可以有 24V 直流、48V 直流、220V 直流和 220V 交流几种，一般来说，电力行业习惯采用 48V 直流，水泥行业习惯采用 220V 交流，变电站继电保护中采用 220V 直流，其他大多数行业采用 24V 直流。

3. 电路结构

现场触点的引线，可以分为两种情况：

(1) 每个触点引 2 根线到 DI 模块，在 DI 模块内部将本模块的所有触点的一端的短接。

(2) 每个触点的一端引 1 根线到 DCS，多个触点的另一端先在现场短接，再共用 1 根线引到 DI 模块，这样比较节省电缆。

4. 阈值电平

DI 的阈值电平有 3 种状态：

逻辑 1(State1)：表示接点闭合的状态。

逻辑 0(State0)：表示接点断开的状态。

模糊区(Transition Area)：无法确定其逻辑值的过渡区。

例如，IEC61131-2 中规定对于 24V 供电的干接点 DI 输入，逻辑 1 电压范围为 15～30V，模糊区范围为 5～15V，逻辑 0 范围为-3～5V。

5. 查询电流

查询电流指的是开关闭合时光耦发光二极管导通所需的电流，一般的 DI 为 3～10mA，查询电流越大，抗干扰能力越强，但模块的功耗也越大，而且不利于设备的散热。

6. DI 去抖动和去抖时间

抖动是指开关闭合或断开的瞬间，电弧引起的 DI 状态快速跳变，如果不加处理，让这些跳变的 DI 状态参与控制运算，将损坏被控设备，很多工艺过程也是不允许的，所以需要在 DI 采集过程中对抖动进行滤除处理，称为去抖动。

可以采用硬件去抖和软件滤波去抖两种方法有效去除抖动，而且软件去抖更为灵活和准确。(详见第 4 章第 3 节)

7. DI 设备应用设计

DI 设备应用设计应注意以下几点：

(1) 查询电源、分配和保险：每个 DI 模块的查询电源在引入前设置合适的保险，这样可以有效防止当一个 DI 模块的查询电源短路时，所有 DI 模块都失去作用。

(2) 查询电源独立于系统电源：给主控制器等系统设备提供的 24V 直流电源，不能兼做 DI 模块的查询电源，否则 DI 是不隔离的，造成安全隐患。

(3) 查询电源负极不能接地：如果负极接地，当触点在现场端因潮湿或别的原因接地时，将可能导致 DI 模块误认为该通道是闭合的。

(4) 正反触点安排在同一模块：在同一模块上接部分常开触点，也接部分常闭触点，这将有利于将发热分布到各 DI 模块。

3.4.5 开关量输出设备(DO)

DO 设备用于输出闭合或断开指令，典型的 DO 输出接口电路如图 3.17 所示。

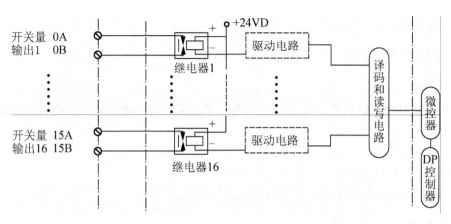

图 3.17　典型的 DO 输出接口电路原理图

1. 输出开关类型

DO 输出器件有以下几类。

(1) 机械继电器型输出。

(2) 固态继电器型输出。

(3) 变压器型输出。

(4) 晶体管型输出。

2. 输出电路结构

与 DI 电路类似，DO 电路也可分为两种结构，如图 3.18 所示。

(1) 源电流输出(Sourcing)：从开关流出电流供给负载，即多个开关是在内部共电源的。

(2) 沉电流输出(Sinking)：从负载流出电流经开关入地，即多个开关是在内部共地的。

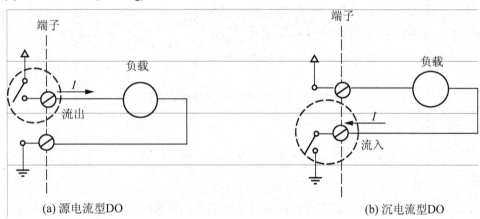

(a) 源电流型DO　　　　　　　　　　(b) 沉电流型DO

图 3.18　源电流和沉电流型 DO

3. 开关寿命

对于继电器触点型开关，在规定条件下动作寿命一般标称 10 万次，该寿命随电流和负载类型变化较大，尤其在感性负载时，容易出现因电弧而导致的触点粘连。而对于电子开关，就不存在动作次数寿命问题。

4. 开关容量

开关容量指的是开关在一定的负载电压条件下所能流过的最大电流值。

5. 漏电流

开关在断开指令状态下，对于电子开关，存在漏电流，使用时需要查看是否满足负载特性的要求。

DO 设备应用设计应注意以下几点：

(1) 频繁动作的 DO 应选用电子开关类 DO；

(2) 有漏电流限制的场合，优先选用机械继电器。

3.4.6　脉冲量输入设备(PI)

PI 设备用于对脉冲输入信号进行测频或计数，一种典型的电压性 PI 电路原理如图 3.19 所示。

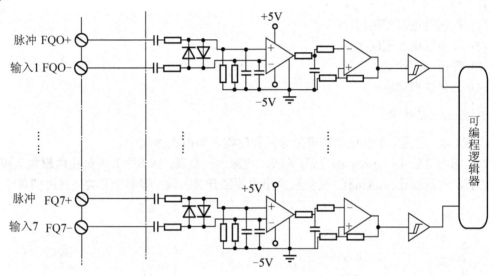

图 3.19　典型的电压性 PI 电路原理图

1. 测频精度

PI 测频精度一般以全范围内最大绝对误差表示，如±1Hz。

2. 计数精度

PI 设备用于计数时，其最大计数值取决于计数器的位长度，如计数器位长度为 16 位，则可以计到 65535。PI 的计数精度就是指在最大计数值内其对脉冲的累计误差，如±2。

3. 输入信号要求

一般的脉冲输入都是电压脉冲，PI 模块对电平范围和脉冲宽度是有一定要求的，脉冲电平过低或脉冲的宽度过窄(包括正脉冲和负脉冲)都不合理，有可能导致 PI 不能识别该脉冲。

3.4.7 电源、转换设备

1. AC-DC(交流-直流)转换器

DCS 系统中的主要电源设备是 AC-DC 转换设备，主要包含两种类型：线性电源和开关电源，其中线性电源现在已经基本不再使用。

1) 线性电源

线性电源主要包括工频变压器、输出整流滤波器、控制电路及保护电路等，如图 3.20 所示。

图 3.20　线性电源原理框图

线性电源是先将交流电经过工频变压器变压，再经过整流电路整流滤波得到未稳定的直流电压，要得到高精度的直流电压，必须经过电压反馈调整输出电压，这种电源技术很成熟，可以达到很高的稳定度，波纹也很小(可以达到 5mV)，而且没有开关电源具有的干扰与噪声。但是，它的缺点是需要庞大而笨重的变压器，所需的滤波电容的体积和重量也相当大，而且电压反馈电路是工作在线性状态，调整管上有一定的电压降，在输出较大工作电流时，致使调整管的功耗太大，转换效率低，还要安装很大的散热片。这种电源不适合计算机等设备的需要，现在已经被开关电源所取代。

2) 开关电源

开关电源主要包括输入电网滤波器、输入整流滤波器、逆变器、输出整流滤波器、控制电路及保护电路等，如图 3.21 所示。

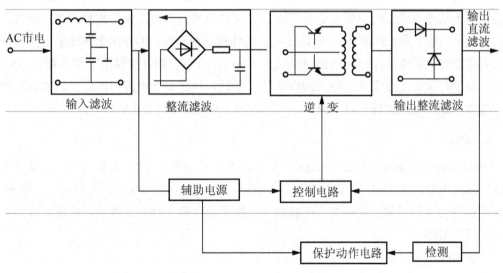

图 3.21　开关电源原理框图

开关电源各部分的功能如下所述。

(1) 输入电网滤波器：消除电网(如电动机的启动、电器的开关)和雷击等产生的干扰，同时也防止开关电源产生的高频噪声向电网扩散。

(2) 输入整流滤波器：将电网输入电压进行整流滤波，为变换器提供直流电压。

(3) 逆变器：通过控制变压器的原边的通断，等价于将原边的直流电平变成高频交流电平，然后通过高频变压器，再传递到副边，这样就可以将输出与输入电网进行隔离。同时，每开关一次就将一份能量传递到副边(开关型电源变换的机理)。

(4) 输出整流滤波器：将变换器输出的高频交流电压整流滤波得到需要的直流电压，同时还防止高频噪声对负载的干扰。

(5) 控制电路：检测输出直流电压，并将其与基准电压比较，进行放大。调制振荡器的脉冲宽度，从而控制变换器以保持输出电压的稳定。

(6) 保护电路：当开关电源发生过电压、过电流短路时，保护电路使开关电源停止工作以保护负载和电源本身。

开关电源是将交流电先整流成直流电，再将直流电逆变成交流电，再整流输出所需要的直流电压。这样开关电源省去了线性电源中的变压器，以及电压反馈电路。而开关电源中的逆变电路完全是数字调整，同样能达到非常高的调整精度。

开关电源的主要优点有体积小、重量轻(体积和重量只有线性电源的 20%～30%)、效率高(一般为 60%～70%，而线性电源只有 30%～40%)、自身抗干扰性强、输出电压范围宽及模块化等。

开关电源的主要缺点：由于逆变电路中会产生高频电压，对周围设备有一定的干扰，需要良好的屏蔽及接地。

最后，对比一下两种电源的优缺点，线性电源的调整管工作在放大状态，因而发热量大，效率低(35%左右)，需要体积庞大的散热片，而且还需要同样也是大体积的工频变压器，当要制作多组电压输出时变压器会更庞大。开关电源的调整管工作在饱和和截止状态，因而发热量小，效率高(75%以上)，而且省掉了大体积的变压器。但开关电源输出的直流电压上面会叠加较大的纹波(如 5V 输出时纹波为 50mV，在输出端并接稳压二极管可以改善)，另外，由于开关管工作会产生很大的尖峰脉冲干扰，也需要在电路中串联磁珠加以改善。相对而言，线性电源就没有以上缺陷，它的纹波可以做得很小(5mV 以下)。

2. UPS

UPS(Uninterruptible Power System)，即不间断电源系统，是 DCS 系统中经常需要配备的备用交流电源，在 220V 交流主电源中断的情况下，可以由 UPS 给系统供电。一般来讲，UPS 可以分为 4 种类型：后备式、在线式、在线互动式和 Delta 变换式，这里只介绍后备式和在线式 UPS。

1) 后备式

后备式是适于微机使用的一种最常用的类型，交流输入电源正常时，UPS 只是将输入电源过滤后输出，同时通过充电器为电池充电；交流输入电源中断后，UPS 切换为电池和逆变器电路供电。逆变器只有在交流输入电源中断后才开始工作，所以称之为后备式，其结构框图如图 3.22 所示。

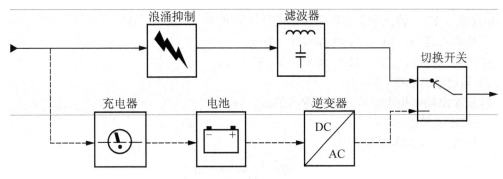

图 3.22　后备式 UPS 结构框图

2) 在线式

一般用于 10kW 以上的产品。除了基本供电电路为电池逆变器电路外,基本原理图与后备式相同。无论交流输入电源是否正常,均通过电池逆变器电路提供电源输出。交流输入电源中断时不需要切换,不存在类似后备式的切换时间。但是,在电池逆变器电路出现故障或者逆变器内部失灵时需要切换为旁路供电,这时切换时间与后备式相同。

由于在正常工作情况下,充电器和逆变器都要消耗一定的功率,因此这种类型 UPS 的效率要比后备式低。在线式 UPS 的电源输出都来自于逆变器,可以提供近乎理想化的电源,频率和电压的稳定性也优于其他类型,其原理框图如图 3.23 所示。

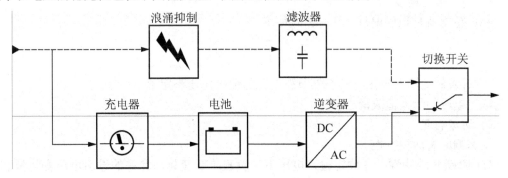

图 3.23　在线式 UPS 结构框图

3. 电源冗余

电源可以通过在输出端串联肖特基二极管后并联冗余,可分以下两种情况。

(1) 简单并联冗余:两只电源中电压稍高的一只承担绝大部分负载,电压低的一只承担很少的负载或几乎不承担负载。

(2) 并联均流冗余:两只电源或多只电源并联后,平均分担负载。

对于简单并联冗余电源,一般配置为 1:1 冗余;对于并联均流冗余电源,一般配置为 1:1 或 $N:1$ 冗余。

4. 电源指标及测试

1) 输入电压范围

按 IEC 61131-2 标准,输入电压波动允许-15%~+10%,频率波动允许±5%。目前,全球的交流电压等级有交流 100V、110V、120V、200V、220V、230V、240V,标称频率有 50Hz 或 60Hz，输入电压范围常用的有以下两种。

万能输入范围：85～264VAC@47～63Hz。

中国输入范围：187～242VAC@47.5～52.5Hz。

2) 额定输出功率

额定输出功率指电源可以稳定输出的最大功率。

3) 电压调整率

电压调整率(也称为源效应)

$$源效应=\frac{U-U_o}{U_o}\times100\%$$

式中，U_o 为当电网电压为额定值时，输出负载为 100% 时的输出电压的整定值；
U 为电网电压波动时被测电压变化的最大值或最小值。

4) 负载调整率

负载调整率 LR 可以用公式表示，为

$$LR=\frac{U-U_o}{U_o}\times100\%$$

式中，U_o 为额定输入电压、负载电流为 50% 时输出电压的整定值；
U 为负载变化时输出电压的最大值或最小值。

5) 输出电压精度

稳压精度就是稳压偏差，计算公式如下

$$\delta U=\frac{U-U_o}{U_o}\times100\%$$

式中，U_o 为额定输入电压，取 50% 负载电流的输出电压整定值；
U 为输出电压的最大值或最小值。

6) 动态响应

动态响应有两种特性。

(1) 阶跃负载特性：在额定输入电压下，负载阶跃变化，允许的输出电压变化量和恢复时间。

(2) 开关机过冲幅度：在额定输入电压且输出为额定值及满载的条件下，允许的开关机输出电压最大峰值。

7) 纹波和噪声

纹波是指在输出端子间的一种跟输入和开关频率同步的脉动成分，用峰—峰值表示。噪声是指在输出端子间的纹波以外的一种高频尖刺成分，用峰—峰值表示。

8) 转换效率

转换效率在交流输入电压为额定值，直流输出电压为稳压上限值，输出电流为额定值，纯阻性负载条件下测试。用下式计算

$$\eta=\frac{U_oI_o}{P_i}\times100\%$$

式中，U_o 为输出直流电压稳定上限值；I_o 为额定输出电流；P_i 为交流输入有功功率。

9) 绝缘

在空气相对湿度为 91%～95%，各处空气的温度均保持在 40℃ 的潮湿箱内进行受潮预

处理 48h 试验。电源应满足下述要求。

(1) 绝缘电压：交流电路对直流电路及对地应能承受的 50Hz 交流电压有效值。测试 1min，无击穿或飞弧现象。

(2) 绝缘电阻：试验电压为直流 500V 时，整流器主回路的交流部分和直流部分对地，以及交流部分对直流部分的绝缘电阻。

10) 过压保护

过压保护是一种对输出端过高电压进行负荷保护的功能。

11) 欠压保护

输出欠压保护是在输出直流电压低于允许下限值时，保护负荷以防止误动作而停止电源工作并发出报警信号。

12) 过流保护

输出过流保护是一种电源自身或负荷保护功能，以避免包括输出端短路在内的过负荷输出电流对整流器和负荷的损坏。

13) 过热保护

过热保护是一种对因使用不当或内部故障导致电源自身整体温度或某一些特定元器件温度超过允许上限值的保护。

14) 输出报警

电源一般应设置电源报警输出(报警时有一个开关量输出 DO)。

15) 温度漂移

温度漂移是指当环境温度在电源设备允许的温度范围内变化时，温度每变化 1℃，输出电压相对于常温时输出电压整定值的变化率。根据下式计算温度系数

$$温度系数 = \frac{U_1 - U_2}{U_O \times \Delta T} \times 100\%$$

式中，U_O 为常温(25℃)时输出电压整定值；U_1，U_2 为环境温度在 T_1 和 T_2 时输出的电压值；ΔT 为 $T_1 - T_2$。

16) 温度范围

电源在环境温度超过一定范围时，输出功率开始下降，并直接导致输出电压下降。所以，电源工作有一定的温度范围要求。

3.4.8 机柜

现场控制站机柜的设计要求合理、牢固、便于设备维修时的装卸、便于操作。同时能够防虫、防潮。为保证 DCS 在 0℃ 以下也能正常工作，设有局部加温设备，并有温度检测保护功能。目前，大多数的机柜制造厂商都将现场控制站的机柜设计为多层机架的结构，以供安装电源及各种模件之用，机柜的常见结构如图 3.24 和图 3.25 所示。机柜外壳均采用金属材料(如钢板或铝材)，活动部分(如柜门与机柜主体)之间保证有良好的电气连接，使其为内部的电子设备提供完善的电磁屏蔽。为了操作人员的安全，机柜还要求可靠的接地，通过柜内的端子(一般位于机柜的底部)与仪表的专用地线连接，接地电阻应小于 4Ω。

为保证柜内电子设备的散热降温，一般柜内均装有风扇，以提供强制风冷气流。通常情况下，将发热量大的模块放在靠近散热口的位置，柜内的模块尽量采用自然散热方式的低功耗设计。为防止灰尘侵入，在与柜外进行空气交换时，最好采用正压送风，将柜外低温空气

　　经过滤网过滤后压入柜内。在灰尘多、潮湿或有腐蚀性气体的场合(例如,安装在室外使用时),一些厂家提供有密封式机柜,冷却空气仅在柜内循环,通过散热片与外界交换热量,因此在这种机柜外壳上增设了许多纵向的散热叶片。为保证在特别冷或特别热的室外环境下正常工作,还为这种密封式机柜设计了专门的空调装置,以保证柜内温度维持在正常值。

　　目前,大多数的现场控制站的机柜内都设有温度自动检测装置,当机柜内的温度超过正常范围时,会产生一些声光报警信号,以提醒操作人员注意。

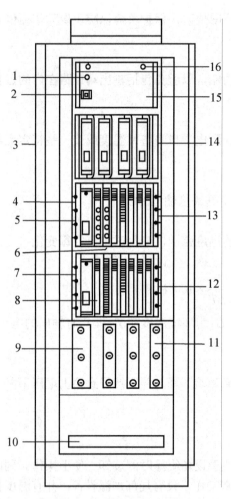

图3.24　现场控制站机柜前视

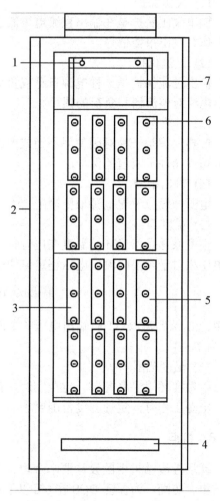

图3.25　现场控制站机柜后视

1—指示灯　2—空气开关　3—机柜　4—系统电源
模块　5—主控模块　6—冗余主控模块或I/O模板
7—系统电源模块　8—I/O模板　9—端子板
10—汇流条　11—端子板　12—辅助组件
13—主控组件　14—现场电源单元
15—电源控制箱　16—风机单元

1—风机单元　2—机柜　3—端子板
4—汇流条　5—端子板　6—M4柱头螺钉
7—电源控制箱

3.5 通信网络及设备

现代 DCS 系统采用的通信网络系统大致有两种：控制网络(Control Network，CNET)通常指现场总线网络，主要用于将主控制器与 I/O 设备或总线型仪表连接起来，其主要设备包括通信线缆(即通信介质)、中继器、终端电阻、通信介质转换器、通信协议转换器或其他特殊功能的网络设备；系统网络(System Network，SNET)用于将操作员站、工程师站及系统服务器等操作层设备和控制层的主控制器连接起来。组成系统网络的主要设备有网卡、集线器(或交换机)、路由器和通信线缆等。

3.5.1 控制网络

控制网络采用如 Profibus、ControlNet、Modbus、CAN 和 LonWorks 等现场总线。从本质上讲，这类总线通常采用 RS-485 电气特性的标准接口。

RS-485 数据信号采用差分传输方式，也称为平衡传输，它使用一对双绞线，将其中一根线定义为 A，另一根线定义为 B，如图 3.26 所示。

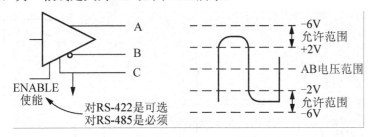

图 3.26 差分电平传输

通常情况下，发送驱动器 A、B 之间的正电平在+2～+6V，是一个逻辑状态；负电平在-2～-6V，是另一个逻辑状态。另外，有一个信号地 C，在 RS-485 中还有一个"使能"端，而在 RS-422 中这是可用可不用的，"使能"端是用于控制发送驱动器与传输线的切断与连接。当"使能"端起作用时，发送驱动器处于高阻状态，称为"第三态"，即它是有别于逻辑"1"与"0"的第三态。

差分电路的最大优点是拟制噪声。由于 RS-485 总线传递信号时两根线路上是大小相等、方向相反的电流，而噪声电压往往在两根导线上同时出现，一根导线上的噪声电压会被另一根导线上的噪声电压抵消，所以极大地削弱了噪声对信号的影响。

差分电路的另一个优点是不受节点间接地电压差异的影响。如果信号线共用一根地线传输，长距离时，不同节点之间信号电压差可能有好几伏，很容易引起信号误读。差分电路则完全不会受接地电平差异的影响。

RS-485 价格便宜，能够很方便地接入一个系统中，但要注意，AB 两根差动线应该位于同一根电缆中，节点之间连接时引脚 A 接引脚 A，引脚 B 接引脚 B，不能调换。RS-485需要两个终接电阻，其阻值要求等于传输电缆的特性阻抗。在短距离传输时可不需终接电阻，即一般在 300m 以下不需终接电阻。终接电阻接在传输总线的两端。RS-485 总线通常使用半双工方式连接，接线图如图 3.27 所示。

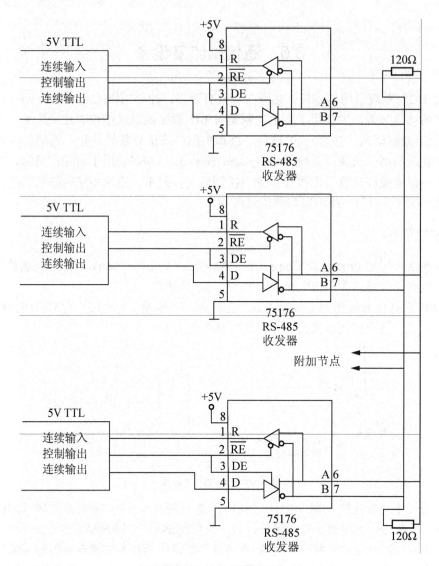

图 3.27　RS-485 的半双工连接

RS-485 传输距离和传输速率有关,最大传输距离约为 1200 米,此时传输速率为 100Kbps;当传输距离为 12 米时,传输速率可达 10Mbps。

3.5.2　系统网络

系统网络所连接设备的主要是具有高级处理器的计算机,通常采用的也就是计算机网络,用于连接主控制器(MCU)、操作员站、工程师站、服务器以及高层管理计算机。

1. 网卡

操作员站、工程师站、历史数据记录站等设备上都安装有网卡用于数据通信,网卡有单工、半双工和全双工的分别。相同速度的网卡,具有全双工能力的网卡通信速度是半双工网卡的两倍。所以在设备选型时要供货商澄清,因为网卡性能很少被人注意。

2. 通信介质

通信介质有同轴电缆、双绞线、光纤等品种。早期 DCS 的主干网(连接现场控制站的数据通信网络)使用同轴电缆的比较多，通信速率基本上都不超过 10M。同轴电缆又有粗缆和细缆的分别，一般说来，粗缆阻抗为 50Ω，细缆阻抗为 75Ω。近几年设计的 DCS 系统使用双绞线的比较多，双绞线有 UTP(非屏蔽双绞线)和 STP(屏蔽双绞线)的区别，UTP 使用得比较普遍，性能满足要求的情况下，价格比 STP 便宜许多。双绞线按照最高工作频率(MHz)、最高数据传输率(Mbit/s)和单位长度来回延迟时间(微秒)进行分类，例如，运行 100M 的通信速率，必须用五类双绞线。

光纤在以前和现在一直在使用，但因为光纤价格比较贵，又必须用光电转换接口，网络的整体造价昂贵，目前价格虽然比十几年前便宜，但还是比其他几种通信介质造价高，大量应用只适合作主干网。光纤有单模和多模两种，通过识别光纤内径和包覆外径的标志进行区分，局域网中布线一般使用 62.5μm/125μm、50μm/125μm、100μm/140μm 规格的多模光纤和 8.3μm/125μm 规格的单模光纤。一根光纤只能进行单向信号的传输，所以在实际的通信中至少需要两根光纤。

3. 端口

1) RJ-45 端口

RJ-45 端口即常见的双绞线以太网端口。其接线方式有 T568A 和 T568B 两种，如图 3.28 所示。其中：T568A 的排布方式为 1、白绿，2、绿，3、白橙，4、蓝，5、白蓝，6、橙，7、白棕，8、棕；

T568B 的排布方式为 1、白橙，2、橙，3、白绿，4、蓝，5、白蓝，6、绿，7、白棕，8、棕。

网线两头压接时，可以接成直通线，也可以接成交叉线。直通线就是网线两端水晶头做法相同，都采用 T568A 或 T568B 标准接法，用于计算机到 ADSL 调制解调器，计算机到集线器或交换机。交叉线就是网线两端水晶头做法不相同，一端 T568B 标准，另一端 T568A 标准。用于计算机到计算机，集线器到集线器，交换机到交换机，路由器到路由器的连接。

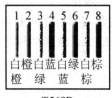

图 3.28　RJ-45 接线方式

要特别注意，RJ-45 端口在典型的办公室环境下使用有足够的可靠性。然而，在工业现场受到环境灰尘、温度、湿度、电磁干扰或震动的影响，性能和可靠性都会下降，普通 RJ-45 插座和插头的性能不能保证网络长期运行的安全，应当要求 RJ-45 具有抵御恶劣工业环境的能力，目前有一种满足 IEC 草案标准要求的工业用 RJ-45 隔舱式连接器，这种密封式 RJ-45 插头和插座达到了 IP 67 的等级评定，可防尘防水。

2) SC 端口

SC 端口也就是光纤端口，用于与光纤的连接。光纤连接到快速以太网或千兆以太网等具有光纤端口的交换机，都以"100b FX"标注。

　　控制网络和系统网络是 DCS 的重要组成部分，控制网络也就是现场总线网络，连接 I/O 模块或智能仪表，通常使用两芯或四芯屏蔽电缆，接线方式简单。系统网络是高级网络，连接操作员站、现场控制站中的主控制器、工程师站、服务器、管理计算机等，进行数据传输交换，常使用超五类双绞线(8 芯)，数据传输信息量大，速度高。结合这两种网络的优点，DCS 实现了其强大的控制功能，也提供了完善的人机信息交换方式。

本章小结

　　本章介绍了集散控制系统的硬件基本构成，并在此基础上详细阐述了操作员站、工程师站、现场控制站、服务器、网络的特征、组成和功能。重点叙述了现场控制站内部组成以及各种 IO 接口电路等。本章主要内容如下：

　　(1) 阐述了集散控制系统的硬件基本构成及各自的特征和功能；

　　(2) 阐述了现场控制站、操作员站和工程师站的硬件构成及功能；

　　(3) 阐述了输入/输出模件的种类和各自的工作原理；

　　(4) 阐述了系统网络和控制网络的组成。

思考题与习题

　　3-1　集散控制系统的硬件基本组成有哪些？各部分的作用是什么？

　　3-2　现场控制站的组成有哪些？现场控制站的功能有哪些？

　　3-3　查阅资料，分别画出一种 AI、AO、DI、DO、PI 接口电路原理图。

　　3-4　你的计算机使用的是什么形式的电源？查看输入输出电压范围，查阅资料，分析其如何将 AC220V 转换成低压直流。

　　3-5　上网搜集资料，至少找出一种 DCS 系统，分析其硬件组成及各部分的作用。

　　3-6　查阅 Modbus 现场总线资料，了解其信息帧结构，分析它是如何通过两芯线缆实现一对多通信的。

第4章 DCS 的软件系统

4.1 DCS 软件系统概述

DCS 的硬件基本构成已如前面所述,而 DCS 软件的基本构成也是按照硬件的划分形成的,这是由于软件是依附于硬件的,对于 DCS 的发展也是如此。本章将对 DCS 的软件系统进行详细的介绍。当 DDC 系统的数字处理技术与单元式组合仪表的分散化控制、集中化监视的体系结构相结合产生 DCS 时,软件就跟随硬件被分成控制层软件、监控软件和组态软件,同时,还有运行于各个站的网络软件,作为各个站上功能软件之间的桥梁。

在软件功能方面,控制层软件是运行在现场控制站上的软件,主要完成各种控制功能,包括 PID 回路控制、逻辑控制、顺序控制,以及这些控制所必须针对现场设备连接的 I/O 处理;监控软件是运行于操作员站或工程师站上的软件,主要完成运行操作人员所发出的各个命令的执行、图形与画面的显示、报警信息的显示处理、对现场各类检测数据的集中处理等;组态软件则主要完成系统的控制层软件和监控软件的组态功能,安装在工程师站中。

下面简要介绍一下各个软件功能及其构成。

1. 控制层软件

现场控制站中的控制层软件的最主要功能是直接针对现场 I/O 设备,完成 DCS 的控制功能。这里面包括了 PID 回路控制、逻辑控制、顺序控制和混合控制等多种类型的控制。为了实现这些基本功能,在现场控制站中还应该包含以下主要的软件。

(1) 现场 I/O 驱动,主要是完成 I/O 模块(模板)的驱动,完成过程量的输入/输出。采集现场数据,输出控制计算后的数据。

(2) 对输入的数据进行预处理,如滤波处理、除去不良数据、工程量的转换、统一计量单位等,总之,是要尽量真实地用数字值还原现场值并为下一步的计算做好准备。

(3) 实时采集现场数据并存储在现场控制站内的本地数据库中,这些数据可作为原始数据参与控制计算,也可通过计算或处理成为中间变量,并在以后参与控制计算。所有本地数据库的数据(包括原始数据和中间变量)均可成为人机界面、报警、报表、历史、趋势及综合分析等监控功能的输入数据。

(4) 按照组态好的控制程序进行控制计算,根据控制算法和检测数据、相关参数进行计算,得到实施控制的量。

为了实现现场控制站的功能,在现场控制站中建立有与本站的物理 I/O 和控制相关的本地数据库,这个数据库中只保存与本站相关的物理 I/O 点及与这些物理 I/O 点相关的,经过计算得到的中间变量。本地数据库可以满足本现场控制站的控制计算和物理 I/O 对数据的需求,有时除了本地数据外还需要其他现场控制站上的数据,这时可从网络上将其他节点的数据传送过来,这种操作被称为数据的引用。

2. 监控软件

监控软件的主要功能是人机界面，其中包括图形画面的显示、对操作员操作命令的解释与执行、对现场数据和状态的监视及异常报警、历史数据的存档和报表处理等。为了上述功能的实现，操作员站软件主要由以下几个部分组成。

(1) 图形处理软件，通常显示工艺流程和动态工艺参数，由组态软件组态生成并且按周期进行数据更新。

(2) 操作命令处理软件，其中包括对键盘操作、鼠标操作、画面热点操作的各种命令方式的解释与处理。

(3) 历史数据和实时数据的趋势曲线显示软件。

(4) 报警信息的显示、事件信息的显示、记录与处理软件。

(5) 历史数据的记录与存储、转储及存档软件。

(6) 报表软件。

(7) 系统运行日志的形成、显示、打印和存储记录软件。

(8) 工程师站在线运行时，对 DCS 系统本身运行状态的诊断和监视，发现异常时进行报警，同时通过工程师站上的 CRT 屏幕给出详细的异常信息，如出现异常的位置、时间、性质等。

为了支持上述操作员站软件的功能实现，在操作员站上需要建立一个全局的实时数据库，这个数据库集中了各个现场控制站所包含的实时数据及由这些原始数据经运算处理所得到的中间变量。这个全局的实时数据库被存储在每个操作员站的内存之中，而且每个操作员站的实时数据库是完全相同的复制，因此每个操作员站可以完成完全相同的功能，形成一种可互相替代的冗余结构。当然各个操作员站也可根据运行的需要，通过软件人为地定义其完成不同的功能，而成为一种分工的形态。

3. 组态软件

组态软件安装在工程师站中，这是一组软件工具，是为了将通用的、有普遍适应能力的 DCS 系统，变成一个针对某一个具体应用控制工程的专门 DCS 控制系统。为此，系统要针对这个具体应用进行一系列定义，如硬件配置、数据库的定义、控制算法程序的组态、监控软件的组态，报警报表的组态等。在工程师站上，要做的组态定义主要包括以下方面。

(1) 硬件配置，这是使用组态软件首先应该做的，根据控制要求配置各类站的数量、每个站的网络参数、各个现场 I/O 站的 I/O 配置(如各种 I/O 模块的数量、是否冗余、与主控单元的连接方式等)及各个站的功能定义等。

(2) 定义数据库，包括历史数据和实时数据，实时数据库指现场物理 I/O 点数据和控制计算时中间变量点的数据。历史数据库是按一定的存储周期存储的实时数据，通常将数据存储在硬盘上或刻录在光盘上，以备查用。

(3) 历史数据和实时数据的趋势显示、列表及打印输出等定义。

(4) 控制层软件组态，包括确定控制目标、控制方法、控制算法、控制周期以及与控制相关的控制变量、控制参数等。

(5) 监控软件的组态，包括各种图形界面(包括背景画面和实时刷新的动态数据)、操作功能定义(操作员可以进行哪些操作、如何进行操作)等。

(6) 报警定义，包括报警产生的条件定义、报警方式的定义、报警处理的定义(如对报警信息的保存、报警的确认、报警的清除等操作)及报警列表的种类与尺寸定义等。

(7) 系统运行日志的定义，包括各种现场事件的认定、记录方式及各种操作的记录等。

(8) 报表定义，包括报表的种类、数量、报表格式、报表的数据来源及在报表中各个数据项的运算处理等。

(9) 事件顺序记录和事故追忆等特殊报告的定义。

4.2 DCS 的控制层软件

集散控制系统的控制层软件特指运行于现场控制站的控制器中的软件，针对控制对象，完成控制功能。用户通过组态软件按工艺要求编制的控制算法，下装到控制器中，和系统自带的控制层软件一起，完成对系统设备的控制。

4.2.1 控制层软件的功能

DCS 控制层软件，其基本功能可以概括为 I/O 数据的采集、数据预处理、数据组织管理、控制运算及 I/O 数据的输出，其中数据组织管理和控制运算由用户组态，有了这些功能，DCS 的现场控制站就可以独立工作，完成本控制站的控制功能，如图 4.1 所示。除此之外，一般 DCS 控制层软件还要完成一些辅助功能，如控制器及重要 I/O 模块的冗余功能、网络通信功能及自诊断功能等。

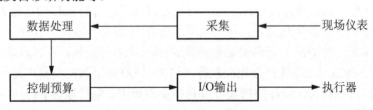

图 4.1 DCS 控制的基本过程

I/O 数据的采集与输出由 DCS 系统的 I/O 模块(板)来实现，对多个 I/O 接口，控制器接受工程师站下装的硬件配置信息，完成各 I/O 通道的信号采集与输出。I/O 通道信号采集进来后还要有一个数据预处理过程，这通常也是在 I/O 模块(板)上来实现，I/O 模块上的微处理器(CPU)将这些信号进行质量判断并调理、转换为有效信号后送到控制器作为控制运算程序使用的数据。

DCS 的控制功能由现场控制站中的控制器实现，是控制器的核心功能。在控制器中一般保存有各种基本控制算法，如 PID、微分、积分、超前滞后、加、减、乘、除、三角函数、逻辑运算、伺服放大、模糊控制及先进控制等控制算法程序，这些控制算法有的在 IEC 61131-3 标准中已有定义。通常，控制系统设计人员是通过控制算法组态工具，将存储在控制器中的各种基本控制算法，按照生产工艺要求的控制方案顺序连接起来，并填进相应的参数后下装给控制器，这种连接起来的控制方案称之为用户控制程序，在 IEC 61131-3 标准中统称为程序组织单元(Program Organization Units)，POUs。控制运行时，运行软件从 I/O 数据区获得与外部信号对应的工程数据，如流量、压力、温度及位置等模拟量输入信号，断路器的断/开、设备的启/停等开关量输入信号等，并根据组态好的用户控制算法程序，执行控制运算，并将运算的结果输出到 I/O 数据区，由 I/O 驱动程序转换输出给物理通道，从而达到自动控制的目的。输出信号一般也包含如阀位信号、电流、电压等模拟量输出信号和启动设备的开/关、启/停的开关量输出信号等。控制层软件每个程序组织单元作如下处理。

(1) 从 I/O 数据区获得输入数据；

(2) 执行控制运算；

(3) 将运算结果输出到 I/O 数据区；

(4) 由 I/O 驱动程序执行外部输出，即将输出变量的值转换成外部信号(如 4mA～20mA 模出信号)输出到外部控制仪表，执行控制操作。

上述过程是一个理想的控制过程，事实上，如果只考虑变量的正常情况，该功能还缺乏完整性，该控制系统还不够安全。一个较为完整的控制方案执行过程，还应考虑到各种无效变量的情况。例如，模拟输入变量超量程的情况、开关输入变量抖动的情况、输入变量的接口设备或通信设备故障的情况，等等。这些将导致输入变量成为无效变量或不确定数据。此时，针对不同的控制对象应能设定不同的控制运算和输出策略，例如可定义：变量无效则结果无效，保持前一次输出值或控制倒向安全位置，或使用无效前的最后一次有效值参加计算，等等。所以现场控制站 I/O 数据区的数据都应该是预处理以后的数据。

4.2.2　信号采集与数据预处理

如上所述，DCS 要完成其控制功能，首先要对现场的信号进行采集和处理。DCS 的信号采集指其 I/O 系统的信号输入部分。它的功能是将现场的各种模拟物理量如温度、压力、流量、液位等信号进行数字化处理，形成现场数据的数字表示方式，并对其进行数据预处理，最后将规范的、有效的、正确的数据提供给控制器进行控制计算。现场信号的采集与预处理功能是由 DCS 的 I/O 硬件及相应软件实现的，用户在组态控制程序时一般不用考虑，由 DCS 系统自身完成。I/O 硬件的形式可以是模块或板卡，电路原理 DCS 系统和可编程控制器(PLC)基本相同。软件则根据 I/O 硬件的功能而稍有不同。对于早期的非智能 I/O(多为板卡形式)，处理软件由控制器实现，而对于现在大多数智能 I/O 来说，数据采集与预处理软件由 I/O 板卡(模块)自身的 CPU 完成。DCS 系统中 I/O 部分的设备框图，如图 4.2 所示。

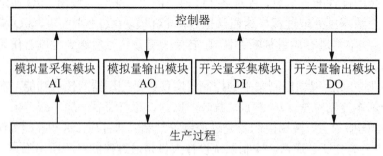

图 4.2　DCS 系统数据采集输出设备框图

DCS 的信号采集系统对现场信号的采集是按一定时间间隔也就是采样周期进行的，而生产过程中的各种参数除开关量(如联锁、继电器和按钮等只有开和关两种状态)和脉冲量(如涡轮流量计的脉冲输出)外，大部分是模拟量如温度、压力、液位和流量等。由于计算机所能处理的只有数字信号，所以必须确定单位数字量所对应的模拟量大小，即所谓模拟信号的数字化(A/D 转换)，信号的采样周期实质上是对连续的模拟量 A/D 转换时间间隔问题。此外，为了提高信号的信噪比和可靠性，并为 DCS 的控制运算作准备，还必须对输入信号进行数字滤波和数据预处理。所以，信号采集除了要考虑 A/D 转换，采样周期外，还要对数据进行处理才能进入控制器进行运算。

1. A/D 转换

在实际应用中，一个来自传感器的模拟量物理信号，如电阻信号、非标准的电压及电流信号等，一般先要经过变送器，转换为 4mA～20mA、0mA～20mA、1V～5V、0V～10V 等标准信号，才能接入到 DCS 的 I/O 模块(板)的模拟量输入(AI)通道上。在 AI 模块(板)上一般都有硬件滤波电路。电信号经过硬件滤波后接到 A/D 转换器上进行模拟量到数字量的转换。A/D 转换后的信号是二进制数字量，数字量的精度与 A/D 的转换位数相关，如 8 位的 A/D 转换完的数值范围即为 0～255，16 位的 A/D 转换完的数值范围即为 0～65 535。之后再由软件对 A/D 转换后的数据进行滤波和预处理，再经工程量程转换计算，转换为信号的工程量值。转换后的工程值，可以是定点格式数据，也可以是浮点格式数据。目前，一般的 CPU 中基本都带有浮点协处理器，且 CPU 的运算速度已大大提高，为了保证更高的计算精度，采用浮点格式表示数据的更为普遍。

2. 采样周期 T_S

对连续的模拟信号，A/D 转换按一定的时间间隔进行，采样周期是指两次采样之间的时间间隔。

从信号的复现性考虑，采样周期不宜过长，或者说采样频率均不能过低。根据香侬采样定理，采样频率 ω_S 的必须大于或等于原信号(被测信号)所含的最高频率 ω_{max} 的两倍，数字量才能较好的包含模拟量的信息，即

$$\omega_S \geq 2\omega_{max} \tag{4-1}$$

从控制角度考虑，系统采样周期 T_S 越短越好，但是这要受到 DCS 整个 I/O 采集系统各个部分的速度、容量和调度周期的限制，需要综合 I/O 模件上 A/D、D/A 转换器的转换速度，I/O 模块自身的扫描速度，I/O 模块与控制器之间通信总线的速率及控制器 I/O 驱动任务的调度周期，才能计算出准确的最小采样周期。在 DCS 系统中，I/O 信号的采样周期是一个受到软硬件性能限制的指标。随着半导体技术的进步，CPU、A/D、D/A 等器件速度及软件效率的提高，I/O 采样周期对系统负荷的影响已减小很多，软硬件本身在绝大多数情况下，已不再是信号采样的瓶颈，一般来说，对采样周期的确定只需考虑现场信号的实际需要即可。

对现场信号的采样周期需考虑以下几点。

(1) 信号变化的频率。频率越高，采样周期应越短。

(2) 对大的纯滞后对象特性，可选择采样周期大致与纯滞后时间相等。

(3) 考虑控制质量要求。一般来说，质量要求越高，采样周期应选得越小一些。

除上述情况外，采样周期的选择还会对控制算法中的一些参数产生影响，如 PID 控制算式中的积分时间及微分时间。

一般来说，大多数工业对象都可以看成是一个低通滤波器，对高频的干扰都可以起到很好的抑制作用。对象的惯性越大，滤除高频干扰的能力则越强。因此，原则上说，反应快的对象采样周期应选得小些，而反应慢的对象采样周期应选得大一些。表 4-1 列出了对于不同对象采样周期所应选择范围的经验数据。此表所列经验数据可帮助初选采样周期，然后再通过试验确定合适的采样周期。

表 4-1　采样周期经验数据

被控变量	流 量	压 力	液 位	温 度	成 分
采样周期/s	1～5	3～10	5～8	15～20	15～20
常用值/s	1	5	5	20	20

3. 分辨率

由于计算机只能接受二进制的数字量输入信号，模拟量在送往计算机之前必须经过 A/D 转换器转换成二进制的数字信号。这就涉及 A/D 转换器的转换精度和速度问题。

显然 A/D 转换器的转换速度不能低于采样频率的，采样频率越高，则要求 A/D 转换器的转换速度越快。现在 A/D 转换芯片的转换速度都是微秒级的速度，所以这点现在不用过多考虑。

A/D 转换器的转换精度则与 A/D 的位数有关。位数越高，则转换的精度也越高。A/D 转换器的转换精度可用分辨率 K 来表示。

$$K = \frac{1}{2^N - 1} \tag{4-2}$$

式中，N 为 A/D 转换器的位数。

显然，一旦 A/D 转换器的位数已定，系统的测量精度就不可能高于式(4-2)所示的分辨率，例如，8 位 A/D 转换器的分辨率 K 是 0.39%，而 16 位 A/D 转换器的分辨率 K 则为 0.015‰。

A/D 转换器是将输入的模拟量转换成二进制数字量输出。这种转换称之为模拟量的数字化。现假定输入的模拟量为 y，输出的二进制数字量为 y'。那么它们之间的关系可用式(4-3)表示

$$y' = \frac{y}{k_m q} \tag{4-3}$$

式中 k_m 为转换器输入量程范围与输出量程范围之比。

q 为 A/D 的量化单位，它可按式(4-4)计算：

$$q = \frac{M}{2^N} \tag{4-4}$$

式中 M 为 A/D 输入模拟量的量程范围。

下面是一个模拟量转换的例子。

【例 4.1】某温度变送器量程是 0℃～100℃，其输出信号为 0mA～10mA，试求 25℃时经 8 位 A/D 转换后，其输出二进制代码应是多少？

根据式(4-4)可求得量化单位为

$$q = \frac{10}{2^8} = \frac{10}{256} \, (\text{mA})$$

再根据式(4-3)可求得 A/D 输出的二进制代码为

$$y' = \frac{25}{\dfrac{100}{10} \times \dfrac{10}{256}} = 64_{(10)} = 1000000_{(2)}$$

需要指出的是，模拟量转换成二进制数字量时只能是 q 的整倍数。小于 q 的模拟量在转换时被舍去。这就是使用二进制数字量表示某一模拟量时会产生误差。其转换的最大误差为 q。

4. 信号采集的预处理

1) 数字滤波

为了抑制进入 DCS 系统的信号中可能侵入的各种频率的干扰，通常在 AI 模块(板)的入口处设置硬件模拟 RC 滤波器。这种滤波器能有效地抑制高频干扰，但对低频干扰滤波效果不佳。而数字滤波对此类干扰(包括周期性和脉冲性干扰)却是一种有效的方法。

所谓数字滤波就是用数学方法通过数学运算对输入信号(包括数据)进行处理的一种滤波方法。即通过一定的计算方法，减少噪声干扰在有用信号中的比重，使得送往计算机的信号尽可能是所要求的信号。由于这种方法是靠程序编制来实现的，因此，数字滤波的实质是软件滤波。这种数字滤波的方法不需要增加任何硬件设备，由程序工作量比较小的 I/O 模块(板)中的 CPU 来完成。

数字滤波可以对各种信号，甚至频率很低的信号进行滤波。这就弥补了 RC 模拟式滤波器的不足。而且，由于数字滤波稳定性高，各回路之间不存在阻抗匹配的问题，易于多路复用，因此，发展很快，用途极广，很多工业控制领域都在使用。数字滤波方法很多，各有优缺点，往往根据实际情况要选择不同的方法。下面介绍 10 种经典的软件滤波方法。

(1) 限幅滤波法(又称程序判断滤波法)，是根据经验判断，确定两次采样允许的最大偏差值(设为 A)。每次检测到新值时判断：如果本次值与上次值之差<A，则本次值有效。如果本次值与上次值之差≥A，则本次值无效，放弃本次值，用上次值代替本次值。

当 $|y(n)-y(n-1)| \leqslant A$ 时，则 $y(n)$ 为有效值；

当 $|y(n)-y(n-1)| > A$ 时，则 $y(n-1)$ 为有效值。

这种方法的优点是能有效克服因偶然因素引起的脉冲干扰，缺点是无法抑制那种周期性的干扰，平滑度差。

(2) 中位值滤波法，计算机连续采样 N 次(N 取奇数)。把 N 次采样值按大小排列。取中间值为本次有效值。

这种方法的优点是能有效克服因偶然因素引起的波动干扰。对温度、液位的变化缓慢的被测参数有良好的滤波效果。但是对流量、速度等快速变化的参数不宜采用。

(3) 算术平均滤波法，算术平均滤波法是计算机连续取 N 个采样值进行算术平均运算。当 N 值较大时，信号平滑度较高，但灵敏度较低；N 值较小时，信号平滑度较低，但灵敏度较高。N 值的选取一般按照流量：$N=12$；压力：$N=4$；液位：$N=4 \sim 12$；温度：$N=1 \sim 4$。

此法的优点是适用于对一般具有随机干扰的信号进行滤波。这样信号的特点是有一个平均值，信号在某一数值范围附近上下波动。缺点是对于测量速度较慢或要求数据计算速度较快的实时控制不适用。比较浪费存储器 RAM。

(4) 递推平均滤波法(又称滑动平均滤波法),把连续取 N 个采样值看成一个队列。队列的长度固定为 N。每次采样到一个新数据放入队尾,并扔掉原来队首的一次数据(先进先出原则)。把队列中的 N 个数据进行算术平均运算,就可获得新的滤波结果。

$$\overline{y(n)} = \frac{1}{N}\sum_{i=0}^{N-1} y(n-i) \tag{4-5}$$

式中　　$\overline{y(n)}$ 为第 N 次采样的 N 项递推平均值;

$y(n-i)$ 为依次向前递推 i 项的采样值。

优点:对周期性干扰有良好的抑制作用,平滑度高。适用于高频振荡的系统。

缺点:灵敏度低。对偶然出现的脉冲性干扰的抑制作用较差。不易消除由于脉冲干扰所引起的采样值偏差。不适用于脉冲干扰比较严重的场合。比较浪费存储器 RAM。

(5) 中位值平均滤波法(又称防脉冲干扰平均滤波法),相当于"中位值滤波法"+"算术平均滤波法"。连续采样 N 个数据,去掉一个最大值和一个最小值。然后计算 $N-2$ 个数据的算术平均值。N 值的选取:3~14。

优点:融合了两种滤波法的优点。对于偶然出现的脉冲性干扰,可消除由于脉冲干扰所引起的采样值偏差。

缺点:测量速度较慢,和算术平均滤波法一样。比较浪费存储器 RAM。

(6) 限幅平均滤波法,相当于"限幅滤波法"+"递推平均滤波法"。每次采样到的新数据先进行限幅处理,再送入队列进行递推平均滤波处理。

优点:融合了两种滤波法的优点。对于偶然出现的脉冲性干扰,可消除由于脉冲干扰所引起的采样值偏差。

缺点:比较浪费存储器 RAM。

(7) 一阶滞后滤波法(一阶惯性滤波),模拟电路常用的 RC 滤波电路传递函数为

$$G(S) = \frac{1}{T_s + 1} \tag{4-6}$$

式中,T 为滤波时间常数。

如果用模拟电路来实现低频干扰的滤波,T 必须取得很大,电容 C 的值就得很大,这样漏电流就很大,会使 RC 网络误差增大。而且 T 太大会使有用信号响应速度过低,会影响控制效果,用数字滤波就比较容易实现。

将式(4-5)改写,可得

$$T\frac{\mathrm{d}y(t)}{\mathrm{d}t} + y(t) = x(t) \tag{4-7}$$

表示成差分方程形式为

$$T\frac{y(n)-y(n-1)}{t_s} + y(n) = x(n) \tag{4-8}$$

整理后可得

$$y(n) = ay(n-1) + (1-a)x(n) \tag{4-9}$$

式中 $a=T/(T+T_S)$,取 $a=0\sim1$,式(4-9)可以描述为

本次滤波结果$=a\times$上次滤波结果$+(1-a)\times$本次采样值

(8) 加权递推平均滤波法,是对递推平均滤波法的改进,即不同时刻的数据乘以不同

的权重(系数 α_i)。通常是越接近现时刻的数据，权重取得越大。给予新采样值的权重系数越大，则灵敏度越高，但信号平滑度越低。其表达式为：

$$\overline{y(n)} = \frac{1}{N}\sum_{i=0}^{N-1} a_i y(n-i) \tag{4-10}$$

$$0 \leq a_i \leq 1 \qquad \sum_{i=0}^{N-1} a_i = 1 \tag{4-11}$$

优点：适用于有较大纯滞后时间常数的对象。和采样周期较短的系统。

缺点：对于纯滞后时间常数较小，采样周期较长，变化缓慢的信号。不能迅速反应系统当前所受干扰的严重程度，滤波效果差。

(9) 消抖滤波法，设置一个滤波计数器。将每次采样值与当前有效值比较：如果采样值=当前有效值，则计数器清零。如果采样值>或<当前有效值，则计数器+1，并判断计数器是否≥上限 N(溢出)。如果计数器溢出，则将本次值替换当前有效值，并清零计数器。

优点：对于变化缓慢的被测参数有较好的滤波效果，可避免在临界值附近控制器的反复开/关跳动或显示器上数值抖动。

缺点：对于快速变化的参数不宜。如果在计数器溢出的那一次采样到的值恰好是干扰值，则会将干扰值当作有效值导入系统。

(10) 限幅消抖滤波法，相当于"限幅滤波法"+"消抖滤波法"。先限幅，后消抖。

优点：继承了"限幅"和"消抖"的优点。改进了"消抖滤波法"中的某些缺陷，避免将干扰值导入系统。

缺点：对于快速变化的参数不宜。

2) 模拟量数据预处理

对 A/D 转换后的数据经滤波处理，还需要对数据再加工，剔除无效的数据，找出有效数据，在经过工程量的转化，变成控制计算需要的数据，存储在控制器的数据库中，以备调用。通常对数据预处理包括以下几个内容。

(1) 模拟量近零死区处理。当一个输入信号 $x(t)$ 的值应该是 0，而由于 A/D 转换的误差或仪表的误差或现场干扰，导致该值不是 0 而是接近 0 点附近的某个值(如流量信号没有流量通过时应该为 4mA，但信号实际为 4.03mA)。为防止这种扰动进入计算机系统，预先设置一个近 0 死区(或称小信号切除限值)ε，当扰动处于近 0 死区之内$(-\varepsilon, \varepsilon)$时，将进入计算机系统变量值 $y(t)$ 强置为 0。

小信号切除限值 ε 可根据实际现场信号情况设置，如图 4.3 所示。

(2) 模拟量超量程检查。通过检查模入数据是否超过了允许的电量程，可以判断信号输入部件(如变送器、I/O 模块等)是否出现故障，一旦出现采集故障，程序将自动禁止扫描，以防止硬件电路故障的进一步扩大，同时产生硬件故障报警信号，通知操作人员进行维护。

对每个模拟量输入信号均设置量程上、下限，用于进行有效性检查。采集完后，将输入的信号与量程作比较，数据将处于以下 3 种质量特性之一。

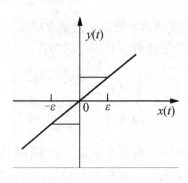

图 4.3 小信号切除示意图

① 有效数据：在量程范围内。

② 可疑数据：超过量程但在允许范围内(超量程死区)。

③ 无效数据：量程超过允许范围。此时有硬件故障，要报警提示。

模拟量超量程检查如图 4.4 所示。

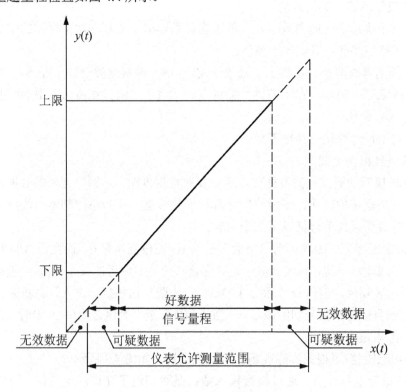

图 4.4 模拟量超量程检查示意图

(3) 模拟信号——工程单位变换。工程单位变换类型由数据库组态定义。系统应包括以下几种工程单位变换类型。

① 线性变换。线性变换按照工程上下限和电量程上下限由系统自动实现。模拟量线性变换如图 4.5 所示。

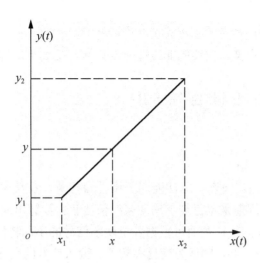

图 4.5　线性变换示意图

$$y = y_1 + \frac{y_2 - y_1}{x_2 - x_1}(x - x_1) \tag{4-12}$$

式中，x_1 为信号下限(电压值)；x_2 为信号上限(电压值)；y_1 为测量下限；y_2 为测量上限；x 为采样值；y 为转换后的工程值。

【例 4.2】某温度变送器量程是 0℃～1300℃，其输出信号为 4mA～20mA，求当信号为 12mA 时工程值是多少摄氏度？

根据题意可知：x_1=4、x_2=20、y_1=0、y_2=1300、x=12，代入式(4-12)可得

$$y = 0 + \frac{1300 - 0}{20 - 4}(12 - 4) = 650\,(℃)$$

② 开方变换。模拟量开方变换如图 4.6 所示。

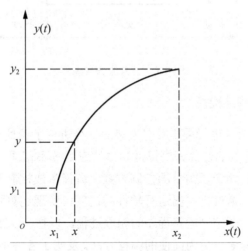

图 4.6　开方变换示意图

其表达式为

$$y = (y_2 - y_1)\sqrt{\frac{x - x_1}{x_2 - x_1}} + y_1 \tag{4-13}$$

③ 非线性变换。非线性变换由组态工具中的计算公式来完成,变量的非线性变换公式,一般由用户通过组态来定义。主要的非线性变换大体包括如下内容:

● 分段计算;

● 流量信号温度压力非线性补偿计算;

● 指数公式;

● 对数公式;

● 多项式计算(公式)。

(4) 模拟量变化率超差检查。此功能用于硬件自检测。在信号的周期采集中,保留上一周期的采集值,将本周期采集值与上周期采样值比较,计算出周期变化率(工程值/s)。如果该变化率大于变化率限值(该数值可根据各个现场信号的不同特性设置,如温度信号变化率限制就应该低于压力信号),则认为变化率超差。输入信号的变化率超差,同样也可以认为是信号输入部件(变送器、I/O 模块等)出现故障。

3) 开关量数据预处理

开关量信号是表示设备状态的信号,通常用 1 位的"0"和"1"表示。在计算机控制当中,有时也用多位来表示,通过多个数据位排列组合,表示设备不同的工作状态。

现场的开关量信号存在抖动成分,如图 4.7 所示,在采集时需要通过系统自身的软件进行"消抖"。抖动时间一般为 4ms~15ms,软件通过延时来消除。

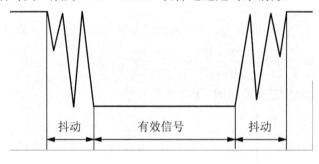

图 4.7 开关量信号波形

4.2.3 控制编程语言与软件模型

DCS 控制器对现场信号进行采集并对采集的信号进行了预处理后,即可将这些数据参与到控制运算中,控制运算的运算程序根据具体的应用各不相同。在 DCS 中先要在工程师站软件上通过组态完成具体应用需要的控制方案,编译生成控制器需要执行的运算程序,下装给控制器运行软件,通过控制器运行软件的调度,实现运算程序的执行。本质上,控制方案的组态过程就是一个控制运算程序的编程过程。以往,DCS 厂商为了给控制工程师提供一种比普通软件编程语言更为简便的编程方法,发明了各种不同风格的组态编程工具,而当前,这些各式各样组态编程方法,经国际电工委员会(International Electrotechnical Commission,IEC)标准化,统一到了 IEC 61131-3 控制编程语言标准中。风格相同的编程方法为用户、系统厂商及软件开发商都带来了极大的好处。

1. IEC 61131 简介

IEC 61131 标准最初主要用于可编程控制器(PLC)的编程系统，但它目前同样也适用于过程控制领域、分散型控制系统等。

IEC 61131 标准共包含有 6 个部分。

第一部分：概述与定义(general information)。

内容包含通用信息定义、标准 PLC 的基本特征及区别于其他系统的典型功能特征。

第二部分：硬件要求与测试(equipment requirements and tests)。

这部分定义了 PLC 硬件指标的要求，包括电气指标如 EMC、机械指标(如振动)以及硬件的存储、运输的条件，还包括硬件指标的测试方法和兼容性测试的程序。

第三部分：即 IEC 61131-3，编程语言(programming languages)。

IEC 61131-3 组合了世界范围已广泛使用的各种风格的控制编程方法，并吸收了计算机领域最新的软件思想和编程技术，其定义的编程语言可完成的功能，已超出了传统 PLC 的应用领域，扩大到所有工业控制和自动化应用领域，包括 DCS 系统。

第四部分：用户指南(user guidelines)。

该部分试图作为一个指南，为选购自动化系统的客户，提供从系统设计、设备选型直到设备维护等方面的帮助。

第五部分：通信规范(messaging service specification)。

该部分是关于不同厂商之间的 PLC 以及 PLC 与其他设备之间的通信规约。由于现场总线技术和标准的发展(IEC 61508 标准)以及以太网技术在工业领域中的应用，该部分标准基本已失去实际意义。

第六部分：模糊控制(fuzzy logic)。

2000 年发布的 IEC 61131-7 将模糊控制功能带进了 PLC。

注意：现在的 IEC 61131 没有第六部分，这是因为标准开始启动时，原计划安排第六部分的内容是关于 PLC 利用现场总线与现场总线设备如传感器、执行器进行通信方面的，目前，已经并入 IEC61508 现场总线标准中。

IEC 61131-3 是 IEC 61131 国际标准的第三部分，是第一个为工业自动化控制系统的软件设计提供标准化编程语言的国际标准。它得到了世界范围的众多厂商的支持，但又独立于任何一家公司。它是 IEC 工作组在合理地吸收、借鉴世界范围的各可编程控制器(PLC)厂家的技术、编程语言、方言等的基础之上，形成的一套新的国际编程语言标准。

2. IEC 61131-3 软件模型

IEC61131-3 软件模型如图 4.8 所示。该软件模型是一种分层结构，每一层隐藏了其下层的许多特征。IEC 61131-3 具有的这种分层结构，构成了 IEC 61131-3 软件优越于传统的 PLC 软件的理论基础，是 IEC 61131-3 软件先进性的体现。下面先描述软件模型的各个部分的概念，同时分析、总结 IEC 61131-3 编程系统所具有的优点。为方便理解，现以 PLC 为例来说明。

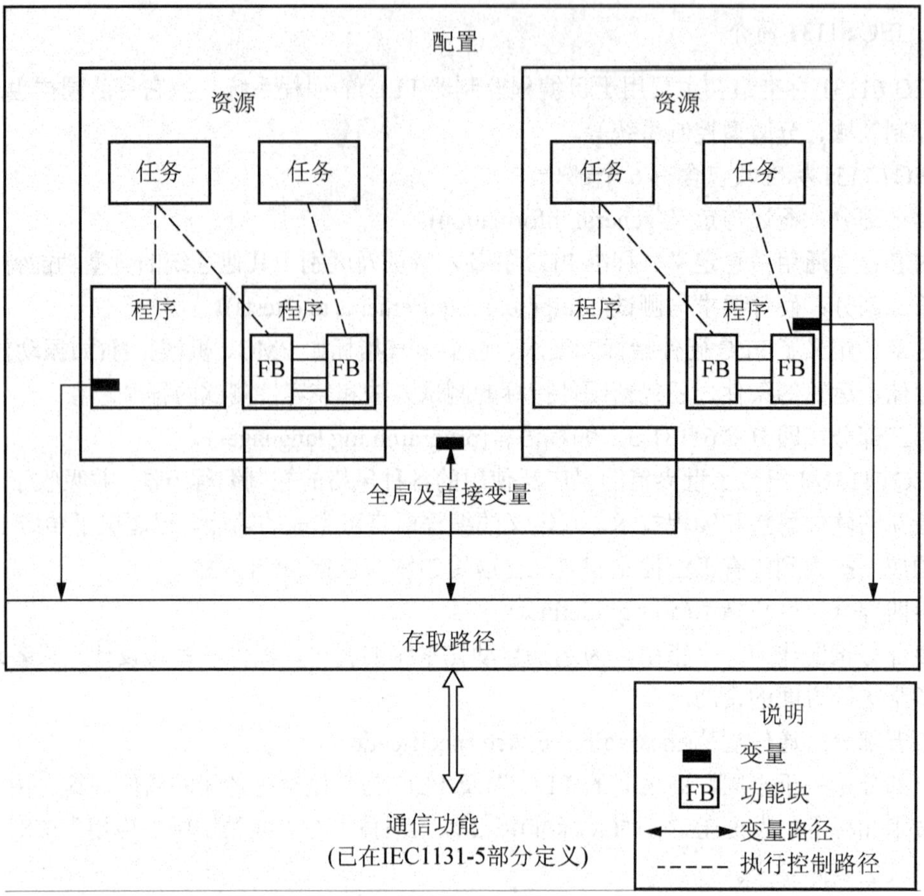

图 4.8　IEC 软件模型

1) 配置、资源、程序和任务

在模型的最上层是软件"配置"(Configuration),在物理上,一个配置可理解成一个 PLC 系统或 DCS 的现场控制站。它等同于一个 PLC 软件。如在一个复杂的由多台 PLC 组成的自动化生产线中,每台 PLC 中的软件就是一个独立的"配置"。一个"配置"可与其他的 IEC "配置"通过定义的接口进行通信。

在每一个配置中,有一个或多个"资源"(Resources),在物理上,可以将资源看成 PLC 或 DCS 控制器中的一个 CPU,"资源"不仅为运行程序提供了一个支持系统,而且它反映了 PLC 的物理结构,在程序和 PLC 物理 I/O 通道之间提供了一个接口。一个 IEC 程序只有在装入"资源"后才能执行。"资源"通常放在 PLC 内,但也可以放在其他系统内。

一个 IEC "程序"(Program)可以用不同的 IEC 编程语言来编写。典型的 IEC 程序由许多互联的功能块组成,各功能块之间可互相交换数据。一个程序可以读写 I/O 变量,并且能够与其他的程序通信。一个程序中的不同部分的执行通过"任务"(tasks)来控制。

"任务"被配置以后,可以控制一系列程序和/(或)功能块周期性地执行程序或由一个的特定的事件触发开始执行程序。IEC 程序或功能块通常保持完全的待用状态,只有当是由一个特定的被配置的任务来周期性地执行或由一个特定的变量状态改变来触发执行的情况,IEC 程序或功能块才会执行。

一个配置可以有一个或多个资源；每个资源可以执行一个或多个程序任务；程序任务可以是函数、功能块、程序或它们的组合。函数、功能块和程序可以由 IEC 61131-3 的任意一种或多种编程语言编制。

2) 程序组织单元(Program Organization Units，POU)

IEC 61131-3 引入了程序组织单元 POU 的概念，POU 有三类：函数(functions)、功能块(function-blocks)和程序(program)。

函数是 IEC 61131-3 标准中的一个重要概念，函数是一些在程序执行过程中的软件元件，可以有多个输入，但只有一个输出。这些软件元件对一系列特定的输入值会产生相应的输出结果，如算术功能 COS()，SIN()等。IEC 61131-3 标准中有大量的用于处理不同数据类型的函数。函数可以用 IEC 61131-3 五种编程语言中的任何一种创建，也可以被任何语言调用。

功能块概念是 IEC 61131-3 标准编程系统的一个重要的特征。任何功能块可以用其他的更小的更易管理的功能块来编程，这样就可以由许多的功能块创建一个有层次的结构合理的程序。IEC61131-3 还允许程序设计人员利用现有的功能块和其他的软件元件生成新的功能块。

程序就是一个简单的 POU，可以用五种语言中的任意一种编写，它可以是函数或功能块。程序是唯一的可以插入到任务中的 POU 类型。

3) 变量和存取路径

在配置、系统资源、程序、函数或功能块内，可以声明和使用局部变量、全局变量、直接变量。局部变量是仅仅能在配置、资源、程序、功能或功能块内声明和存取的变量；全局变量在一个程序(或配置)内声明，它能被程序(配置)内的所有软件元件存取；直接变量是 PLC 程序的内存区直接用地址变量来表示的变量。

存取路径提供了在不同的配置之间交换数据和信息的设备。每一配置内的变量可被其他远程配置存取。配置之间存取数据和信息可采用基于以太网的网络，现场总线或通过底板总线交换数据。

3. IEC 软件模型的优点

IEC 软件模型具有如下优点。

(1) 在一台 PLC 中同时装载、启动和执行多个独立的程序：IEC 61131-3 标准允许一个"配置"内有多个"资源"，每个"资源"能够支持多个程序，这使得在一台 PLC 中可以同时装载、启动和执行多个独立的程序，而传统的 PLC 程序只能同时运行一个程序。

(2) 实现对程序执行的完全控制能力：IEC 61131-3 标准的这种"任务"机制，保证了 PLC 系统对程序执行的完全控制能力。传统 PLC 程序只能顺序扫描、执行程序，对某一段程序不能按用户的实际要求定时执行，而 IEC 61131-3 程序允许程序的不同部分在不同的时间、以不同的比率并行执行，这大大地扩大了 PLC 的应用范围。

(3) IEC 软件模型能够适应很广范围的不同的 PLC 结构：IEC 软件模型是一个国际标准的软件模型，它不是针对具体的 PLC 系统，而是具有很强的适用性。

(4) IEC 软件模型既能适合小型的 PLC 系统，也可适合较大的分散系统。

(5) IEC 软件支持程序组织单元的重用特性：软件的重用性是 IEC 软件的重要优点。

(6) IEC 软件支持分层设计：一个复杂的 IEC 软件通常可以通过一层层的分解，最终分解为可管理的程序单元。

4. 编程语言

IEC 61131-3 国际标准的编程语言包括图形化编程语言和文本化编程语言。图形化编程语言包括：梯形图(Ladder Diagram，LD)、功能块图(Function Block Diagram，FBD)、顺序功能图(Sequential Function chart，SFC)。文本化编程语言包括：指令表(Instruction List，IL)和结构化文本(Structured Text，ST)。IEC61131-3 的编程语言是 IEC 工作组对世界范围的 PLC 厂家的编程语言合理地吸收、借鉴的基础上形成的一套针对工业控制系统的国际编程语言标准，它不但适用于 PLC 系统，而且还适用于如 DCS 等更广泛的工业控制领域。简单易学是它的特点，很容易为广大电气工程人员掌握，这里简单介绍一下这五种编程语言。

1) 结构化文本语言(Structured Text，ST)

结构化文本(ST)是一种高级的文本语言，表面上与 PASCAL 语言很相似，但它是一个专门为工业控制应用开发的编程语言，具有很强的编程能力。用于对变量赋值、回调功能和功能块、创建表达式、编写条件语句和迭代程序等。结构化文本(ST)语言易读易理解，特别是用有实际意义的标识符、批注来注释时，更是这样。

(1) 操作符。结构化文本(ST)定义了一系列操作符用于实现算术和逻辑运算，如

逻辑运算符：AND、XOR、OR；

算术运算符：<、>、≤、≥、=、≠、+、−、*、/等，

此外，还定义了这些操作符的优先级。如下是操作符运算的两个例子。

```
Start:= Oilpress AND Stream AND Pump
V:= K*(-W*T)
```

(2) 赋值语句。结构化文本(ST)程序既支持很简单的赋值语句，如 X：=Y，也支持很复杂的数组或结构赋值，如

```
Profile[3]:=10.3+SQRT((Rate+2.0))
Alarm.TimeOn:=RCT1.CDT
```

(3) 在程序中调用功能块。在结构化文本(ST)程序中可以直接调用功能块。功能块在被调用以前，输入参数被分配为默认值；在调用后，输入参数值保留为最后一次调用的值。功能块调用的格式如下。

```
Function Block Instance(
Input Parameter1:=Value Expression1,
Input Parameter2:=Value Expression2 ...);
```

其中 Value Expression1…Value Expression*N* 是符合功能块数据类型输入变量，Input Parameter1…Input Parameter*N* 功能块的输入参数。Function Block Instance 是要调用的功能块。

(4) 结构化文本(ST)程序中的条件语句。条件语句的功能是，某一条件满足时执行相应的选择语句。结构化文本(ST)有如下的条件语句：

① IF…THEN…ELSE 条件语句。该选择语句依据不同的条件分别执行相应 THEN 及

ELSE 语句。该条件语句可以嵌套入另一条件语句中，以实现更复杂的条件语句。条件语句的格式如下：

```
IF < boolean expression =true>THEN
<statements1>
ELSE
<statements2>
END_IF;
```

"boolean expression" 可以是 "true" 或 "false"，根据 "true" 或 "false" 的情况，程序执行相应的 statements1 或 statements2 语句。

② CASE 条件语句。该选择语句的执行方向取决于 CASE 语句的条件，并有一返回值。实例见最后的应用举例。该条件语句的格式如下：

```
CASE<var1> OF
< integer selector value1> : < statements1···>
< integer selector value2> : < statements2···>
···
ELSE
< statements ···>
END_CASE
```

"integer expression" 可以是一个数值，根据数值的不同执行相应的 statements1 或 statements2 等语句。

(5) 结构化文本(ST)程序中的迭代语句。迭代语句适用于需要一条或多条语句重复执行许多次的情况，迭代语句的执行取决于某一变量或条件的状态。应用迭代语句应避免迭代死循环的情况。

```
FOR···DO
```

该迭代格式语句允许程序依据某一整型变量迭代。该迭代格式语句格式如下：

```
FOR < initialize iteraion variable >
TO < final value expression >
BY< increment expression > DO
END_FOR
```

"initialize iteraion variable" 是迭代开始的计数值，"final value expression" 迭代结束的计数值。迭代从 "initialize iteraion variable" 开始，每迭代一次，计数值增加 "increment expression"，计数值增加到 "final value expression"，迭代结束。

结构化文本(ST)程序中还有其他的迭代语句，如 WHILE … DO，REPEAT … UNTIL 等，迭代原理与 FOR···DO 格式基本相同。此外，结构化文本(ST)的迭代语句中还有 EXIT，RETURN 两种格式，分别用于程序的返回和退出。

(6) 编程举例：用结构化文本(ST)程序编功能块。本程序是一用结构化文本(ST)程序编功能块的例子。该实例描述的是如何用功能块控制箱体中的流体，箱体可以通过阀门被注满和倒空，如图 4.9 所示，箱体的质量由一个称重单元监视。功能块通过比较两个输入值 Full Weight 和 Empty Weight 以确定箱体是满的还是空的。

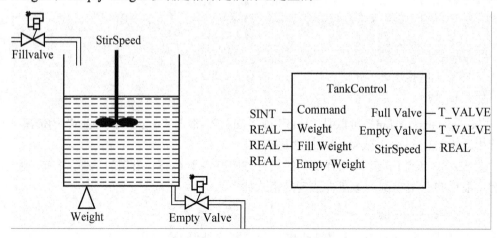

图 4.9　水箱控制及功能块示意图

该功能块提供了一个"Command"输入，该输入有 4 种状态，给箱体加水；保持不变；启动；清空箱体。实现该功能块算法的结构化文本(ST)程序如下：

```
TYPE_T_STATE:(FULL,NOT_FULL,EMPTIED);    (*箱体状态*)
END_TYPE;
TYPE_T_VALVE:(OPEN,SHUT);                (*阀门状态*)
END_TYPE;
FUNCTION_BLOCK TankControl;              (*功能块*)
VAR_IN                                   (*输入状态变量*)
Command:SINT;
Weight:REAL;
FullWeight:REAL;
EmptyWeight:REAL;
END_VAR
VAR_OUT                                  (*输出状态变量*)
FillValve:T_VALVE:=SHUT;
EmptyValve:T_VALVE:=SHUT;
StirSpeed:REAL:=0.0;
END_VAR
VAR                                      (*过程变量*)
Stat:=T_STATE:=EMPTYIED;
END_VAR
```

2) 指令表(Instruction List，IL)

IEC61131-3 的指令表(IL)语言是一种低级语言，与汇编语言很相似，是在借鉴、吸收世界范围的 PLC 厂商的指令表语言的基础上形成的一种标准语言，可以用来描述功能，功能块和程序的行为，还可以在顺序功能流程图中描动作和转变的行为。现在仍广泛应用于PLC 的编程。

(1) 指令表语言结构。指令表语言是由一系列指令组成的语言。每条指令在新一行开始，指令由操作符和紧随其后的操作数组成，操作数是指在 IEC 61131-3 的"公共元素"中定义的变量和常量。有些操作符可带若干个操作数，这时各个操作数用逗号隔开。指令前可加标号，后面跟冒号，在操作数之后可加注释。

IL 是所谓面向累加器(Accu)的语言，即每条指令使用或改变当前 Accu 内容。IEC61131-3 将这一 Accu 标记为"结果"。通常，指令总是以操作数 LD("装入 Accu 命令")开始。指令表程序如下所示：

(2) 指令表操作符。IEC61131-3 指令表包括四类操作符：一般操作符、比较操作符、跳转操作符和调用操作符。

① 一般操作符是指在程序中经常会用到的操作符。

装入指令：LD N 等。

逻辑指令：AND N (与指令)、OR N (或指令)、XOR N (异或指令)等。

算术指令：ADD(加指令)、SUB(减指令)、MUL (乘指令)，DIV(除指令)、MOD(取模指令)等。

② 比较操作符：GT(大于)、GE(大于等于)、EQ(等于)、NE(不等于)、LE(小于等于)、LT(小于)等。

③ 跳转及调用操作符：JMP C，N (跳转操作符)、CALL C，N(调用操作符)等。

(3) IL 的编程实例。本例是一个用指令表程序定义功能的实例，功能描述的计算平面上两点的移动距离。两点 X、Y 的坐标如图 4.10 所示。

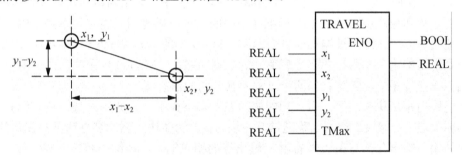

图 4.10 用指令表编功能块实例

用结构化文本描述的两点间距离的计算公式为：

$$\text{Travel\_distance}：=SQRT[(x_1-x_2)*(x_1-x_2)+(y_1-y_2)*(y_1-y_2)]$$

如果定义 TMax 是 X、Y 两点见的最大距离，当计算值小于 TMax 时，说明计算正确；当计算值大于 TMax 时，说明 X、Y 两点间的距离超出了最大距离，在这种情况下，功能是没有输出的。

用指令表编写的该功能的函数 TRAVEL()如下：

```
FUNCTION TRAVEL:REAL
VAR_INPUT
X1,X2,Y1,Y2: REAL            (*点 X,Y 坐标*)
TMax: REAL                   (*最大移动距离*)
END_VAR
```

```
VAR
Temp:REAL;                    (*中间值*)
END_VAR
LD Y1
SUB Y2                        (*计算 Y2-Y1*)
ST Temp                       (*将 Y2-Y1 值存入 Temp *)
MUL Temp                      (*计算(Y2-Y1)的平方*)
ADD X1
SUB X2                        (*计算(X1-X2)*)
ST Temp                       (*将(X1-X2)值存入 Temp *)
MUL Temp                      (*计算(X1-X2)的平方*)
ADD TEMP                      (*将两平方值相加*)
CAL SQRT                      (*调平方根函数*)
ST TRAVEL                     (*设定计算结果*)
GT TMax                       (*比 TMax 大吗? *)
JMPC ERR                      (*是,转到 ERR 执行*)
S ENO                         (*设定 ENO*)
ERR:
RET                           (*错误返回,ENO 不输出*)
```

3) 功能块图(Function Block Diagram，FBD)

功能块图(FBD)是一种图形化的控制编程语言，它通过调用函数和功能块来实现编程。所调用的函数和功能块可以是 IEC 标准库当中的，也可以是用户自定义库当中的。这些函数和功能块可以由任意五种编程语言来编制。图 4.9 中的 Tank Control，图 4.10 中的 Travel 就是分别用结构化文本语言和指令表编制的控制功能块。FBD 与电子线路图中的信号流图非常相似，在程序中，它可看作两个过程元素之间的信息流。

功能块用矩形块来表示，每一功能块的左侧有不少于一个的输入端，在右侧有不少于一个的输出端。功能块的类型名称通常写在块内，但功能块实例的名称通常写在块的上部，功能块的输入输出名称写在块内的输入/输出点的相应地方。详细内容见 4.5.2 节。

在功能块网路中，信号通常是从一个功能或功能块的输出传递到另一个功能或功能块的输入。信号经由功能块左端流入，并求值更新，在功能块右端流输出。

在使用布尔信号时，功能或功能块的取反输入或输出可以在输入端或输出端用一个小圆点来表示，这种表示与在输入端或输出端加一个"取反"功能是一致的。

FBD 网路中的功能执行控制隐含地从各功能所处的位置中表现出来。每一功能的执行隐含地是由一个输入使能 EN 控制，该输入 EN 是一个布尔型变量，允许功能有选择的求值。当输入 EN 为 TRUE 时，该功能就执行，否则，功能不执行。功能的输出 ENO 也是一个布尔型变量，当 ENO 从 FALSE 变成 TRUE 就表明功能已经完成了求值。

如图 4.11 是一个用 IEC 61131 基本功能块编程的实例，该实例描述了用功能块控制空气风门的情况。风门开关控制为信号 ReqOpen 和 ReqClose，该信号被保存在 RS 双稳态功能块 "Position" 中，来自 RS 功能块输出及转换输出用于用于产生 DemandOpen 和 DemandClose 信号，这些信号驱动风门转动到合适的位置。

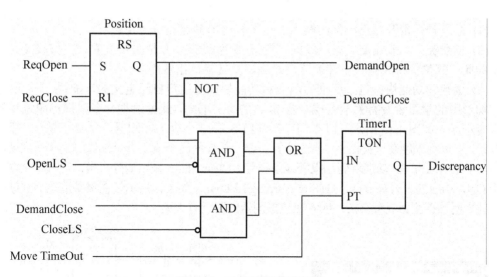

图 4.11 功能块程序示意图

风门上的限位开关 OpenLS 和 CloseLS 返回的是风门的实际位置信号。限位开关信号与要求的风门位置进行与比较，如果任何一个校对失败，比如风门已打开到要求的位置，而限位开关 OpenLS 处于 false，延时计时器将启动。如果风门未按要求移动到要求的位置并且在限定的有限时间 Move Time Out 内不能确定限位开关的情况，定时器 Timer1 将产生 Discrepancy 信号。

4) 梯形图(Ladder Diagram，LD)

梯形图(LD)是 IEC61131-3 三种图形化编程语言的一种，是使用最多的 PLC 编程语言，来源于美国，最初用于表示的继电器逻辑，简单易懂，很容易被电气人员掌握。后来随着 PLC 硬件技术发展，梯形图编程功能越来越强大，现在梯形图在 DCS 系统也得到广泛使用。一个简单的梯形图程序如图 4.12 所示。

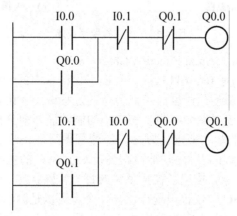

图 4.12 梯形图示例

这是一个电动机正反转控制电路，I 代表开关量输入点，Q 代表开关量输出点。

IEC 61131-3 中的梯形图(LD)语言通过对各 PLC 厂家的梯形图(LD)语言合理地吸收、借鉴，语言中的各图形符号与各 PLC 厂家的基本一致。IEC 61131-3 的主要的图形符号包括以下几种。

119

(1) 触点类：常开触点、常闭触点、正转换读出触点、负转换触点。

(2) 线圈类：一般线圈、取反线圈、置位(锁存)线圈、复位去锁线圈、保持线圈、置位保持线圈、复位保持线圈、正转换读出线圈、负转换读出线圈。

(3) 函数和功能块：包括标准的函数和功能块以及用户自己定义的功能块。

梯形图的学习参看有关电气控制及 PLC 的有关书籍，此处再举一个用梯形图编写的火灾报警程序，如图 4.13 所示。FD1、FD2 和 FD3 是 3 个火灾探测器，MAN1 是一个手动实验按钮，可以用来触发火灾报警。当 3 个探测器中的任何两个或 3 个全部探测到有火灾情况发生时，于是 Alarm_SR 功能块驱动报警线圈报警。Clear Alarm 按钮清除报警。当有一个探测器处于 ON，相应的火灾警告指示灯(Fire Warning LED)亮。如果该指示灯在报警清除后继续保持亮，就表明该探测器或者有错，或者在该探测器的附近有火灾。

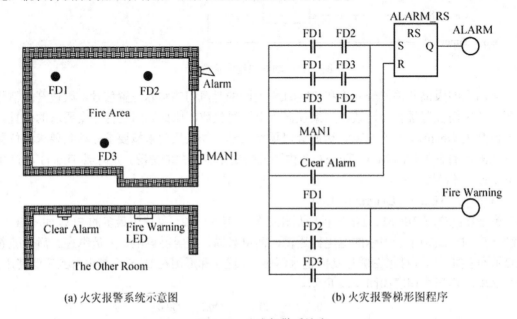

(a) 火灾报警系统示意图   (b) 火灾报警梯形图程序

图 4.13   火灾报警系统序

5) 顺序功能流程图(Sequential Function Chart，SFC)

顺序功能流程图(SFC)是 IEC 61131-3 三种图形化语言中的一种，是一种强大的描述控制程序的顺序行为特征的图形化语言，可对复杂的过程或操作由顶到底地进行辅助开发。SFC 允许一个复杂的问题逐层地分解为步和较小的能够被详细分析的顺序。

(1) 顺序功能流程图的基本概念。顺序功能流程图可以由步、有向连线和过渡的集合描述。如图 4.14a 所示为单序列顺序功能流程图反映了 SFC 的主要特征。

① 步。步用矩形框表示，描述了被控系统的每一特殊状态。SFC 中的每一步的名字应当是唯一的并且应当在 SFC 中仅仅出现一次。一个步可以是激活的，也可以是休止的，只有当步处于激活状态时，与之相应的动作才会被执行，至于一个步是否处于激活状态，则取决于上一步及过渡。每一步是用一个或多个动作(action)来描述的。动作包含了在步被执行时应当发生的一些行为的描述，动作用一个附加在步上的矩形框来表示。每一动作可以用 IEC 的任一语言如 ST、FBD、LD 或 IL 来编写。每一动作有一个限定(Qulifier)，用来确定动作什么时候执行。标准还定义了一系列限定器(Qulifier)，精确地定义了一个特定与步相关的动作什么时候执行。每一动作还有一个指示器变量，该变量仅仅是用于注释。

② 有向连线。有向连线表示功能图的状态转化路线，每一步是通过有向连线连接的。

③ 过渡。过渡表示从一个步到另一个步的转化，这种转化并非任意的，只有当满足一定的转换条件时，转化才能发生。转换条件可以用 ST、LD 或 FBD 来描述。转换定义可以用 ST、IL、LD 或 FBD 来描述。过渡用一条横线表示，可以对过渡进行编号。

(2) 顺序功能流程图(SFC)的几种主要形式，如图 4.14 所示。

按着结构的不同，如图 4.14 所示，顺序功能流程图(SFC)可分为以下几种形式：单序列控制、并发序列控制、选择序列控制、混合结构序列。

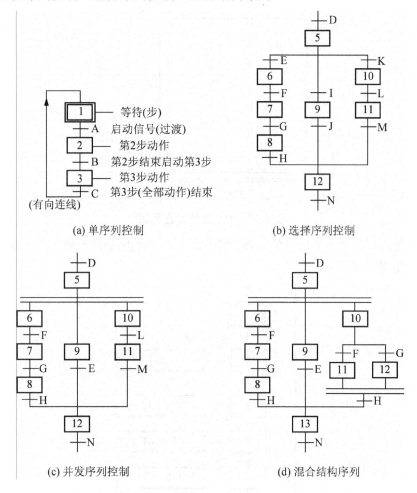

图 4.14　顺序功能流程图的几种形式

(3) 顺序功能流程图(SFC)的程序执行。顺序功能流程图(SFC)程序的执行应遵循相应的规则，每一程序组织单元(POU)与一任务(task)相对应，任务负责周期性地执行程序组织单元(POU)内的 IEC 程序，顺序功能流程图(SFC)内的动作也是以同样周期被执行。

(4) SFC 编程举例。如图 4.15 所示，为两种液体混合装置，H、I、L 为液位传感器，液体到时输出信号，F_1、F_2、F_3 为电磁阀，R 为加热器。控制要求为：

① 起始状态时，容器空，H=I=L=0，电磁阀关闭，$F_1=F_2=F_3=0$。

② 按下启动按钮后，加液体 A 到 I 位置。

③ 液体 A 到 I 高度后，关闭 F_1，打开 F_2 加液体 B 到 H。

④ 关闭 F_2，打开加热器 R 加热 50s。

⑤ 打开 F_3 放出混合加热后的液体，到 L 时关闭 F_3。

⑥ 回到起始状态等待下一个流程。

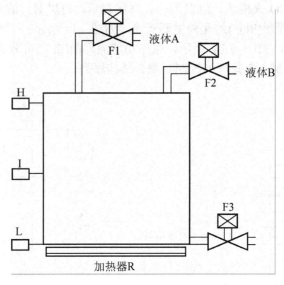

图 4.15　混合加热装置示意图

分析上述过程，整个装置按给定规律操作，为单一顺序结构形式，画出系统的顺序功能流程图，如图 4.16 所示。

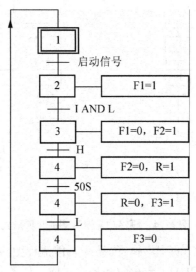

图 4.16　混合加热顺序功能流程图

4.3　DCS 的监督控制软件

DCS 的监督控制层软件，指运行于系统人机界面工作站、工程师站、服务器等节点中的软件，它提供人机界面监视、远程控制操作、数据采集、信息存储和管理及其他的应用功能。

此外，DCS 的监督控制层集中了全部工艺过程的实时数据和历史数据。这些数据除了用于 DCS 的操作员监视外，还应该满足外部应用需要，例如全厂的调度管理，材料成本核算等，使之产生出更大的效益。这就要求 DCS 系统提供数据的外部访问接口。

4.3.1 监控层的应用功能设计

DCS 监控层软件一般包括人机操作界面、实时数据管理、历史数据管理、报警监视、日志管理、事故追忆及事件顺序记录等功能，在分布式服务器结构中，各种功能可分散在不同的服务器中，也可集中在同一台服务器中(见后面介绍的客户机/服务器结构)，组织灵活方便、功能分散，可提高系统的可靠性。和控制层软件一样，监控层软件也由组态工具组态而成。下面介绍 DCS 监控软件的主要功能设计。[1]

1. DCS 的人机界面

人机界面是 DCS 系统的信息窗口。不同的 DCS 厂家、不同的 DCS 系统所提供的人机界面功能不尽相同，即使是同样的功能，其表现特征也有很大的差异。DCS 系统设计的是否方便合理，可以通过人机界面提供的画面和操作体现出来。下面简要介绍一下人机界面软件主要功能的画面和操作。

1) 丰富多彩的图形画面

通常，DCS 系统的图形画面应包括工艺流程图、趋势显示图、报警画面、日志画面、表格信息画面、变量组列表画面及控制操作画面等内容。

(1) 工艺流程图显示画面。工艺流程图是 DCS 系统中主要的监视窗口，显示工艺流程静态画面和工艺实时数据以及工艺操作按钮等内容，如图 4.17 所示。工艺流程图画面设计时应注意以下几点。

① 为方便操作，要能够通过键盘自定义键、屏幕按钮及菜单等快速切换各种工艺流程图的显示。图形画面的切换的操作步骤越少越好，重要的画面最好是一键出图，一般性画面最多也不要超过两步。相关联的画面可以在画面上设置相应的画面切换按钮和返回按钮，为操作员提供多种多样灵活方便的图形切换方式。为显示直观，可以在一幅流程图上显示平面或立体图形，可以有简单的动画，可重叠开窗口，可滚动显示大幅面流程图，可对画面进行无级缩放等。

② 设计工艺流程图画面要注意切换画面时时间不能太长，画面切换时间和动态对象的更新周期是衡量一个系统响应快慢的重要指标，最好做到 1s 之内完成。当然，切换时间是与画面上的动态对象的数量和对象的类型有关，如果时间太长就应该分页显示。

③ 模拟流程图中的动态变量由现场控制站来，所以数据是按周期更新的，一般包括各种工艺对象(如温度、压力、液位等)的工艺参数的当前数值，工艺对象(如电动机起停的状态)的颜色区分、各种跟踪曲线、棒图、饼图、液位填充及设备的坐标位置等。显示更新周期并不完全反映系统的实时响应性。实际上，一个现场工艺参数从变化到人机界面显示要经过控制器采集、网络通信到人机界面显示，操作员才能从显示画面看到。如果每个过程都是周期性执行，假如每个过程的周期为 1s，那么，一个参数从变化到显示出来最长可能要 3s。有的 DCS 系统为了提高数据更新的实施相应性，尽可能压缩各个阶段的周期，同时，数据通信采用变化传送的模式，如采集 500ms，画面更新周期 500ms，数据通信，采用变

化传送方式，即能基本达到 1s 的实时响应性。因此，用户要了解 DCS 的实时响应性，必须知道 DCS 的采集、数据通信机制的内容，而不是简单的以画面更新周期为数据的实时响应性。在设计时应该使画面更新周期越快越好。

④ 设计时可以在图形画面上设置一些辅助性操作，以提高系统的使用性能。如可以在工艺图中单击某一对象，显示该对象的详细信息，如对象的名称、量程上下限、物理位置及报警定义等，或对变量进行曲线跟踪、曲线或变量的报警信息等，或对该对象的参数直接进行在线修改。当然，参数修改需要进行权限审查。

⑤ 模拟流程图可以在图形打印机上打印，还可以存为标准图形文件(如 JPG、BMP 等)，如图 4.17 所示。

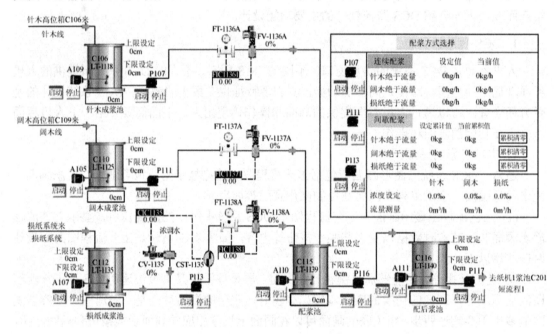

图 4.17　DCS 模拟造纸配浆流程

(2) 趋势显示画面。当需要监视变量的最新变化趋势或历史变化趋势时，可以调用趋势画面。趋势画面的显示风格也可以是人机界面组态。曲线跟踪画面显示宏观的趋势曲线，数值跟踪画面是以数值方式提供更为精确的信息。一般在曲线显示画面中，应提供时间范围选择，曲线缩放、平移，曲线选点显示等操作。

变量的趋势显示一般是成组显示，一般将工艺上相关联的点组在同一组，便于综合监视。趋势显示组一般由用户离线组态。操作员站也可以在线修改。

(3) 报警监视画面。工艺报警监视画面是 DCS 系统监视非正常工况的最主要的画面。一般包括报警信息的显示和报警确认操作。一般报警信息按发生的先后顺序显示，显示的内容有发生的时间、点名、点描述及报警状态等。不同的报警级用不同的颜色显示。报警级别的种类可根据应用需要设置，如可设置红、黄、白、绿四种颜色对应四级报警。有的系统提供报警组态工具，可以由用户定义报警画面的显示风格。报警确认包括报警确认和报警恢复确认，一般对报警恢复信息确认后，报警信息才能从监视画面中删除。

在事故工况下，可能会发生大量的报警信息，因此，报警监视画面上应提供查询过滤功能，如按点、按工艺系统、按报警级、按报警状态及按发生时间等进行过滤查询。此外，因画面篇幅的有限，报警信息行显示的信息有限，可通过一些辅助操作来显示更进一步的信息。如点详细信息、报警摘要信息及跟踪变化趋势等。

此外，有些系统还可配合警铃、声光或语音等警示功能。

(4) 表格显示画面。为了方便用户集中监视各种状态下的变量情况，系统一般提供多种变量状态表，集中对不同的状态信息进行监视。如一个核电站计算机系统中，就包含了以下表格：① 报警表(只记录当前处于报警状态的变量)；② 模拟量超量程表；③ 开关量抖动表；④ 开关量失去电源状态表；⑤ 手动禁止强制表；⑥ 变化率超差；⑦ 模拟量限值修改表；⑧ 多重测量超差状态表等。

这些表中记录了进入该状态的时间、变量的有关信息等。

(5) 日志显示画面。日志显示画面是 DCS 系统跟踪随机事件的画面，包括变量的报警、开关量状态变化、计算机设备故障、软件边界条件及人机界面操作等。为了从日志缓冲区快速查找当前所关注的事件信息，在日志画面中一般也应提供相应的过滤查询方法，如按点名查询、按工艺系统查询及按事件性质查询，等等。

另外，针对事件相关的测点，在日志画面上也应提供直接查看详细信息的界面。

(6) 变量列表画面。变量列表是为了满足对变量进行编组集中监视的要求。一般可以有工艺系统组列表、用户自定义变量组列表等形式。工艺系统组一般在数据库组态后产生，自定义组可以由组态产生，也可以由操作员在线定义。

(7) 控制操作画面。控制操作画面是一种特殊的操作画面，除了含有模拟流程图显示元素外，在画面上还包含一些控制操作对象，如 PID 算法、顺控、软手操等对象。不同的操作对象类型，提供不同的操作键或命令。如 PID 算法，就可提供手/自动按钮、PID 参数输入、给定值及输出值等输入方法。

2) 人机界面设计的原则

人机界面设计关系到用户界面的外观与行为，在界面开发过程中，必须贴近用户，或者与用户一道来讨论设计。其目的是提高工作效率、降低劳动强度及减少工作失误，提高生产率水平。人机界面的设计一般应符合以下原则。

(1) 一致性原则。由于 DCS 系统通常有多人协作完成，在界面设计保持高度一致性，使其风格、术语都相同，用户不必进行过多的学习就可以掌握其共性，还可以把局部的知识和经验推广使用到其他场合。

(2) 提供完整的信息。对于工艺数据信息，在人机界面上都应该能完整的反映出来。同时，对用户的操作，在界面上也应该表现出来，如果系统没有反馈，用户就无法判断他的操作是否为计算机所接受、是否正确以及操作的效果是什么。

(3) 合理利用空间，保持界面的简洁。界面总体布局设计应合理，例如，应该把功能相近的按钮放在一起，并在样式上与其他功能的按钮相区别，这样用户使用起来将会更加方便。在界面的空间使用上，应当形成一种简洁明了的布局。界面设计最重要的就是遵循美学上的原则——简洁与明了。

(4) 操作流程简单快捷。调用系统各项功能的操作流程尽可能简单，使用户的工作量减小，工作效率提高。画面尽量做到一键出图，参数设置可以采用鼠标单击对象和键盘输入数据的方式，也可采用鼠标单击对象弹出计算器窗口的方式。总之，尽可能简化操作。

(5) 工作界面舒适性。例如，用什么样的界面主色调，才能够让用户在心情愉快的情况下，长时间工作而不感觉疲倦呢？

红色：热烈、刺眼，易产生焦虑心情。一般只在重要级别的报警时使用，以引起操作员的高度重视。

蓝色：平静、科技、舒适。

明色：干净、明亮，但对眼睛有较多刺激，长时间工作易引起疲劳。

暗色：安静、大气，对眼睛较少刺激。

当然，人机界面的设计并不是简单的外壳包装，一个软件的成功是与其完善的功能分不开的。DCS 的内在功能将是人机界面设计的关键因素之一，在设计人机界面的过程中应注重的不仅仅是美观的外在表现，而是产品的实用价值。

2. 报警监视功能

报警监视是 DCS 监控软件重要的人机接口之一。DCS 系统管理的工艺对象很多，这些工艺对象一旦发生与正常工况不相吻合的情况，就要利用 DCS 系统的报警监视功能通知运行人员，并向运行人员提供足够的分析信息，协助运行人员及时排除故障，保证工艺过程的稳定高效运行。

1) 报警监视的内容

报警监视的内容包括工艺报警和 DCS 设备故障两种类型。工艺报警是指运行工艺参数或状态的报警，而 DCS 设备故障是指 DCS 系统本身的硬件、软件和通信链路发生的故障。由于 DCS 设备故障期间可能导致相关的工艺参数采集、通信或操作受到影响，因此，必须进行监视。

工艺报警一般包括 3 类：模拟量参数报警、开关量状态报警和内部计算报警。

(1) 模拟量参数报警。模拟量参数报警监视一般包括以下内容。

① 模拟量超过警戒线报警，一般 DCS 中可设置多级警戒线以引起运行人员的注意，如上限、上上限或下限、下下限等。

② 模拟量的变化率越限，用于关注那些用变化速率的急剧变化来分析对象可能的异常情况，如管道破裂泄涌可能导致的压力变化或流量的变化。

③ 模拟量偏离标准值，有的模拟量在正常工况下，应该稳定在某一标准值范围内，如果该模拟量值超出标准值范围，则说明偏离了正常工况。

④ 模拟量超量程，可能是计算机接口部件的故障、硬接线短路或现场仪表故障等。

(2) 开关量状态报警。开关量报警监视一般包括以下内容。

① 开关量工艺报警状态，如在运行期间的设备跳闸、故障停车及电源故障等，DCS 输出报警信号。

② 开关量摆动，正常情况下，一个开关量的状态不会在短时间内频繁地变化，开关量摆动有可能因设备的接触不良或其他不稳定因素导致，开关量摆动报警即及时提醒维护人员关注现场设备状态的可靠性。

(3) 内部计算报警。内部计算报警是通过计算机系统内部计算表达式运算后产生的报警，一般用于处理更为复杂的报警策略。较为先进的 DCS 系统提供依据计算表达式的结果产生报警信息的功能。例如，锅炉给水泵出口流量低报警的情况，当流量低时还要考虑泵是否停运或跳闸而不能送水出现的低水流。如果是，则低水流就没有必要报警了，这时可以采用表达式运算来考虑上述报警情况。如"BL001<10AND BP001=1"。其中 BL001 为给水泵流量模拟量点、BP001 为给水泵运行状态开关量点。当表达式的值为真时产生报警。

2) 报警信息的定义

不同的 DCS 厂家提供的报警处理框架会有些不同、报警监视的人机界面也会有些差异，即使是同一个 DCS 系统平台，也会因报警组态的不同而有不同的处理和显示格式。下面是常规的工艺报警信息定义。

(1) 报警限值。一般可根据工艺报警要求设置报警上限、上上限或下限、下下限等 1～4 个限值，当模拟量的值大于设定的上限(上上限)或小于下限(下下限)时产生报警。也有的应用要求设置更多层次的上下限级别。使用报警组态工具可以根据实际需要来设计。

(2) 报警级别。一般按变量报警处理的轻重缓急情况将报警变量进行分级管理，这里给出报警的级别。组态时不同的报警级在报警显示表中以不同的颜色区别，如以红、黄、白、绿表示四种级别的报警重要性。

(3) 报警设定值和偏差。当需要进行定值偏差报警时给定设定值和偏差。当模拟量的值与设定值的偏差大于该偏差值时产生偏差报警。

(4) 变化率报警。当需要监视变量的变化速率时设定此项。当模拟量的单位变化率超过设定的变化率时产生变化率报警。

(5) 报警死区。报警死区定义模拟量报警恢复的不灵敏范围，避免模拟量的值在报警限值附近摆动时，频繁地出现报警和报警恢复状态的切换，报警恢复只有在恢复到报警死区外时才认定为报警确实已恢复。如报警死区为 ε，对上限报警恢复，必须恢复到上限(上上限)- ε以下；对下限报警恢复，必须恢复到下限(下下限)+ ε 以上。报警死区示意图如图 4.18 所示。

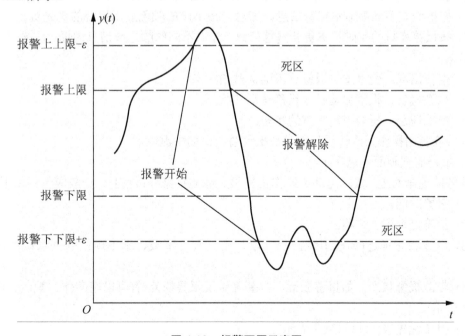

图 4.18 报警死区示意图

(6) 条件报警。变量报警可选择为无条件报警或有条件报警两种报警属性。无条件报警即只要报警状态出现，即立刻报警。有条件报警为报警状态出现时，还要检查其他约束条件是否同时具备。如果不具备，则不报警。如锅炉给水泵出口流量低通常会报警，因为正常运行时如果水流太低泵会被损坏。然而，如果当泵停运或跳闸而不能送水出现低水流，这是正常的电厂运行条件。这时应该屏蔽这种报警。以避免这种"伪报警"干扰运行人员的思维活动。此时，应设置泵是否运行作为泵出口流量报警的条件点。

(7) 可变上下限值报警。这种报警上下限的限值，不在组态时给定，而是在线运行时根据运行工况计算出来的。

(8) 报警动作。报警动作是在报警发生、确认或关闭时定义计算机系统自动执行的与该报警相关的动作，如推出报警规程画面、设置某些变量的参数或状态，或者直接控制输出变量等。

(9) 报警操作指导画面。报警操作指导画面是为了在报警时向运行人员提供报警操作指导的信息画面，如报警操作规程、报警相关组的信息等。报警操作指导画面由人机界面组态工具或专用工具实现。

3) 报警监视

计算机系统监测到工艺参数或状态报警时，要及时通知运行人员进行处理。一般的通知方法如下所述。

(1) 报警条显示。在操作员屏幕上开辟报警条显示窗口，不论当时画面显示什么画面，只要有报警出现，都会将报警的信息醒目地显示在窗口中。对于重要的报警还可配置报警音响装置，启动报警鸣笛，或者通过语音报警系统广播报警信息。

(2) 报警监视画面。报警监视画面是综合管理和跟踪报警状态的显示画面。有的 DCS 应用系统固定一个屏幕显示报警监视画面。在报警监视画面上，可以有以下功能。

① 按报警先后顺序显示报警信息，信息中按不同的颜色显示报警的优先级。

② 按报警变量的实时状态更新报警信息，如以不同的颜色或信息闪烁、反显等来表示以下状态。

(a) 报警出现：变量发生报警后未确认前的状态。

(b) 报警确认：报警由运行人员确认后的状态。

(c) 报警恢复：变量恢复正常的状态。

报警恢复由操作员确认后将信息从报警监视画面中删除。

4) 报警监视画面信息显示

报警监视画面上，要尽可能为操作员提供足够的报警分析信息，一般应包括以下信息。

(1) 报警时间。

(2) 报警点标识、名称。

(3) 报警状态描述(如模拟量：超上限、上上限、下限、下下限；开关量：如汽轮机跳闸)。

(4) 当前报警状态，如报警激活、报警确认及报警恢复等(可以用字体、颜色、闪烁及反显等表示)。

(5) 报警优先级(可以用颜色表示)。

(6) 模拟量报警相关的限值(如上限、上上限、下限或下下限)、量程单位。

(7) 报警状态改变的时间。

5) 报警摘要

报警摘要是计算机系统管理报警历史信息的功能。可用于事故分析、设备管理及历史数据分析等。一般常规的报警摘要可包含如下信息：

(1) 报警名称和状态描述。

(2) 报警激活的时间。

(3) 报警确认的时间、人员。

(4) 报警恢复的时间。

(5) 报警恢复确认的时间及人员。

(6) 报警持续的时间。

6) 报警确认

报警确认是为了证明工艺报警发生后，运行人员确实已经知道了。什么时机进行报警确认，不同的用户有不同的方案。如有的用户定义为报警确认了，即表示运行人员已经“知道”了。而有的用户定义为报警确认了，即表示运行人员已经“处理”了。具体如何定义，各个 DCS 应用用户可根据自己的情况，人为确定后，通过规章制度来保证。

报警监视及操作页面示意图，如图 4.19 所示。

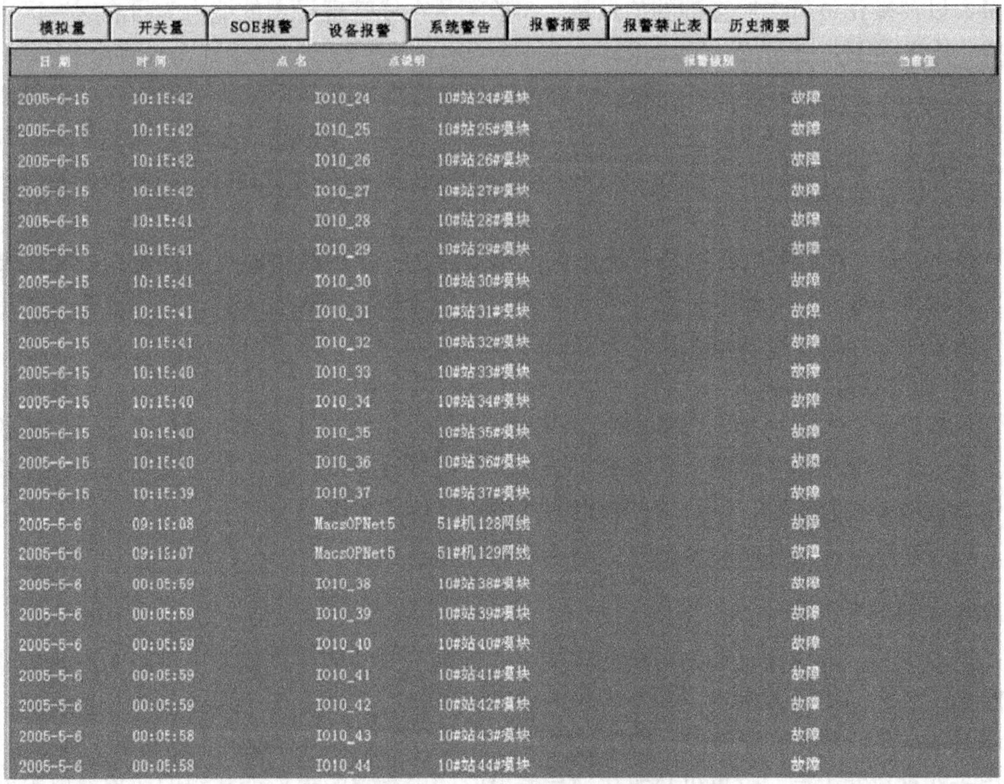

日期	时间	点名	点说明	报警级别	当前值
2005-6-15	10:15:42	IO10_24	10#站24#模块	故障	
2005-6-15	10:15:42	IO10_25	10#站25#模块	故障	
2005-6-15	10:15:42	IO10_26	10#站26#模块	故障	
2005-6-15	10:15:42	IO10_27	10#站27#模块	故障	
2005-6-15	10:15:41	IO10_28	10#站28#模块	故障	
2005-6-15	10:15:41	IO10_29	10#站29#模块	故障	
2005-6-15	10:15:41	IO10_30	10#站30#模块	故障	
2005-6-15	10:15:41	IO10_31	10#站31#模块	故障	
2005-6-15	10:15:41	IO10_32	10#站32#模块	故障	
2005-6-15	10:15:40	IO10_33	10#站33#模块	故障	
2005-6-15	10:15:40	IO10_34	10#站34#模块	故障	
2005-6-15	10:15:40	IO10_35	10#站35#模块	故障	
2005-6-15	10:15:40	IO10_36	10#站36#模块	故障	
2005-6-15	10:15:39	IO10_37	10#站37#模块	故障	
2005-5-6	09:19:08	MacsOPNet5	51#机128网线	故障	
2005-5-6	09:19:07	MacsOPNet5	51#机129网线	故障	
2005-5-6	00:05:59	IO10_38	10#站38#模块	故障	
2005-5-6	00:05:59	IO10_39	10#站39#模块	故障	
2005-5-6	00:05:59	IO10_40	10#站40#模块	故障	
2005-5-6	00:05:59	IO10_41	10#站41#模块	故障	
2005-5-6	00:05:59	IO10_42	10#站42#模块	故障	
2005-5-6	00:05:58	IO10_43	10#站43#模块	故障	
2005-5-6	00:05:58	IO10_44	10#站44#模块	故障	

图 4.19 报警监视操作页面

3. 日志(事件)管理服务器的功能

事件记录是 DCS 系统中的流水账，它按时间顺序记录系统发生的所有事件，包括所有开关量状态变化、变量报警、人机界面操作(如参数设定、控制操作等)、设备故障记录及软件异常处理等各种情况。事件记录的完整性是系统事故后分析的基础。因此,在考查 DCS 软件的性能时,事件记录的能力和容量也是重要的内容之一。

事件是按事件驱动方式管理的,当系统产生一个事件时,即由事件处理任务登录进系统事件,同时将该事件送至事件打印机打印。如果有操作员站正处在事件的跟踪显示,则要进行信息的追加显示。

1) 事件记录的分类

事件一般分为两种类型。

(1) 日志。是按事件发生的顺序连续记录的全部事件信息。

(2) 专项日志。是按用户分类来记录的事件信息,可按日志类型分类,如 SOE 日志、设备故障日志、简化日志及操作记录日志等。也可按工艺子系统属性分类,如锅炉系统日志、汽轮机系统日志、电气系统日志,等等,或其他的分类方法。

2) 日志的保存

一般日志信息保存形式分为内存文件、磁盘文件及存档文件三级。

(1) 内存文件。内存文件是放在内存缓冲区,用于操作员在线快速查询近期所发生的事件信息。存放方式一般为先进先出循环存放方式,缓冲区的大小决定在线可存放日志的数量,以及操作员可在线查询的信息量。一般衡量在线管理日志的能力为日志缓冲区中可存放日志的条数。

(2) 磁盘文件。磁盘文件一般为大容量的历史数据库文件。因为磁盘文件一般是用于离线分析用,对查询速度要求不是很高,有的系统采用关系数据库存放,有的采用文件记录格式存放。不管采用何种方式,DCS 厂家都会提供离线查询工具给用户分析离线的日志信息。

(3) 存档文件。存档文件是一种永久性保留的文件,一般将磁盘文件进行压缩后转储到磁带或刻录在光盘上进行保存。对于存档文件的分析,一般要先将光盘或磁带上的压缩文件恢复到硬盘后,按照磁盘文件方式进行查询分析。

3) 日志的查询方式

日志记录的内容很多,容量很大。因此,计算机系统应提供较为灵活方便、完整的查询工具,如按专项类型查询、按关键字查询、按时间段查询、按工艺系统查询、按变量名查询及按报警级查询等,以及这些查询方式的组合形式查询。

日志跟踪及操作页面示意图,如图 4.20 所示。

4. 事故追忆功能

所谓事故,是计算机系统中检测到某个非正常工况的情况,如发电机组的汽轮机非正常跳闸,跳闸是事故的结果,但导致跳闸的原因可能有多种情况,这就需要分析跳闸前其他相关的变量的状态变化情况,以及跳闸后对另外一些设备和参数产生的影响。事故追忆,是用于在事故发生后,收集事故发生前后一段时间内相关的模拟变量组的数据,以帮助分析事故产生的真正原因以及事故扩散的范围和趋势等。事故追忆中一般模拟量按预先定义的采集周期收集,开关量按状态变化的时间顺序插入事故追忆记录中。

一般 DCS 系统中,都会提供定义事故追忆策略和追忆数据组织的组态工具。如有的

DCS 系统可以由用户定义事故源触发条件的运算表达式，当表达式的结果为真时触发事故追忆。

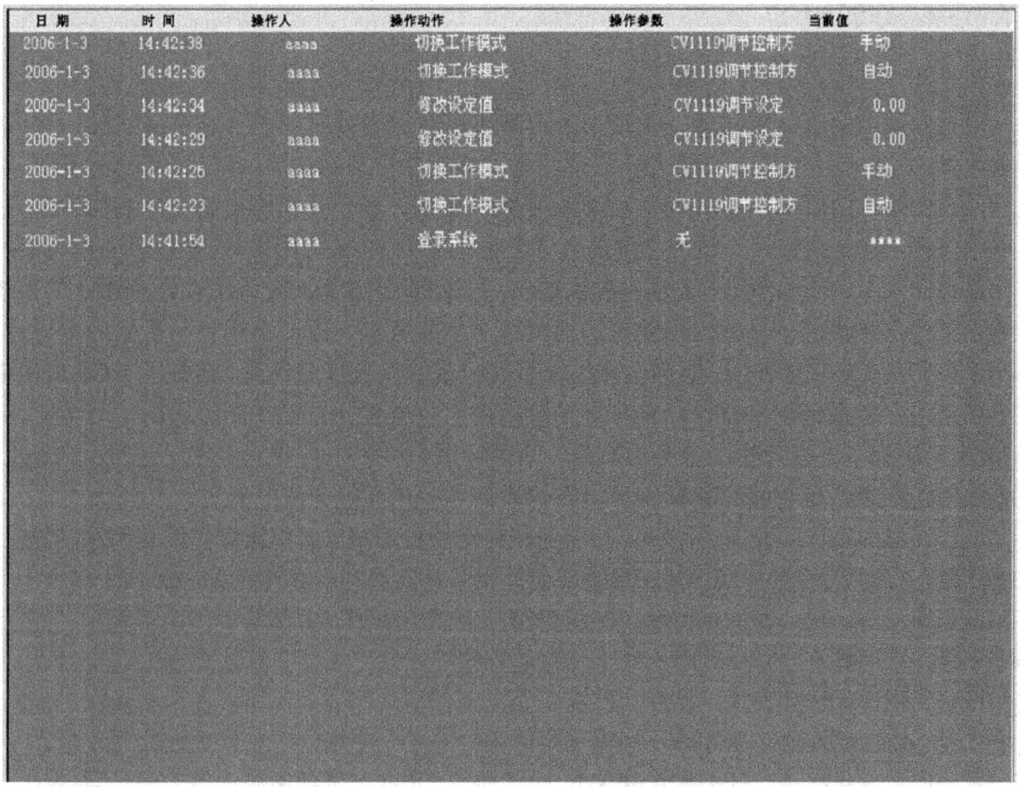

日 期	时 间	操作人	操作动作	操作参数	当前值
2006-1-3	14:42:38	aaaa	切换工作模式	CV1119调节控制方	手动
2006-1-3	14:42:36	aaaa	切换工作模式	CV1119调节控制方	自动
2006-1-3	14:42:34	aaaa	修改设定值	CV1119调节设定	0.00
2006-1-3	14:42:29	aaaa	修改设定值	CV1119调节设定	0.00
2006-1-3	14:42:25	aaaa	切换工作模式	CV1119调节控制方	手动
2006-1-3	14:42:23	aaaa	切换工作模式	CV1119调节控制方	自动
2006-1-3	14:41:54	aaaa	登录系统	无	****

图 4.20　日志跟踪及操作页面示意图

事故追忆的内容也是由用户组态定义的。数据追忆内容的定义一般包括一组追忆点、追忆时间(如事故前 30min、事故后 30min)和模拟量采样周期(如 1s)等内容。

5. 事件顺序记录功能

事件顺序记录，(Sequence Of Events SOE)的功能是用于分辨一次事故中与事故相关的事件所发生的顺序，监测诸如断开装置、控制反应等各类事件的先后顺序，为监测、分析和研究各类事故的产生原因和影响提供有力根据。如电厂总闸跳闸，可能有很多分支电闸也跳闸，如何分清它们的先后，从而找出事故原因呢？这就要记录各电闸跳闸的具体时间。

事件顺序记录的主要性能是所记录事件的时间分辨率，即记录两个事件之间的时间精度，例如，如果两个事件发生的先后次序相差 1ms，系统也能完全识别出来，其顺序不会颠倒，则该系统的 SOE 分辨率为 1ms。

事件顺序分辨率的精度依赖于系统的响应能力和时钟的同步精度。一般的 DCS 系统将 SOE 点设计为中断输入方式，并且在采集板上打上时间戳，来满足快速响应并记录时间的要求。但是，因为 DCS 系统的分层分布式网络体系结构，每个网络上的节点都有自己的时钟，因此，保证全系统 SOE 分辨率精度的关键因素，是系统的时钟同步精度。在分析 SOE 分辨率时，要按设计层次进行分析，如有的 DCS 系统分别列出 SOE 分辨率，站内 1ms，站间 2ms。就是说，如果将所有 SOE 点接到同一个站，则分辨率可以达到 1ms，如果分别接入不同的站，最坏的情况是 2ms。这样来设计 SOE 指标是比较科学的。目前很多厂家 SOE 分辨率可以达到 1ms。

6. 二次高级计算功能

这里介绍的高级计算功能，是指用于对数据进行综合分析、统计和性能优化为目的的高级计算。这类计算的结果一般也以数据库记录格式保存在数据库中，由外部应用程序 (如显示、报表等)使用。如何利用计算机系统采集的数据，进一步提炼出有利于高层管理人员使用的信息，这是高级计算设计人员的任务，也是不同 DCS 应用设计的差别所在。这种高级计算设计人员，必须对生产工艺非常了解，一个没有经验的 DCS 应用设计者设计的系统，可能除了外部采集的信号外，不能提供任何进一步的信息。而一个经验丰富的应用设计人员，除了外部采集信息外，还能够设计出很多有价值的高级计算信息。传统的 DCS 应用中，一般都是由专业设计院来设计，有些有经验的用户也会设计自己的高级应用。近年来，不少 DCS 厂家为了更好地推广自己的产品，开始注重引进各个行业的专家，另外，随着工程经验的不断积累，也有些厂家具备了相当的设计专业化高级计算的能力。

二次计算的设计又分为通用计算和专业化计算两种情况。通用计算一般利用系统提供的常规计算公式即可完成。一般 DCS 系统都会提供常规的基本运算符元素，如：+、-、*、/ 等算术运算符，与、或、非、异或等布尔运算符，大于、小于、大于等于、小于等于、等于、不等于等关系运算符，以及通用的数学函数运算符等。设计人员在算法组态工具支持下利用这些算法元素设计计算公式。此外，系统还会定制一些常用公式，如求多个变量实时值的最大值、最小值、平均值、累计值及加权平均值等，求单个变量的历史最大值、最小值、平均值、累计值及变化率等，开关变量的 3 取 1、3 取 2、4 取 2 及状态延迟等逻辑运算等。

7. 现场数据采集功能

数据和信息是 DCS 监督控制的基础。数据和信息不仅来源于 DCS 现场控制层，还可来源于第三方设备和软件。一个好的 DCS 监控应用软件应能提供广泛的应用接口或标准接口。很方便地实现将 DCS 控制器、第三方 PLC、智能仪表和其他工控设备的数据接入到系统中。一般监控软件都把数据源看作外部设备，驱动程序和这些外部设备交换数据，包括采集数据和发送数据/指令。流行的组态软件一般都提供一组现成的基于工业标准协议的驱动程序，如 MODBUS、PROFIBUSDP 等，并提供一套用户编写的新的协议驱动程序的方法和接口，每个驱动程序以 DLL 的形式连接到 I/O 服务器进程中。

I/O 服务器还有另外一种实现形式，即每一个驱动程序都是一个组件对象模型 (Component Object Model，COM)，实际把 I/O 服务器的职能分散到各个驱动程序中。这种方式的典型应用是设备厂商或第三方提供 OPC 服务器，DCS 监控层软件作为 OPC 客户通过 OPC 协议获取数据和信息。

OPC 即 OLE for Process Control，是用于过程控制的(Object Linking and Embedding，OLE)技术。它是世界上多个自动化公司、软硬件供应商与微软公司合作开发的一套工业标准，是专为在现场设备、自控应用、企业管理应用软件之间实现系统无缝集成而设计的接口规范。这个标准使得 COM 技术适用于过程控制和制造自动化等应用领域。OPC 以 OLE、组件对象模型 COM 及分布式组件对象模型 DCOM(Distributed COM)技术为基础，定义了一套适于过程控制应用，支持过程数据访问、报警、事件与历史数据访问等功能的接口，便于不同供应商的软硬件实现"即插即用(Plug and Play)"的连接与系统集成。当各现场设备、应用软件都具有标准 OPC 接口时，便可集成不同数据源的数据，使运行在不同平台上、用不同语言编写的各种应用软件顺利集成。还可跨越网络将不同网络节点上的组件模块连接成应用系统，成为整合计算机控制应用系统和软件的有效工具。

目前，世界上已经有 150 多个设备厂商提供了 OPC Server，用于连接他们的 PLC、现场总线设备及 HMI/SCADA 系统。由此可见，一个控制系统软件产品如果不能支持 OPC 协议，将不具备挂接第三方设备的能力。反之，用于控制系统的硬件产品，如果不支持 OPC 协议，也就很难被 DCS 系统集成商选用。

与 DCS 控制层软件相比，监督控制层软件虽然也有实时数据的采集、处理、存储等功能，但由于控制层软件是直接针对现场控制的，而监督控制层软件则是面向操作员和面向人机界面的。因此在实时数据的采集、处理、存储、数据库组织和使用等方面有很大的区别。例如报警，由于现场控制站执行的是直接控制功能，到报警限度时执行相应控制动作，并不需要人工干预，因此不设置报警的处理。而在操作员站上，报警就是必须的，而且要非常详细，便于人工检查，因此两者对现场数据的处理和存储要求就有很大的区别。应该说，DCS 监督控制层软件所需的数据来自直接控制层，但对数据的要求不同，因此要对直接控制层提供的数据进行进一步的加工与处理。

8. DCS 的远程操作控制功能

远程控制操作功能是在距离操作对象较远的主控室或集控站，通过操作员站的控制命令，对工艺对象或控制回路执行手动操作。DCS 系统提供的控制操作功能是通过在流程图中开辟调节仪表界面来实现的。如 DCS 中的 PID 调节器、模拟手操器、开关手操器、顺控设备及调节门等。

1) PID 调节器

在回路调节画面中可以打开 PID 调节对象窗口，如图 4.21 所示，PID 操作对象中显示有设定值、过程值和输出值的棒图及数值显示，运行方式显示，报警状态显示等。

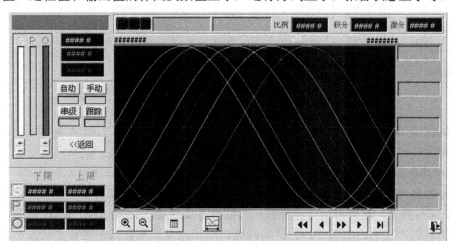

图 4.21 PID 调节窗口示意图

S(白色)表示 PID 给定值，也就是目标值，P(绿色)表示 PID 测量值，也就是实际值，O(红色)表示 PID 输出值，也就是阀的开度。在 PID 手动时可人工根据测量值直接设定阀的开度，此时目标值不起作用。在 PID 自动时控制系统根据目标值和测量值自动调节阀的开度。调试初期，一定打到手动控制状态，等手动调节 PID 输出与输入偏差较小或 PID 基本稳定后，方可将 PID 回路打到自动控制状态，否则可能会引起系统振荡，不稳定。###表示实时数据。

2) 模拟量手操器

模拟手操器操作画面如图 4.22 所示。

3) 开关手操器

开关手操器操作画面如图 4.23 所示。

图 4.22　模拟手操器操作画面　　　　图 4.23　开关手操器操作画面

4.3.2　实时数据库

1. DCS 数据库管理的数据范围

DCS 数据库管理和处理的数据分为配置数据和动态数据两类。

1) 配置数据

一般来讲，配置数据属于静态数据，但并不是不变的数据，而是在大多数时间内不变，并且引起变化的源头不是现场过程，而是人工操作。静态数据的改变可以分为离线和在线两种。

配置数据包括：

(1) 数据库配置，包含动态数据的结构描述信息、参数信息及索引信息等。

(2) 通信配置。

(3) 控制方案配置。

(4) 应用配置。

可配置项的多少及在线可重配置项的多少是衡量一个 DCS 系统功能和可用性的重要标志。配置数据在工程师站离线产生，装载到控制器和操作站上。

2) 动态数据

动态数据包括实时数据、历史数据及报警和事件信息。

(1) 实时数据，是外部信号在计算机内的映像或快照(Snapshot)，当然也包括以这些外部信号为基础产生的内部信号。为使实时数据尽可能与外部数据源的真实状态一致，实时数据库需要与通信或 I/O 紧密配合。

(2) 历史数据，是按周期或事件变化保存的带时标的过程数据记录。在 DCS 中历史数据库的存储形式很多，适合不同的应用要求。

(3) 报警和事件信息，是实时数据在特定条件下的结构化表示方式。报警和事件信息也分为实时和历史。

2. DCS 数据库的逻辑结构

DCS 实时数据库与其他数据库一样，由一组结构和结构化数据组成，当可以以分布式形式存在多个网络节点时，还可能有一个"路由表"，存储实时数据库分布的路径信息。

DCS 数据库都是基于"点"的，在不同的系统中，点也叫"变量"、"标签"或"工位号"。在逻辑上，一个"点"结构很像关系数据库中的一条记录。一个"点"由若干个"参数项"组成每个参数项都是点的一个属性。一个数据库就是一系列点记录组成的表。一个点至少应存在点标识和过程值，这两项属性称为元属性，其余属性一般都是配置属性。

点实际代表了外部信号在计算机内的存储映像，信号类型不同，则点类型也不同。一个点就是点类型的实例对象。在 DCS 中最基本的点类型是模拟量和开关量，当然也有很多内部点或称虚拟点，表示外部点的信号经过运算后产生的中间结果或导出值。根据处理性质的不同，可以有模拟量输入/输出点、开关量输入/输出点、内部模拟量及内部开关量等多种类型，即使对相同的点类型，还可以存储为不同的值类型，如模拟量值类型有整数型、实数型、BCD 表示，甚至字符串表示等。例如

对模拟量数据，数据库中大致有以下内容。

点名、中文说明、工程单位、量程上限、量程下限、过程值、报警上上限、报警上限、报警下限、报警下下限、报警死区、所属模块号、通道号、点号等。

对开关量数据：

点名、中文说明、"0"意义、"1"意义、操作日志、所属模块号、通道号、点号等。

数据库中，配置数据一般每个点只有一个数据，而过程值是按一定时间间隔记录的一组数据，存入历史数据库中。

3. 数据的寻址方式

(1) 点名寻址方式，在 DCS 系统中，每个点都有其唯一的点名，点名在组态数据库时定义，一般取"工位号"或"标签名"，如 LT101、PT102 等。

(2) 点号寻址，点号是系统给数据库中每一个点添加的唯一的地址编号，点号为一个 2 字节无号整数，所以范围为 0～65535。

(3) 别名寻址，和点名作用相同，区别是点名是组态时人工定义，别名是系统自动产生，如 AI0001、AI0002 等。

4. 历史数据库

历史数据库是 DCS 系统数据库的一个重要组成部分，一般包括以下 4 种。

1) 趋势历史库

趋势历史库是为显示趋势曲线的。趋势曲线是 DCS 监控的一种重要方法，有如下特点。

(1) 采样频率高。采样频率越高，趋势曲线越逼真，但存储量会变大，采样时间缩短一倍，存储量就加倍。现在采样频率一般选 0.2s。

(2) 保存时间短。对普通工业来说，保存 1～2 周就可以了。

2) 统计历史库

统计历史库记录一段时间内的统计结果,用于生成报表。记录的数据除过程值外,还有中间计算值,例如原材料的用量、产品的数量等。

统计历史库数据采样时间长,通常 0.5h 或 1h 记录一次。保存数据时间长,可保存半年到一年甚至更长时间。

3) 日志记录

日志用于记录系统中各种事件的变化,典型的有开关量变位、人工操作记录、设备故障的内容。日志记录采用按绝对时间记录,并且分类记录,方便查询。

4) 事件顺序记录 SOE 记录

事件顺序记录也按绝对时间记录,通常记录开关量。

4.3.3 操作员站软件结构

早期的 DCS 系统体系结构是一个工程师站、几个操作员站及几个控制器通过一个专用网络或通用网络连接起来,构成一个网络通信系统。其控制对象一般为一个或一组装置,如一个锅炉或一个发电机组,其功能也是局限于代替常规的仪表控制、简单的数据检测和监视画面。

经过了二十几年的发展,如今的 DCS 概念已经发生了很大的变化。随着网络技术、计算机软件技术及数据库技术的发展,人们对工业过程控制系统的认识不断提高,对计算机系统的依赖性越来越强,当前的自动控制系统已经不仅仅是针对一个个装置的简单的控制系统的概念,而是面向全厂的综合自动化系统。其功能范围、系统规模、能力和复杂度已是传统的 DCS 无法比拟的。要想满足如此复杂的需求,决非单一厂家、单一产品能够完成的,因此,这种综合自动化系统的软件平台必须具备开放式的体系结构和集成架构系统的能力。下面简要介绍新一代 DCS 监督控制层软件的设计方案。

1. 多域管理结构

多域结构设计,使得系统的规模可无限扩大,采用"域监控"的概念,可根据对象的位置、范围、功能和操作特点等,把整个大型控制系统用高速实时冗余网络分成若干相对独立的分系统,一个分系统构成一个域,是一个功能完整的 DCS 系统。各个域间可以通过标准协议或中间件进行数据交换。如在城市轨道交通自动化系统中,一个车站是一个域,监控中心也是一个域,车站采集的是各个车站的现场数据,而监控中心采集的是各个车站的数据及来自其他信息系统的数据,如地理信息系统的数据、视频系统的数据、设备管理信息系统的数据等。也可以根据需要,将过程控制系统的数据发给这些系统。多域结构如图 4.24 所示。

2. 客户机/服务器结构

客户机/服务器(Client/Server)结构即 C/S 结构,是近年来随着网络技术和数据库技术而发展起来的网络软件运行的一种形式。通常的客户机/服务器模式的系统,有一台或多台服务器及大量的客户机。服务器配备大容量存储器并安装数据库系统,用于数据的存放和检索;客户端安装专用的软件,负责数据的输入、运算和输出。换句话说,当一台连入网络的计算机向其他计算机提供各种网络服务(如数据、文件的共享等)时，它就被叫做服务器。而那些用于访问服务器资料的计算机则被叫做客户机。这种体系结构下，服务器并不知道有什么样的客户，并不需要事先规定为哪个客户提供什么样的数据，而是通过客户机的请求来建立连接提供服务的，因此，这种结构具有很好的灵活性和功能的可扩充性。

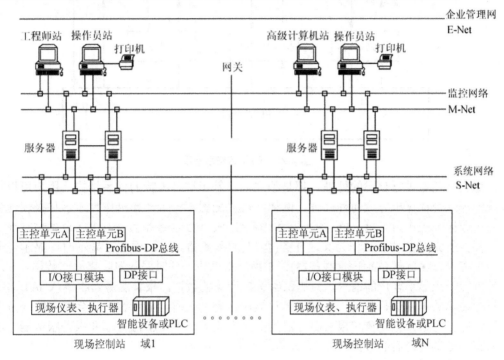

图 4.24　多域结构示意图

　　严格说来，C/S 模型并不是从物理分布的角度来定义的，它所体现的是一种软件任务间数据访问的机制。系统中每一个任务都作为一个特定的客户服务器模块，扮演着自己的角色，并通过客户一服务器体系结构与其他的任务接口，这种模式下的客户机任务和服务器任务可以运行在不同的计算机，也可以运行在同一台计算机上。换句话说，一台机器正在运行服务器程序的同时，还可运行客户机程序。目前采用这种结构的 DCS 系统应用已经非常广泛。

　　软件体系采用 C/S 结构，能保证数据的一致性、完整性和安全性。多服务器结构可实现软件的灵活配置和功能分散。如数据采集单元、实时数据管理、历史数据管理、报警管理及日志管理等任务均作为服务器任务，而各种功能的访问单元如操作员站、工程师站、先进控制计算站及数据分析站等构成不同功能的客户机，真正实现了功能分散。

　　例如，系统有五个基本的任务，分别用来处理：

(1) I/O 任务——管理所有的采集和通信数据。

(2) Alarms——监视所有的报警状态：模拟量、数字量、统计过程控制(SPC)。

(3) Reports——控制、计划和执行报表操作。

(4) Trends——收集、记录并管理趋势和 SPC(统计过程控制)数据。

(5) Display——人机接口。与其他的任务接口更新画面的数据并执行控制命令。

任务(或服务器)间的关系如图 4.25 所示。

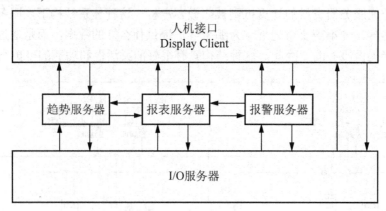

图 4.25　C/S 结构示意图

每一个任务进行自己的处理，都是独立的。基于这种独特的体系结构，用户可以指定系统中每一台计算机完成何种任务。例如，可以配置第一台计算机作为显示和报表任务，而另一台计算机作为显示，I/O 服务器和趋势任务。I/O 任务是负责与 I/O 设备进行通信，这一任务所完成的功能是作为其他任务(客户)的服务器。当画面进行显示时，显示任务作为一个客户，就会向 I/O 任务(服务器)请求所需的数据，这时服务器收集原始数据，并进行分类以便响应显示客户的请求，只提供给客户所需的数据。报警服务器收集从 I/O 服务器请求的原始数据并进行分类。当显示客户显示报警列表时，显示客户就会向报警服务器请求特定的报警数据。趋势和报表服务器的工作方式类似于 I/O 服务器和报警服务器，给它们的客户提供处理后的数据。

1) 单机配置的情况

单机配置即所有任务配置在同一台机器上，如图 4.26 所示。实际上，逻辑上任务之间仍然采用 C/S 通信结构。当在报表中含有趋势和报警变量时，报表服务器实际上是趋势和报警服务器的客户端。当一个报表在运行时，就会从相应的服务器请求所需的数据。

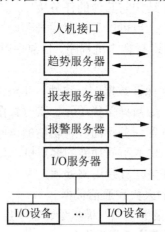

图 4.26　单 C/S 软件配置示意图

2) 多客户机配置的情况

图 4.26 单 C/S 软件配置示意图因为服务器的设计是支持多个客户的，添加一个客户只

需在新增的 PC 上用鼠标单击几次而不对现有的系统造成任何影响。显示客户都是从相同的 I/O 服务器得到信息的。虚拟数据在局域网中有效地扩展，而丝毫不会引起性能的降低。多客户结构的客户/服务器软件配置，如图 4.27 所示。

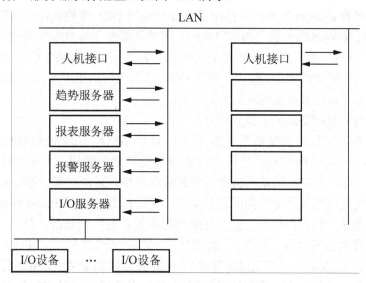

图 4.27　多客户结构的 C/S 软件配置示意图

3) 服务器冗余配置的情况

C/S 体系结构支持冗余。例如，如果添加一个备用报警服务器，那么一旦主报警服务器故障，备用的报警服务器就会立刻代替主报警服务器完成所有的任务。甚至，如果所有的任务被分配在局域网中的不同计算机中，客户服务器结构的关系仍然是保持不变的，这就是真正的 C/S 体系结构。冗余服务器结构的 C/S 软件配置如图 4.28 所示。

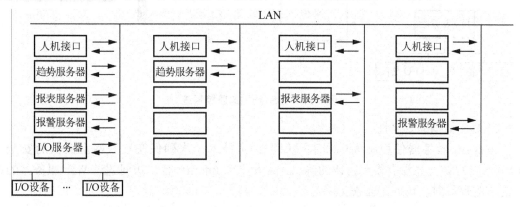

图 4.28　冗余服务器结构的 C/S 软件配置示意图

3. B/S 体系结构的监控软件

B/S 结构，即 Browser/Server(浏览器/服务器)结构，是随着 Internet 技术的兴起，对 C/S 结构的一种变化或者改进的结构。在这种结构下，用户界面完全通过网络浏览器实现，一部分事务逻辑在前端实现，但是主要事务逻辑在服务器端实现。B/S 结构主要是利用了不断成熟的网络浏览器技术，用通用浏览器就实现了原来需要复杂的专用软件才能实现的强大功能，并节约了开发成本，是一种全新的软件系统构造技术。随着 Windows 98/Windows 2000 将浏览器技术植入操作系统内部，这种结构更成为当今远程监督软件的趋势。显然 B/S 结构应用程序相对于传统的 C/S 结构应用程序将是巨大的进步。

近年来，有的 DCS 开发商已经推出了 B/S 结构的 DCS 监控软件，这种结构的监控软件，是一种运行在 Web 服务器上的客户软件，它并不需要在客户端安装应用软件。而是开发一个 Web 服务器，然后通过网络浏览器来进行监控，这种结构的 DCS 监控软件，即使远离工厂现场，仍可实时浏览 DCS 的过程图形，了解工厂的生产情况，诊断问题的所在，联络工厂技术人员并提供可能的解决方案。

1) B/S 结构的监控系统的具体实现方法

基于 B/S 结构的监控系统如图 4.29 所示。该体系结构中的关键模块是在传统的 C/S 结构的中间加上一层，把原来客户机所负责的功能交给中间层来实现，这个中间层即为 Web 服务器层。这样，客户端就不负责原来的数据存取，只需在客户端安装浏览器就可以了。Web 服务器的作用就是对数据库进行访问，并通过 Internet/Intranet 传递给浏览器。这样，Web 服务器既是浏览器的服务器，又是数据库服务器的浏览器。在这种模式下，客户机就变为一个简单的浏览器，形成了"肥服务器/瘦客户机"的模式。实时数据库服务器从 I/O 服务器获取 I/O 数据，客户通过浏览器向 Web 服务器提出请求，Web 服务器处理后，到数据库服务器上进行查询，查询结果送回到 Web 服务器后，以 HTML 页面的形式返回到浏览器。

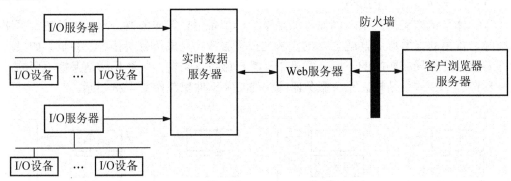

图 4.29　B/S 结构的监控系统

2) B/S 结构的安全性

Internet 服务器使用防火墙和密码保护加密技术，来确保在互联网上操作的安全。Internet 客户访问在没有得到密码的确认，或者多个 Internet 客户访问超过 Web 服务器的许可用户的数目时，访问都会被拒绝。

4.4　DCS 的组态软件

DCS 系统组态软件作为一个应用软件平台，人们可以不再去关心如何编写软件程序来实现所要求的控制及显示等功能。而需要认真、仔细地设计控制回路和与实际控制及显示打印等有关的信息，用类似模块化的组态方法，就可以完成各种工程项目的组态。这种软件组态方法不仅大大地减轻了应用系统的开发工作量，而且大大提高了软件的水平，并保证了系统的可靠性。有了功能丰富的组态软件的支持，系统相关设计文件生成之后，项目组软件组态人员就可以根据相关设计文件进行系统的软件组态工作。

各厂家的 DCS 均提供了功能齐全的组态软件，虽然这些组态软件的形式和使用方法上存在很大差别，而且各自支持的组态范围也有些不同，但基本内容一样，而且组态原理也是一样的。例如西门子公司的 SIMATIC STEP7 和 SIMATIC WinCC 软件，和利时公司的 Conmaker 和 Facview 软件。不管组态的操作形式是怎样的，一套控制系统组态软件应包括以下几方面内容。

(1) 系统配置组态(完成 DCS 各站设备信息的组态)。

(2) 数据库组态(包括测点的量程上下限、单位及报警组态等信息)。

(3) 控制算法组态。

(4) 流程显示及操作画面组态。

(5) 报表组态。

(6) 编译和下装等。

4.4.1　实时数据库生成系统

实时数据库的组态一般分为两部分：控制采集测点的配置组态和中间计算点的组态。控制采集测点的配置组态非常重要，而且工作量比较大。它是通过 DCS 提供的组态工具来完成的，但是现在通常的做法是使用 Excel 电子表格这一通用工具来完成实时数据库的组态，具体地讲，就是在 Excel 表格中处理控制采集测点信息(形成的文件被称为《测点清单》)见表 7-1。之后，利用 DCS 系统提供的导入工具将数据库直接导入系统中。大部分中间计算点是在算法组态时所形成的中间变量，有的是为了图形显示和报表打印所形成的统计数据，通常，这些点要定义的项少于控制采集测点，但数量却很大，特别是对于那些控制功能比较复杂或管理要求较复杂的系统中尤为突出。

在实时数据库组态时，应注意几个问题：

(1) 在进行控制采集测点组态之前，先检查一下各点的地址分配是否合理。这里主要检查《测点清单》中的测点分配是否超出机柜的配置范围。在进行实时数据组态时，不仅需要掌握系统的组态软件，同时还应该掌握系统硬件配置、每个机柜的容量限制及每块模块/板支持的具体点数。此外，应对照各回路用到的实际物理输入和物理输出是否都在一个机柜里边，虽然各家的 DCS 产品都支持控制站间相互传递信息，但在具体控制组态和物理点分配时，应尽可能将同一个回路所用的点分配在一个控制站内，这样做不仅可以提高控制运算的速度，而且主要是可以减少网络负担和系统资源的占用，以及提高系统的可靠性和稳定性。

(2) 仔细阅读组态使用说明书，理解《测点清单》中每一项内容的实际含义，特别是物理信号的转换关系中每个系数的具体含义。

(3) 充分利用组态软件提供的编辑功能，如复制、修改等。因为一个系统中很多测点信息的内容大部分相同，因此可以把它们分成若干组，每组出一个量，然后复制生成其他量后，进行个别项的修改就行了，这样可以提高工作效率和减少出错。

(4) 关于中间计算点(中间量点、中间变量)的组态应注意，中间计算点往往是在进行控制算法组态和图形显示及报表组态时产生的，因此数量不断增加。在进行组态之前，一定要掌握每个站所支持的中间计算点的最大数目，而且要尽可能地优化中间计算点，适当地分配中间计算点，将中间计算点的数量控制在系统允许的范围内。

4.4.2 生产过程流程画面

由于工控计算机提供了丰富的画面显示功能，因此流程画面的生成便成了 DCS 组态中的一个很重要的工作。

在一般的 DCS 应用组态中，流程画面的组态占据了相当大的组态时间。因为在 DCS 中，流程画面是了解系统的窗口，画面显示水平的高低会导致人们很大程度上的喜欢和不喜欢。虽然系统提供了功能很强的工具，但如果不用心也不精益求精，就做不出实用且漂亮的画面来。

所以，在进行画面组态之前，一定要先仔细学习和掌握画面组态工具，然后认真地分析生产流程如何分解成一幅幅较为独立的画面，最好是参考一下厂家以前在别的系统上(特别是类似系统上)所作的流程画面组态，会有很多的借鉴意义。

值得注意的是，虽然在此强调了用户在进行画面组态时，要尽量将图形做得美观，但是工业流程画面的主要作用是用来显示各个动态信息，特别是主要的工艺参数、棒图或趋势曲线显示。所以，即使作出美观的流程图，也要保证动态点显示一定正确。此外，用户在作流程画面组态时，一定要充分尊重工厂操作人员的操作习惯，特别是画面颜色的选择和搭配。组态前，应该由相关各方共同制定流程图组态原则，例如，管道颜色、动态点显示颜色、字体及状态显示颜色等。

4.4.3 历史数据和报表

计算机控制系统与常规的调节仪表控制相比，优势之一就是计算机控制系统具有集中的历史数据存储和管理功能。

DCS 的历史数据存储一般用于趋势显示、事故分析及报表运算等。历史数据通常占用很大的系统资源，特别是存储频率较快(如每 1s 存一个数据)的点多的话，会给系统增加较大的负担。不同的 DCS 对历史库的存储处理所用的方法不同。新一代的 DCS 大都用工业计算机作为操作员站，都配置了较大的内存(256MB 以上)和较大的硬盘(40GB 以上)，所以现在大都将历史数据直接存在兼作历史服务器的操作员主机上，对于历史数据存储要求非常多的情况下，建议采用服务器作为专用历史服务器，内存和硬盘配置应该较高。

每套 DCS 在指标中都给出了系统所支持的各种历史点的数量，因此在进行历史库组态之前，一定要对这些容量指标心中有数，然后仔细地分配一下各种历史点各占多少。一般长周期的点(如 1min 以上存一数据)占系统内存资源很少，只占硬盘的资源，因此数量可以做得很大。但高频点(如 1s 存一个数据)则占内存资源较多，一般系统中有一定的限制，包括每点可以存储最多数据个数、系统支持的最大点数等。对于资源比较紧张的情况，一定要先保证重要趋势(如重要参数趋势、控制回路的重要物理量等)的点先存入历史库。

DCS 的应用从根本上解除了现场操作人员每天抄表的工作，它不仅准确、按时，而且可以做到内容很丰富，它不仅可以自动地打印出操作员平时抄报的生产工艺参数记录报表，而且绝大多数的 DCS 还提供了很强的计算管理功能，常规 DCS 系统的报表组态都可以通过 Excel 表格导入，可以非常灵活方便。这样，用户可以根据自己的生产管理需要，生成各种各样的统计报表。

报表组态一般功能比较简单，但值得注意的是，一般报表生成过程中会用到大量的历史库数据，会产生很多中间变量点，因此用户在设计报表时一定要分析一下系统的资源是否够用。

4.4.4 控制回路组态

控制算法的组态工作量对于不同的系统差别很大。有的系统侧重于控制，则控制组态的工作量就很大，而有的小系统侧重于检测和监视，控制的量就不大。但控制算法组态往往是 DCS 组态中最为复杂、难度也最大的部分。各公司 DCS 提供的组态软件中，这部分差别也最大，所以很难统一介绍这部分工作。但在控制组态时应尽量注意以下几方面。

(1) 根据系统控制方案确切理解每个算法功能模块的用途及模块中的每个参数的含义，特别是对于那些复杂模块。如 PID 运算模块，其中的参数有 20 个左右，每个参数的含义、量纲范围和类型(整数、二进制数、浮点数)一定要搞清楚，否则会给将来调试带来很多麻烦。

(2) 根据对控制功能的要求和 DCS 控制站的容量和运算能力，要仔细核算每个站上组态算法的系统内存开销和主机运算时间的开销。不同要求的算法最好在控制周期上分别考虑，只要满足要求就可以了。例如，大部分的温度控制回路的运算周期在 1s 甚至几秒就可以了，而有些控制(如流量等)则要求有较快的控制周期。总之，要保证系统的控制站有足够的容量和运算时间来处理组态出的算法方案页，否则，等组态完成之后再试，如不行会产生很大的麻烦。

(3) 进行控制组态时，也要顺便考虑到将来调试和整定方便。有些系统支持的在线整定功能较强，如可以在线显示和整定大部分的控制算法的参数，而有些系统差些。但完全可以通过增加一些可显示的中间变量来满足大多数需要在线调整的需求。

(4) 在控制组态时，还应注意的一点是，实际工业过程控制中安全因素是第一的。因此在系统中每一算法的输出(特别是直接输出到执行机构之前)，一定要有限幅监测和报警显示。

4.5 DCS 的控制方案

4.5.1 控制器中的 PID 控制算法及应用

DCS 系统以完成常规控制为主要目的。常规控制以简单的单回路定值控制系统为最基本、最常用的控制方案。先进控制也是在控制器在原来常规控制的基础上，再加上先进的控制策略。先进的控制策略是基于各种算法和用组态的方法来实现的，如串级、前馈、滞后补偿与实现多变量解耦等都可以组态。至于与上游、下游工艺有关的协调通常由人机界面中的优化控制来实现。控制策略的形成都是由工程师软件来生成的。这些软件各不相同，所以生成的方法也不相同。在控制器中的功能块虽然也各不相同但总的包含内容是大同小异的。

图 4.30(a)是一个液位自动控制系统。LT 为液位传感器,检测后输出 4M～20M 的信号,在 AI 卡中转换为数字信号,被控制器接受数字信号,LC 为储液罐的液位控制器,在液位高于设定值时,LC 输出信号,启动输出阀门,使储液罐的液位下降。

从图 4.30(b)可以看出,一个闭环控制回路一定有设定值(SP),它与过程变量(PV)相减,得到差值,差值作为 PID 控制器的输入,经过 PID 控制器的运算后,得到控制输出信号,经 AO 卡转换为 4mA～20mA 的控制输出,传输送给现场的执行机构。

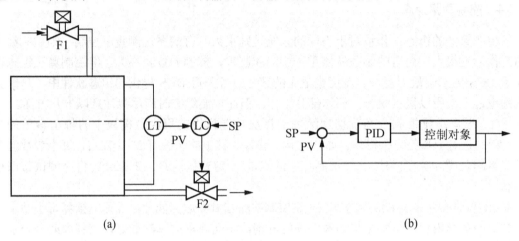

(a)   (b)

图 4.30 单回路控制系统

DCS 是把 PID 算法编制成程序,并设计成模块形式,就是前面所说的功能块。在工程师站 DCS 组态时调用这些功能块,组成用户控制程序。功能块就是最基本的算法单位。

PID 在过程控制中有极其重要的作用。它本身有几种不同算法,比如位置算法、增量算法和速度算法。这些不同算法是为了满足不同执行机构的需求。

1. PID 的 3 种不同算法

(1) 位置算法。传统 PID 算式(4-14)是理想 PID 算法,把它改写成数字算法,得到式(4-15)或(4-16)。

$$u = K_C(e + \frac{1}{T_i}\int_0^t edt + T_d\frac{de}{dt})$$

即

$$u(s) = K_C(1 + \frac{1}{T_i s} + T_d s)E(s) \tag{4-14}$$

$$u(k) = K_C e(k) + \frac{K_C}{T_i}\sum_{i=0}^{k} e(i)T_s + K_C T_d \frac{e(k) - e(k-1)}{T_s} \tag{4-15}$$

$$u(k) = K_C e(k) + K_I \sum_{i=0}^{k} e(i) + K_D[e(k) - e(k-1)] \tag{4-16}$$

(2) 增量算法。PID 控制增量算法是相邻两次采样时刻所计算的位置值之差式(4-17)就是理想 PID 控制增量算法,其输出表示阀位的增量,控制阀每次只按增量大小动作。

$$\begin{aligned}\Delta u(k) &= K_C \Delta e(k) + K_I e(k) + K_D[\Delta e(k) - \Delta e(k-1)] \\ &= K_C[e(k) - e(k-1)] + K_I e(k) + K_D[e(k) - 2e(k-1) + e(k-2)]\end{aligned} \tag{4-17}$$

式中：

$$\Delta e(k) = e(k) - e(k-1)$$
$$\Delta u(k) = u(k) - u(k-1)$$

(3) 速度算法速度算法是增量算式除以采样周期 T_S，即

$$v(h) = \frac{\Delta u(h)}{T_s} = K_C \frac{\Delta e(k)}{T_s} + \frac{K_C}{T_i} e(k) + \frac{K_C T_d}{T_s^2}[\Delta e(k) - \Delta e(k-1)] \tag{4-18}$$

2. 积分分离算法

一个常规的 PI 和 PID 控制器，只要被控变量与设定值之间有偏差，控制器的积分作用使控制器的输出不断变化。如果阀门已经关闭(或全开)，偏差不会被消除，控制器仍然试图消除偏差，如果时间足够长，由于积分作用的存在，控制器的输出停留在比阀门全开所需的信号还要大得多的值，这种情况称为积分饱和(wind up)。

解决的办法是在 e 的值小于某一值，即控制输出接近于设定值时，才把积分引入，在其余情况下，把积分去掉，只作微分和比例运算。从而减低了控制输出的超调，过渡过程时间比只有微分和比例时缩短了，如图 4.31 所示。

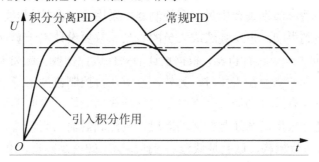

图 4.31 积分分离 PID 和常规 PID 过渡过程

3. 带有不灵敏区的 PID 控制算法

对于某些要求控制作用尽量少变的场合，在偏差小于某一值时，没有控制作用，偏差大于某一个值时，有控制作用，以避免过程变量出现低幅高频率的抖动。并且，这样的控制作用在通常情况下，对控制品质的要求不是很高，在 PID 控制器之前，加上死区。带死区的 PID 算法如图 4.32 所示。图中 SP 为给定值，PV 为过程值。

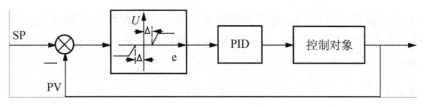

图 4.32 带死区的 PID 控制

4. 二维 PID 控制

为了使控制系统能对设定值变化和扰动变化都有较好的控制品质，在 DCS 中采用两种形式的二维 PID 控制。图 4.33 是二维 PID 控制系统的框图，$G(s)$ 为被控对象的传递函数。

在计算机控制中，PID 三项是独立的，图 4.33 中的二维 PID 控制系统是在 PID 功能块中增加两个参数，对偏差和过程变量分别计算，对过程变量进行微分先行的运算，即比例和微分作用，对偏差是比例和积分作用。当 $\alpha=\beta=0$ 时，就是常规的 PID，控制输出与偏差成常规的 PID 关系。$\alpha=\beta=1$ 时，得到积分和比例微分之和，只要调整 α、β 的值，可以使系统达到好的控制品质。

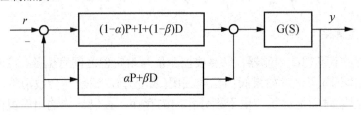

图 4.33　二维 PID 控制系统

5. 选择性控制

通常的自动控制系统在遇到不正常工况或特大扰动时，会无法适应。在这种情况下，只能从自动改为手动。如果设计出另一台控制器，采用这一台控制器以后，系统运行是安全的，就不必切换到手动，也不会造成人员的紧张。只要设计出一套行之有效的条件，使几个 PID 控制器同用一个执行机构，根据设计的条件进行切换。这类控制系统常常是从安全角度考虑的，一台控制器在工作时，另外一台或几台控制器处于待命状态。为了满足选择性控制，专门设计有选择功能块，有时要用到高选功能块，有时要用到低选功能块。按工艺要求确定究竟是采用高选还是低选功能块。按控制器输出高低选择两个低输出的控制器，把信号传送给执行机构，这就是低选，选择高输出的就是高选，高选和低选就是条件，用 HS/LS 表示，原理框图如图 4.34 所示。

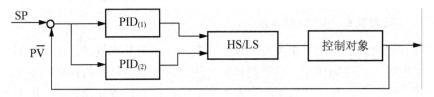

图 4.34　选择性控制原理框图

图 4.34 中，总有一个控制器处于开环状态，在控制器有积分作用时，就会产生积分饱和。如果在开环的情况下，自动切除积分作用，使控制器只具有比例作用，这类控制器称为 PID 控制器。

6. 串级控制

串级控制是一个 PID 控制器的输出成为另一个回路的设定。两个控制器都有各自的测量输入，但只有主控制器有设定值，副控制器的输出信号送给执行机构。控制框图如图 4.35 所示。组成串级控制时，第一个回路称为主回路，也称为外环或主环，第二个回路称为副环或内环。

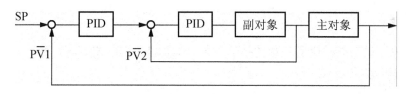

图 4.35   串级控制回路

7. 具有逻辑规律的比值控制

在物料混合控制中，有时不仅要求两个物料的流量 F_1、F_2 保持一定的比例，而且要求物料的变动在升降时有一定的先后次序，这就要求要求逻辑规律。控制框图如图 4.36 所示。

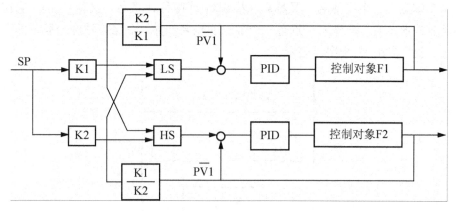

图 4.36   逻辑规律的比值控制回路

4.5.2   控制器中的功能块

DCS 在做控制组态设计时，应用最多的是功能块，功能块可以用五种编程语言中的任何一种来编程，实际使用的功能块有 IEC 61131 定义的基本功能块和各 DCS 厂家编制的功能块，这些功能块在专用功能块库文件中，组态时直接调用。

DCS 系统中常用的功能块见表 4-2。

表 4-2   常用功能模块分组表

模块分组	功能模块
四则运算	加法、减法，乘法，除法，开平方，绝对值，指数，对数，多项式
逻辑运算	逻辑与，逻辑或，异或，逻辑非，RS 触发器，定时器，计数器，D 触发器，数字开关
比较运算	比较器，高选择，低选择，最大值，最小值，信号选择，统计，数值滤波，滞后比较
折线积算	流量积算，斜坡函数，折线函数，设定曲线，斜率
报警限制	幅值报警，开关报警，偏差报警，速率报警，幅值限制，速率限制，变化限制，接地选线
控制算法	操作器，PID 调节，开关手操，伺服放大，无扰切换，灰色预测，模糊控制，组合伺放，一阶惯性，二阶惯性，微分，积分，超前滞后，一阶滞后，二阶滞后
其他算法	时间运算，时间判定，事件驱动，模拟存储，一维插值，二维插值，多重测量，引用页，引用公式，条件跳转，顺控，调节门，类型转换
UDFB	用户自定义功能块

系统中功能模块的图形表示如图 4.37 所示，下面对它的各个组成部分作出详细说明。

1. 算法名

用来描述该类功能模块所完成的运算功能，如加法、PID 调节等。算法名由系统规定，一般最多用 4 个汉字表示。

2. 算法标识名

在功能块图中每增加一个功能模块，即在系统中定义了一个模块实体。该模块实体才是可以执行的，相当于函数的调用语句。它即规定了要执行的运算的类型，又包含了运算子程序运行时所需的具体数据。每个模块实体在系统库中都有一个对应的数据库点，因此，需给模块实体定义一个实体名，又称算法标识名(或简称计算名，又称点名)，它在整个系统范围内应是唯一的，与模入量点有一个唯一的点名一样。命名方法应与系统的命名规则相一致。一般最多用 12 个字母表示。

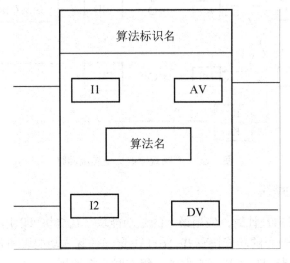

图 4.37　功能块表示形式

3. 输入端与输出端

功能模块的输入端相当于函数的形参，它有规定的数据类型，如浮点型、布尔型等，和输入端相连的变量的数据类型应与形参的数据类型一致。有些模块的某几个输入端在悬空时也有定义。

功能模块的输出端相当于函数的返回值，但功能模块也可以只执行一些命令而不进行计算，没有返回值，因此可以没有输出端(如事件驱动模块)。

4. 参数表

每种类型的功能模块都有一个参数表，表的长度和内容依不同算法而定。参数表中的参数项是模块运行时需体现用户特性的数据，如 PID 算法模块的比例系数、积分时间常数，等等。显然每个参数项都有自己的类型和取值范围，同时系统还定义了它们的默认值。

表 4-3 至表 4-6 列出了部分功能块。

表 4-3 运算类功能块

名称	功能块	输入端说明	输出端说明
加法	点名 I1 I2 I3 I4 加法 AV I5 I6 I7 I8	I1：加数 1，输入端 1，浮点型 I2：加数 2，输入端 2，浮点型 ⋮ I8：加数 8，输入端 8，浮点型	AV：和、输出端，浮点型
减法	点名 I1 I2 I3 I4 减法 AV I5 I6 I7 I8	I1：被减数，输入端 1，浮点型 I2：减数，输入端 2，浮点型 ⋮ I8：减数，输入端 8，浮点型	AV：差、输出端，浮点型
乘法	点名 I1 I2 I3 I4 乘法 AV I5 I6 I7 I8	I1：被乘数，输入端 1，浮点型 I2：乘数，输入端 2，浮点型 ⋮ I8：乘数，输入端 8，浮点型	AV：积、输出端，浮点型
除法	点名 I1 I2 I3 I4 除法 AV I5 I6 I7 I8	I1：被除数，输入端 1，浮点型 I2：除数，输入端 2，浮点型 ⋮ I8：除数，输入端 8，浮点型	AV：商、输出端，浮点型
开平方	点名 IN 开平方 AV	IN：底数，输入端，浮点型	AV：平方根、输出端，浮点型
绝对值	点名 IN 绝对值 AV	IN：输入端，浮点型	AV：IN 的绝对值、输出端，浮点型

表 4-4 逻辑功能块

名称	图形表示	输入/输出端说明	功能及其说明
逻辑与	点名 I1 DV I2 I3 I4 与 I5 I6 I7 I8	I1、I2、…、I8 及 DV 端的数据类型均为布尔型	$DV=I1 \&\& I2 \&\&、…、\&\& I8$
逻辑或	点名 I1 DV I2 I3 I4 或 I5 I6 I7 I8	I1、I2、…、I8 及 DV 端的数据类型均为布尔型	$DV=I1 \parallel I2 \parallel、…、\parallel I8$
异或	点名 I1 DV I2 I3 I4 异或 I5 I6 I7 I8	I1、I2、…、I8 及 DV 端的数据类型均为布尔型	$DV=I1 \wedge\wedge I2 \wedge\wedge、…、\wedge\wedge I8$ 只有 I1==I2==…==I8 时, DV=0
逻辑非	点名 IN DV 非	IN 及 DV 端的数据类型均为布尔型	DV= NOT(IN)
RS 触发器	点名 I1 DV RS I2 RV	I1: 置位端 I2: 复位端 I1、I2 及 DV、RV 端的数据类型均为布尔型 其中, DV 为输出端, RV 为反向输出端	

表 4-5 定时器

名称	图形表示	输入/输出端说明
定时器	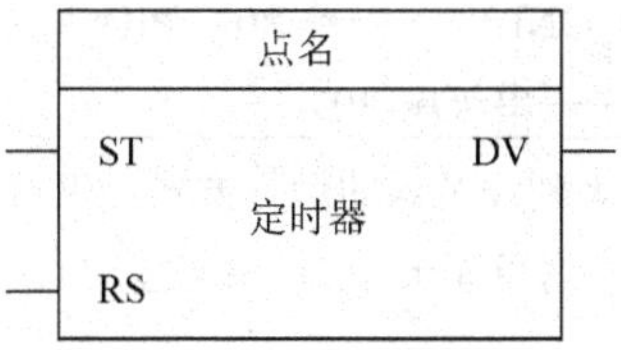	ST：启动信号，布尔量 RS：复位信号，布尔量 DV：输出端，布尔量 设定参数：时间常数(TC)，$0 \leq TC \leq 65535$，浮点型
功能及其说明	基本型：其逻辑状态图为 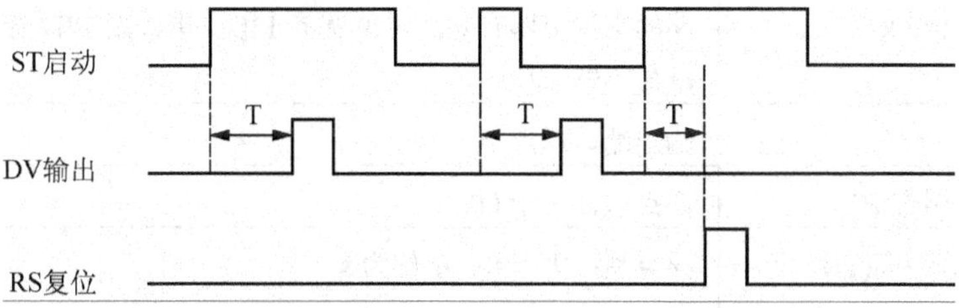 其特性描述为：当启动信号 ST 从 0 变到 1 时，经过计时时间 T 后，DV 输出信号置位并只保持一个运算周期。当 RS 复位信号从 0 变为 1 时，计时器中止计时并且使 DV 输出复位，定时器等待下一个启动信号	

表 4-6 和利时公司的 PID 功能块

名称	PID 调节	
算法块表示	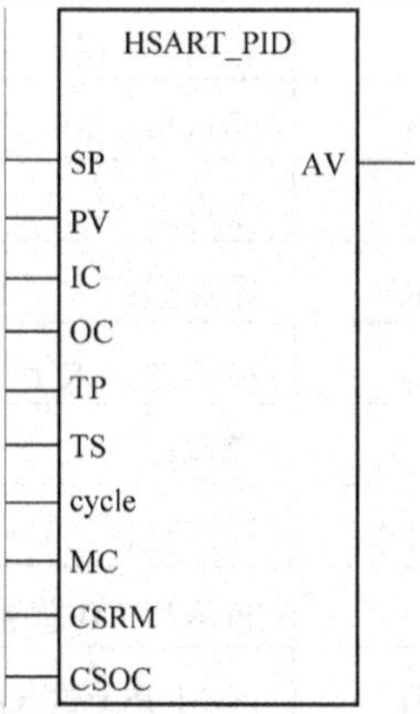	
输入输出端说明	SP	给定值输入，浮点型。对单调节器 PID、主调节器 PID 为本调节器的设定值，对副调节器为主调节器 PID 的输出值或计算输出值
	PV	过程值输入，浮点型
	IC	输入补偿，浮点型
	OC	输出补偿，浮点型
	TP	跟踪量点，浮点型
	TS	跟踪开关，布尔型
	cycle	计算周期，单位为秒

续表

名称	PID 调节	
输入输出端说明	MC	PID 调节器类型：PID_ONLY ——单 PID，PID_MAIN——串级主 PID，PID_CAS——串级副 PID
	CSRM	副调节器运行方式，为副调节器的运行方式，仅对串级调节回路的主调节器有效。对单调节 PID、串级副 PID 无效，无需赋值。无符号整形
	CSOC	副调节器的过程输入值—输入补偿(CSOCI)，仅对串级调节回路的主调节器有效。对单调节 PID、串级副 PID 无效，无需赋值。浮点型
	AV	输出端，浮点型
参数项定义	比例带(PT)	浮点型；大于 0(%)
	积分时间(TI)	浮点型；大于 0；单位为 s
	积分分离值/反向限(SV)	浮点型；大于等于 0；调节器类型为普通型，代表积分分离值(%)；调节器类型为智能型，代表反向积分限
	微分增益(KD)	浮点型；大于 0
	微分时间(TD)	浮点型；大于等于 0；单位为 s
	输入死区/全开关限 (DI)	浮点型；大于等于 0(%)；调节器类型为普通型，代表输入偏差死区；调节器类型为智能型，代表调节器进入全开全关状态的偏差限
参数项定义	输出上限(OutT)	浮点型
	输出下限(OutB)	浮点型
	输出变化率(OutR)	浮点型；大于等于 0
	偏差报警限(DL)	浮点型；大于等于 0(%)
	输出量程上限(MU)	浮点型
	输出量程下限(MD)	浮点型
	调节器类型(PK)	布尔型，0 普通型；1 智能型
	输出方式(OutM)	POM_POSITION——0 位置式，POM_RATE——1 增量式
	动作方式(AD)	PAD_DIRECT——0 正作用；PAD_INDIRECT——1 反作用
	跟踪方式(TM)	布尔型，0 设定不跟踪；1 设定跟踪
	手动输出增量(MI)	浮点型
	手动运行(ME)	布尔型(1 允许，0 不允许)
	自动运行(AE)	布尔型(1 允许，0 不允许)
	串级运行(CE)	布尔型(1 允许，0 不允许)
	手动跟踪允许开关(MTE)	布尔型(1 允许，0 不允许)
	自动跟踪允许开关(ATE)	布尔型(1 允许，0 不允许)

名称	PID 调节	
工作方式(RM)		在定义 PID 时则为设定 PID 运行的初始工作方式，程序运行时为 PID 的实时运行方式 0——MAN 手动，1——AUTO 自动，2——CAS 串级，3——MANTRACK 手动跟踪，4——AUTOTRACK 自动跟踪，若填入其他非法值，一律保持前运行方式
PVMU		过程输入值 PV 的量程上限
PVMD		过程输入值 PV 的量程下限
CSOCI		过程输入值—输入补偿。仅对副调节器有效。在串级 PID 组态中，应将赴调节器的此项幅给主调节器的 CSOC
功能说明		普通型 PID 调节器：采用含有实际微分环节的算法，用增量型算式计算，其传递函数为 $$\frac{U(s)}{E(s)} = \frac{1}{1+\frac{TD}{KD}s} \times \frac{1}{PT}(1+\frac{Si}{TIs}+TDs)$$ Si 表示是否要采取积分分离措施，以消除残差当； $\|E(n)\| > SV$ 时，$Si=0$，为 PD 控制； $\|E(n)\| \leqslant SV$ 时，$Si=1$，为 PID 控制；

需要注意的是，控制器中能完成的控制功能基本上都能通过功能块组态来完成的。功能块在使用时根据实际需要选用，除 IEC 61131 定义的基本功能块外，各 DCS 厂家编制的功能块是在现场经过验证使用的，所以直接调用就能使用，十分方便。另外，通过以上 5 种语言中的任何一种，也可以组态出适合实际需要的个性化功能块来。

本章小结

DCS 的软件系统按功能划分包括：控制层软件、监控层软件和组态软件。

(1) 控制软件特指运行在现场控制站上的软件，主要完成各种控制功能，包括 PID 回路控制、逻辑控制、顺序控制以及这些控制所必须针对现场设备连接的 I/O 处理；监控软件是运行于操作员站或工程师站上的软件，主要完成运行操作人员所发出的各个命令的执行、图形与画面的显示、报警信息的显示处理、对现场各类检测数据的集中处理等；组态软件则主要完成系统的控制层软件和监控软件的组态功能，安装在工程师站中。

(2) 在控制软件中，对现场的数据要采集，A/D 转换，数据预处理，将有效数据存储在现场控制站中以备系统共享和控制计算使用，控制计算的结果由 I/O 驱动程序执行外部输出，控制现场仪表。

(3) DCS 的控制软件模型符合 IEC 61131-3 标准，控制算法都由用户编写，IEC 61131-3 规定了五种编程语言，它们是：梯形图语言、功能块图语言、顺序功能图语言、指令表语言、结构化文本语言。这五种语言和 PLC 通用，需要熟练掌握其中 2~3 种。

(4) DCS 的控制算法中，对模拟量的计算处理应用最多的就是 PID 控制，数字 PID 在应用时有很大的灵活性，常见的有积分分离算法、死区 PID、二维 PID、选择 PID、串级 PID、逻辑控制 PID 等，在编写控制软件时选择考虑，以达到最佳控制效果。

(5) DCS 监控层软件一般包括人机操作界面、实时数据管理、历史数据管理、报警监视、日志管理、事故追忆及事件顺序记录等功能，在当前应用最多的客户机/服务器结构中，各种功能可分散在不同的服务器中，也可集中在同一台服务器中，组织灵活方便、功能分散，可提高系统的可靠性。和控制层软件一样，监控层软件也由组态工具组态而成。

(6) DCS 系统为满足现代生产的需要，软件体系结构也有了较大的发展，归纳起来有：多域管理结构、客户机/服务器结构、浏览器/服务器结构。

(7) 一个 DCS 系统需要通过特定的组态才能满足控制需要，要完成 DCS 系统软件，需要按下面步骤来完成：

① 系统硬件配置组态；

② 数据库组态；

③ 控制算法组态；

④ 流程显示及操作画面组态；

⑤ 报表组态；

⑥ 编译和下装等。

思考题与习题

4-1 DCS 软件系统按功能可划分为哪几部分？简述各部分软件的功能。

4-2 流量计的量程为 $0m^3/h \sim 100m^3/h$，输出信号为 0～20mA，若输出为 12mA，此时管道流量为多少？若用 16 位 A/D 转换器转换，则采集的十六进制代码是多少？

4-3 什么是 IEC 软件模型？其各组成部分的作用是什么？

4-4 什么是局部变量、全局变量、直接变量？

4-5 查找电器控制类图书，画出三相异步电动机星三角起停控制电路，用梯形图和功能块图编写控制程序。

4-6 DCS 监控层软件都有哪些功能？

4-7 组态软件的作用是什么？

4-8 对于已有的 DCS 硬件系统，编制 DCS 软件的步骤是什么？

4-9 什么是积分分离？什么是二维 PID？

第 5 章　DCS 的通信网络系统

DCS 的通信网络系统的作用是互联各种通信设备，完成工业控制。因此，与一般的办公室用局部网络有所不同，它应具有以下特点。

(1) 具有快速的实时响应能力。一般办公室自动化计算机局部网络响应时间为 2s~6s，而它要求的时间为 0.01s~0.5s。

(2) 具有极高的可靠性。须连续、准确运行，数据传送误码率为 $10^{-11} \sim 10^{-8}$。系统利用率在 99.999%以上。

(3) 适应于恶劣环境下工作。能抗电源干扰、雷击干扰、电磁干扰和接地电位差干扰。

(4) 分层结构。为适应集散系统的分层结构，其通信网络也必须具有分层结构，例如，分为现场总线、车间级网络系统和工厂级网络系统等不同层次。集散系统中参加网络通信的最小单位称为节点。发送信号的源节点对信息进行编码，然后送到传输介质(通信电缆)，最后被接收这一信息的目的节点接收。网络特性的三要素是：要保证在众多节点之间数据合理传送；必须将通信系统构成一定网络；遵循一定的网络结构的通信方式。

5.1　网络和数据通信基本概念

数据是指对数字、字母以及组合意义的一种表达。而工业数据一般指与工业过程密切相关的数值、状态、指令等的表达。例如，用数字 1 表示管道阀门的开启，用数字 0 表示阀门的关闭；规定用数字 1 表示生产过程处于非正常状态，用数字 0 表示生产过程处于正常状态；以及表示温度、压力、流量、液位等参数的数值都是典型的工业数据。

数据通信是两点或多点之间借助某种传输介质以二进制形式进行信息交换的过程，是计算机与通信技术结合的产物。将数据准确、及时地传送到正确的目的地是数据通信系统的基本任务。数据通信技术主要涉及通信协议、信号编码、接口、同步、数据交换、安全、通信控制与管理等问题。

5.1.1　通信网络系统的组成

通信网络系统是传递住处所需的一切技术设备的总和，一般由信息源和信息接收者、发送和接收设备、传输媒介几部分组成。

信息源和信息接收者是信息的产生者和使用者。在数据通信系统中传输的信息是数据，是数字化的信息。这些信息可能是原始数据，也可能是经计算机处理后的结果，还可能是某些指令或标志。

信息源可根据输出信号的性质不同分为模拟信息源和离散信息源。模拟信息源(如电话机、电视摄像机)输出幅度连续变化的信号；离散信息源(如计算机)输出离散的符号序列或文字。模拟信息源可通过抽样和量化变换为离散信息源。随着计算机和数据通信技术的发展，离散信息源的种类和数量越来越多。

由于信息源产生信息的种类和速率不同，因此对传输系统的要求也各不相同。

发送设备的基本功能是将信息源和传输媒介匹配起来，即将信息源产生的消息信号经过编码，并变换为便于传送的信号形式，送往传输媒介。对于数据通信系统来说，发送设备的编码常常又可分为信道编码与信源编码两部分。信源编码是把连续消息变换为数字信号；而信道编码则是使数字信号与传输介质匹配，提高传输的可靠性、有效性。信号的变换方式是多种多样的，调制是最常见的变换方式之一。

发送设备还要包括为达到某些特殊要求所进行的各种处理，如多路复用、保密处理、纠错编码处理等。

传输介质指发送设备到接收设备之间信号传递所经媒介。它可以是无线的，也可以是有线的(包括光纤)。有线和无线均有多种传输媒介，如电磁波、红外线为无线传输介质，各种电缆、光缆、双绞线等为有线传输介质。

传输介质在传输过程中必然会引入某些干扰，如热噪声、脉冲干扰、衰减等。传输介质固有的特性和干扰特性直接关系到变换方式的选取。

接收设备的基本功能是完成发送设备的反变换，即进行解调、译码、解密等。它的任务是从带有干扰的信号中正确恢复出原始信息来，对于多路复用信号，还包括解除多路复用，实现正确分路。

以上所述是单向通信系统，但在大多数场合下，信源兼为收信者，通信的双方需要随时交流信息，因此要求双向通信。这时，通信双方都要有发送设备和接收设备。如果两个方向有各自的传输媒介，则双方都可独立进行发送或接收；但若共用一个传输媒介，则必须用频率或时间分割的办法来共享。通信系统除了完成信息传递之外，还必须进行信息的交换。传输系统和交换系统共同组成一个完整的通信系统，直至构成复杂的通信网络。

计算机网络系统的通信任务是传送数据或数据化的信息。这些数据通常以离散的二进制0、1序列的方式表示。码元是所传输数据的基本单位。在计算机网络通信中所传输的大多为二元码，它的每一位只能在1或0两个状态中取一个。这每一位不是一个码元。

数据编码是指通信系统中以何种物理信号的形式来表达数据。分别用模拟信号的不同幅度、不同频率、不同相位来表达数据的0、1状态的，称为模拟数据编码。用高低电平的矩形脉冲信号来表达数据的0、1状态的，称为数字数据编码。

采用数字数据编码，在基本不改变数据信号频率的情况下，直接传输数据信号的传输方式，称为基带传输。基带传输可以达到较高的数据传输速率，是目前广泛应用的数据通信方式。

5.1.2 基本概念及术语

1. 数据信息

具有一定编码、格式和字长的数字信息被称为数据信息。

2. 传输速率

传输速率是指信道在单位时间内传输的信息量。一般以每秒所能够传输的比特(bit)数来表示，常记为 bit/s(也有使用非标准单位的记为 bps)。大多数集散控制系统的数据传输速率一般为 0.5Mbit/s～100Mbit/s。常说的名词"波特率与比特率"，二者关系描述如下：

(1) 定义。

比特率的定义：在数字信道中，比特率是数字信号的传输速率，它用单位时间内传输的二进制代码的有效位(bit)数来表示，其单位为每秒比特数 bit/s(bps)、每秒千比特数(kbps)或每秒兆比特数(Mbps)来表示(此处 k 和 M 分别为 1000 和 1000000，而不是涉及计算机存储器容量时的 1024 和 1048576)。

波特率的定义：波特率指数据信号对载波的调制速率，它用单位时间内载波调制状态改变次数来表示，其单位为"波特每秒"(Bps)。如果数据不压缩，波特率等于每秒钟传输的数据位数；如果数据进行了压缩，那么每秒钟传输的数据位数通常大于调制速率。波特率可以被理解为单位时间内传输码元符号的个数(传符号率)。

(2) 波特率与比特率的关系：

$$比特率=波特率 \times 单个调制状态对应的二进制位数$$

(3) 二者区分。

显然，两相调制(单个调制状态对应 1 个二进制位)的比特率等于波特率；四相调制(单个调制状态对应两个二进制位)的比特率为波特率的两倍；八相调制(单个调制状态对应 3 个二进制位)的比特率为波特率的 3 倍；依次类推。

3. 传输方式

通信方式按照信息的传输方向分为单工、半双工和全双工 3 种方式，如图 5.1 所示。

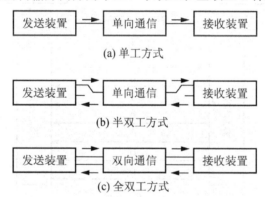

(a) 单工方式

(b) 半双工方式

(c) 全双工方式

图 5.1 单工/半双工和全双工通信方式

(1) 单工(Simplex)方式。信息只能沿单方向传输的通信方式称为单工方式，如图 5.1(a)所示。

(2) 半双工(Half Duplex)方式。信息可以沿着两个方向传输，但在某一时刻只能沿一个方向传输的通信方式称为半双工方式，如图 5.1(b)所示。

(3) 全双工(Full Duplex)方式。信息可以同时沿着两个方向传输的通信方式称为全双工方式，如图 5.1(c)所示。

4. 基带传输、载带传输与宽带传输

所谓基带传输，就是直接将数字数据信号通过信道进行传输。基带传输不适用于远距离的数据传输。当传输距离较远时，需要进行调制。

用基带信号调制载波后，在信道上传输调制后的载波信号，这就是载带传输。

如果要在一条信道上同时传送多路信号，各路信号以不同的载波频率区别，每路信号以载波频率为中心占据一定的频带宽度,整个信道的带宽为各路载波信号共享,实现多路信号同时传输,这就是宽带传输。

5.异步传输与同步传输

在异步传输中,信息以字符为单位进行传输,每个字符都具有自己的起始位和停止位,一个字符中的各个位是同步的,但字符与字符之间的时间间隔是不确定的。

在同步传输中,信息不是以字符而是以数据块为单位进行传输的。通信系统中有专门用来使发送装置和接收装置保持同步的时钟脉冲,使两者以同一频率连续工作,并且保持一定的相位关系。在这一组数据或一个报文之内不需要启停标志,所以可以获得较高的传输速率。

6.串行传输与并行传输

串行传输是把构成数据的各个二进制位依次在信道上进行传输的方式;并行传输是把构成数据的各个二进制位同时在信道上进行传输的方式。串行传输与并行传输的示意如图 5.2 所示。在集散控制系统中,数据通信网络几乎全部采用串行传输方式,因此本章主要讨论串行通信方式。

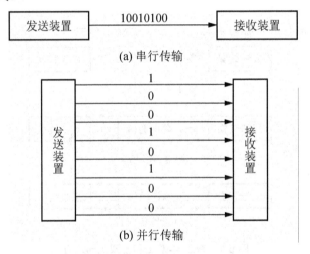

图 5.2 串行与并行传输示意图

5.2 工业数据通信

5.2.1 数据通信的编码方式

基带传输中可用各种不同的方法来表示二进制数 0 和 1,即数字编码。

(1) 平衡与非平衡传输。信息传输有平衡传输和非平衡传输。平衡传输时,无论 0 还是 1 均有规定的传输格式;非平衡传输时,只有 1 被传输,而 0 则以在指定的时刻没有脉冲信号来表示。

(2) 归零与不归零传输。根据对零电平的关系,信息传输可以分为归零传输和不归零传输。归零传输是指在每一位二进制信息传输之后均让信号返回零电平;不归零传输是指在每一位二进制信息传输之后让信号保持原电平不变。

(3) 单极性与双极性传输。根据信号的极性，信息传输分为单极性传输和双极性传输。单极性是指脉冲信号的极性是单方向的；双极性是指脉冲信号有正和负两个方向。

① 单极性码：信号电平是单极性的，如逻辑 1 为高电平，逻辑 0 为 0 电平的信号表达方式。

② 双极性码：信号电平为正、负两种极性。如逻辑 1 为正电平，逻辑 0 为负电平的信号表达方式。

下面介绍几种常用的数据表示方法，如图 5.3 所示。

(1) 平衡、归零、双极性。用正极性脉冲表示 1，用负极性脉冲表示 0，在相邻脉冲之间保留一定的空闲间隔。在空闲间隔期间，信号归零，如图 5.3(a)所示。这种方法主要用于低速传输，其优点是可靠性较高。

(2) 平衡、归零、单极性。这种方法又称为曼彻斯特(Manchester)编码方法。在每一位中间都有一个跳变，这个跳变既作为时钟，又表示数据。从高到低的跳变表示 1，从低到高的跳变表示 0，如图 5.3(b)所示。由于这种方法把时钟信号和数据信号同时发送出去，简化了同步处理过程，所以，有许多数据通信网络采用这种表示方法。

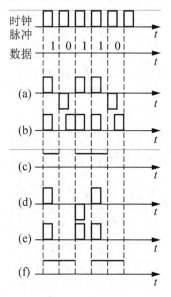

图 5.3 数据表示方法

(a) 平衡、归零、双极性 (b) 平衡、归零、单极性 (c) 平衡、不归零、单极性
(d) 非平衡、归零、双极性 (e) 非平衡、归零、单极性 (f) 非平衡、不归零、单极性

(3) 平衡、不归零、单极性。如图 5.3(c)所示，它以高电平表示 1，低电平表示 0。这种方法主要用于速度较低的异步传输系统。

(4) 非平衡、归零、双极性。如图 5.3(d)所示，用正负交替的脉冲信号表示 1，用无脉冲表示零。由于脉冲总是交替变化的，所以它有助于发现传输错误，通常用于高速传输。

(5) 非平衡、归零、单极性。这种表示方法与上一种表示方法的区别在于它只有正方向的脉冲而无负方向的脉冲，所以只要将前者的负极性脉冲改为正极性脉冲，就得到后一种表达方法，如图 5.3(e)所示。

(6) 非平衡、不归零、单极性。这种方法的编码规则是，每遇到一个 1 电平就翻转一次，所以又称为"跳 1 法"或 NRZ-1 编码法，如图 5.3(f)所示。这种方法主要用于磁带机等磁性记录设备中，也可以用于数据通信系统中。

载带传输中的数据表示方法，如上所述，载带传输是指用基带信号去调制载波信号，然后传输调制信号的方法。载波信号是正弦波信号，有 3 个描述参数，即振幅、频率和相位，所以相应地也有 3 种调制方式，即调幅方式、调频方式和调相方式。

(1) 调幅方式。调幅方式(Amplitude Modulation，AM)又称为幅移键控法(Amplitude-Shift Keying，ASK)。它是用调制信号的振幅变化来表示一个二进制数的，例如，用高振幅表示 1，用低振幅表示 0，如图 5.4(a)所示。

(2) 调频方式。调频方式(Frequency Modulation，FM)又称为频移键控法(Frequency-Shift Keying，FSK)。它是用调制信号的频率变化来表示一个二进制数的，例如，用高频率表示 1，用低频率表示 0，如图 5.4(b)所示。

(3) 调相方式。调相方式(Phase Modulation，PM)又称为相移键控法(Phase-Shift Keying，PSK)。它是用调制信号的相位变化来表示二进制数的，例如，用 0°相位表示二进制的 0，用 180°相位表示二进制的 1，如图 5.4(c)所示。

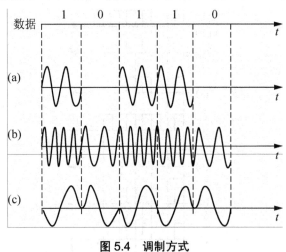

图 5.4　调制方式

(a) 调幅　(b) 调频　(c) 调相

5.2.2　数据通信的工作方式

在数据通信系统中通常采用 3 种数据交换方式：线路交换方式、报文交换方式和报文分组交换方式。其中，报文分组交换方式又包含虚电路和数据报两种交换方式。

1. 线路交换方式

所谓线路交换方式是在需要通信的两个节点之间事先建立起一条实际的物理连接，然后再在这条实际的物理连接上交换数据，数据交换完成之后再拆除物理连接。因此，线路交换方式将通信过程分为 3 个阶段：即线路建立、数据通信和线路拆除阶段。

2. 报文交换方式

报文交换以及下面要介绍的报文分组交换方式不需要事先建立实际的物理连接，而是经由中间节点的存储转发功能来实现数据交换。因此，有时又将其称为存储转发方式。

报文交换方式交换的基本数据单位是一个完整的报文。这个报文是由要发送的数据加上目的地址、源地址和控制信息所组成的。

报文在传输之前并无确定的传输路径，每当报文传到一个中间节点时，该节点就要根据目的地址来选择下一个传输路径，或者说下一个节点。

3. 报文分组交换方式

报文分组交换方式交换的基本数据单位是一个报文分组。报文分组是一个完整的报文按顺序分割开来的比较短的数据组。由于报文分组比报文短得多，传输时比较灵活。特别是当传输出错需要重发时，它只需重发出错的报文分组，而不必像报文交换方式那样重发整个报文。它的具体实现有以下两种方法。

(1) 虚电路方法。虚电路方法在发送报文分组之前，需要先建立一条逻辑信道。这条逻辑信道并不像线路交换方式那样是一条真正的物理信道。因此，将这条逻辑信道称为虚电路。虚电路的建立过程是：首先由发送站发出一个"呼叫请求分组"，按照某种路径选择原则，从一个节点传递到另一个节点，最后到达接收站。如果接收站已经做好接收准备，并接受这一逻辑信道，那么该站就做好路径标记，并发回一个"呼叫接受分组"，沿原路径返回发送站。这样就建立起一条逻辑信道，即虚电路。当报文分组在虚电路上传送时，按其内部附有路径标记，使报文分组能够按照指定的虚电路传送，在中间节点上不必再进行路径选择。尽管如此，报文分组也不是立即转发，仍需排队等待转发。

(2) 数据报方法。在数据报方法中把一个完整的报文分割成若干个报文分组，并为每个报文分组编好序号，以便确定它们的先后次序。报文分组又称为数据报。发送站在发送时，把序号插入报文分组内。数据报方法与虚电路方法不同，它在发送之前并不需要建立逻辑连接，而是直接发送。数据报在每个中间节点都要处理路径选择问题，这一点与报文交换方式是类似的。然而，数据报经过中间节点存储、排队、路由和转发，可能会使同一报文的各个数据报沿着不同的路径，经过不同的时间到达接收站。这样，接收站所收到的数据报顺序就可能是杂乱无章的。因此，接收站必须按照数据报中的序号重新排序，以便恢复原来的顺序。

5.2.3 数据通信的电气特性

为了把集散控制系统中的各个组成部分连接在一起，常常需要把整个通信系统的功能分成若干个层次去实现，每一个层次就是一个通信子网，通信子网具有以下特征：

(1) 通信子网具有自己的地址结构；

(2) 通信子网相连可以采用自己的专用通信协议(协议将在后面介绍)；

(3) 一个通信子网可以通过接口与其他网络相连，实现不同网络上的设备相互通信。

通信网络的拓扑结构确定后，要考虑的就是每个通信子网的网络拓扑结构问题。所谓通信网络的拓扑结构就是指通信网络中各个节点或站相互连接的方法。拓扑结构决定了一对节点之间可以使用的数据通路，或称链路。

在集散控制系统中应用较多的拓扑结构是星型结构、环型结构及总线型结构，下面分别介绍这几种结构。

1. 星型结构

在星型结构中，每一个节点都通过一条链路连接到一个中央节点上去。任何两个节点之间的通信都要经过中央节点。中央节点有一个开关装置来接通两个节点之间的通信路径。因此，中央节点的构造是比较复杂的，一旦发生故障，整个通信系统就要瘫痪。因此，这种系统的可靠性是比较低的，在集散控制系统中应用得较少。

2. 环型结构

在环型结构中，所有的节点通过链路组成一个环形。需要发送信息的节点将信息送到环上，信息在环上只能按某一确定环形方向传输，如图5.5所示。当信息到达接收节点时，如果该节点识别信息中的目的地址与自己的地址相同，就将信息取出，并加上确认标记，以便由发送节点清除。

由于传输是单方向的，所以不存在确定信息传输路径的问题，这可以简化链路的控制。当某一个节点发生故障时，可以将该节点旁路，以保证信息畅通无阻。为了进一步提高可靠性，在某些集散控制系统中采用双环，或者在故障时支持双向传输。环型结构的主要问题是在节点数量较多时会影响通信速率；另外，环是封闭的，不便于扩充。

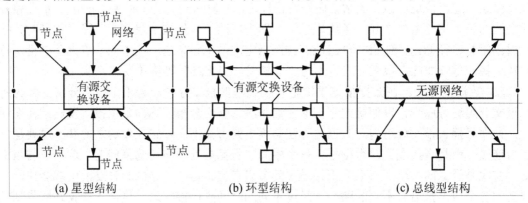

图 5.5　通信网络的拓扑结构

3. 总线型结构

与星型和环型结构相比，总线型结构采用的是一种完全不同的方法。它的通信网络仅仅是一种传输介质，既不像星型网络中的中央节点那样具有信息交换的功能，也不像环型网络中的节点那样具有信息中继的功能。所有的站都通过相应的硬件接口直接接到总线上。由于所有的节点都共享一条公用的传输线路，所以每次只能由一个节点发送信息，信息由发送它的节点向两端扩散。这就如同广播电台发射的信号向空间扩散一样。所以，这种结构的网络又称为广播式网络。某节点发送信息之前，必须保证总线上没有其他信息正在传输。当这一条件满足时，它才能把信息送上总线。在有用信息之前有一个询问信息，询问信息中包含着接收该信息的节点地址，总线上其他节点同时接收这些信息。当某个节点由询问信息中鉴别出接收地址与自己的地址相符时，这个节点便做好准备，接收后面所传送的信息。总线型结构的优点是结构简单，便于扩充。另外，由于网络是无源的，所以当采取冗余措施时并不增加系统的复杂性。总线型结构对总线的电气性能要求很高，对总线的长度也有一定的限制。因此，它的通信距离不可能太长。

以上介绍了 3 种典型的网络拓扑结构,在集散控制系统中应用较多的是后两种结构。

5.2.4 数据通信的传输介质

发送装置和接收装置之间的信息传输通路称为信道。它包括传输介质和有关的中间设备。

1. 传输介质

在集散控制系统中,常用的传输介质有双绞线、同轴电缆和光缆。

(1) 双绞线。双绞线是由两个相互绝缘的导体扭绞而成的线对,在线对的外面常有金属箔组成的屏蔽层和专用的屏蔽线,如图 5.6(a)所示。

双绞线的成本比较低,但在传输距离比较远时,它的传输速率受到限制,一般不超过 10Mbit/s,传输距离与传输速率的关系曲线如图 5.7 所示。

(2) 同轴电缆。同轴电缆的结构如图 5.6(b)所示。它是由内导体、中间绝缘层、外导体和外绝缘层组成的。信号通过内导体和外导体传输。外导体总是接地的,起到了良好的屏蔽作用。有时为了增加机械强度和进一步提高抵抗磁场干扰的能力,还在最外边加上两层对绕的钢带。

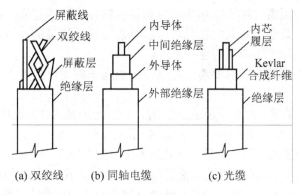

图 5.6 传输介质

同轴电缆的传输特性优于双绞线。在同样的传输距离下,它的数据传输速率高于双绞线,这一点由图 5.7 很容易看到。但同轴电缆的成本高于双绞线。

(3) 光缆。光缆的结构如图 5.6(c)所示。它的内芯是由二氧化硅拉制成的光导纤维,外面敷有一层玻璃或聚丙烯材料制成的覆层,由于内芯和覆层的折射率不同,以一定角度进入内芯的光线能够通过覆层折射回去,沿着内芯向前传播以减少信号的损失。在覆层的外面一般有一层被称为 Kevlar 的合成纤维,用以增加光缆的机械强度,它使直径为 $100\mu m$ 的光纤能承受 300N 的拉力。

光缆不仅具有良好的信息传输特性,而且具有良好的抗干扰性能,因为光缆中的信息是以光的形式传播的,所以电磁干扰几乎对它毫无影响。光缆的传输特性如图 5.7 所示。由图 5.7 可见,光缆可以在更大的传输距离上获得更高的传输速率。但是,在集散控制系统中,由于其他配套通信设备的限制,光缆的实际传输速率要远远低于理论传输速率。尽管如此,光缆在许多方面仍然比前两种传输介质具有明显的优越性,因此,光缆是一种很有前途的传输介质。光缆的主要缺点是分支比较困难。

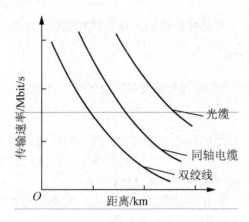

图 5.7　三种传输介质的传输特性

2. 连接方式

在集散控制系统中，过程控制站、操作员站、工程师站等都是通过通信网络连接在一起的，所以它们都必须通过这样或那样的方式与传输介质连接起来。以电信号传输信息的双绞线和同轴电缆，其连接方式比较简单，以光信号传输信息的光缆，其连接方式比较复杂。下面简单介绍几种传输介质的连接方式。

双绞线的连接特别简单，只要通过普通的接线端子就可以把各种设备与通信网络连接起来。

同轴电缆的连接稍复杂，一般要通过专用的"T"形连接器进行连接。这种连接器类似于闭路电视中的连接器，构造比较简单，而且已经形成了一系列的标准件，应用起来十分方便。

光缆的连接比较困难。图 5.8 是一个光缆连接器的电路图。光脉冲输入信号首先经 PIN 光敏二极管转换为低电平的电压信号。然后经放大器 1、2 放大再经过发光二极管(LED)转换为光脉冲信号输出。放大器 1 输出的信号还经过放大器 3 送往接收电路。当发送数据时，选择开关切换到下面，通过放大器 4 发送数据。控制信号通过驱动器 5 控制选择开关的切换。

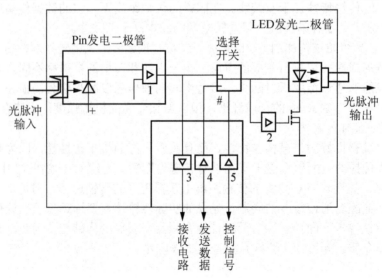

图 5.8　光缆连接器

表 5-1 列举了一些常用传输介质的特点。

表 5-1　传输介质的特点

介质 特点 项目	双绞线	同轴电缆	光缆
传输线价格	较低	较高	较高
连接器件和支持电路的价格	低	较低	高
抗干扰能力	如采用屏蔽措施,则比较好	很好	特别好
标准化程度	高	较高	低
敷设	简单	稍复杂	简单
连接	同普通导线一样简单	需要专用的连接器	需要复杂的连接器件和连接工艺
适用于网络类型	环形或总线型网络	总线型或环形网络	主要用于环形网络
对环境的适应性	较好	较好	特别好,耐高温,适用于各种恶劣环境

5.3　DCS 中的控制网络标准和协议

5.3.1　计算机网络层次模型

网络结构问题不仅涉及信息的传输路径,而且涉及链路的控制。对于一个特定的通信系统,为了实现安全可靠的通信,必须确定信息从源点到终点所要经过的路径,以及实现通信所要进行的操作。在计算机通信网络中,对数据传输过程进行管理的规则称为协议。

对于一个计算机通信网络来说,接到网络上的设备是各种各样的,这就需要建立一系列有关信息传递的控制、管理和转换的手段和方法,并要遵守彼此公认的一些规则,这就是网络协议的概念。这些协议在功能上应该是有层次的。为了便于实现网络的标准化,国际标准化组织 ISO 提出了开放系统互连(Open System Interconnection,OSI)参考模型,简称 ISO/OSI 模型。

ISO/OSI 模型将各种协议分为 7 层,自下而上依次为:物理层、链路层、网络层、传输层、会话层、表示层和应用层,如图 5.9 所示。各层协议的主要作用如下。

(1) 物理层。物理层协议规定了通信介质、驱动电路和接收电路之间接口的电气特性和机械特性。例如,信号的表示方法、通信介质、传输速率、接插件的规格及使用规则等等。

(2) 链路层。通信链路是由许多节点共享的。这层协议的作用是确定在某一时刻由哪一个节点控制链路,即链路使用权的分配。它的另一个作用是确定比特级的信息传输结构,也就是说,这一级规定了信息每一位和每一个字节的格式,同时还确定了检错和纠错方式,以及每一帧信息的起始和停止标记的格式。帧是链路层传输信息的基本单位,由若干字节组成,除了信息本身之外,它还包括表示帧开始与结束的标志段、地址段、控制段及校验段等。

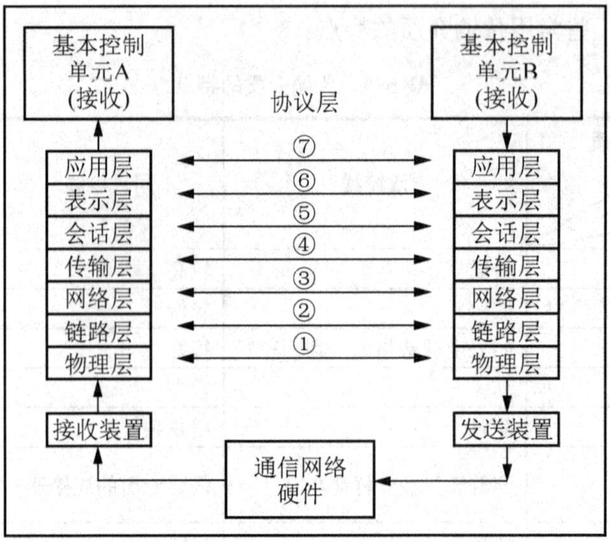

图 5.9 ISO/OST 参考模型式

(3) 网络层。在一个通信网络中，两个节点之间可能存在多条通信路径。网络层协议的主要功能就是处理信息的传输路径问题。在由多个子网组成的通信系统中，这层协议还负责处理一个子网与另一个子网之间的地址变换和路径选择。如果通信系统只由一个网络组成，节点之间只有唯一的一条路径，那么就不需要这层协议。

(4) 传输层。传输层协议的功能是确认两个节点之间的信息传输任务是否已经正确完成。其中包括：信息的确认、误码的检测、信息的重发、信息的优先级调度等。

(5) 会话层。这层协议用来对两个节点之间的通信任务进行启动和停止调度。

(6) 表示层。这层协议的任务是进行信息格式的转换，它把通信系统所用的信息格式转换成它上一层，也就是应用层所需的信息格式。

(7) 应用层。严格地说，这一层不是通信协议结构中的内容，而是应用软件或固件中的一部分内容。它的作用是召唤低层协议为其服务。在高级语言程序中，它可能是向另一节点请求获得信息的语句，在功能块程序中从控制单元中读取过程变量的输入功能块。

以上这些说明十分抽象，不用一些具体的实例加以说明是很难理解的。下面通过实例说明各层协议的实现方法。

5.3.2　网络协议

1. 物理层协议

物理层协议涉及通信系统的驱动电路、接收电路与通信介质之间的接口问题。物理层协议主要包括以下内容。

(1) 接插件的类型以及插针的数量和功能。

(2) 数字信号在通信介质上的编码方式，如电平的高低和 0、1 的表达方法。

(3) 确定与链路控制有关的硬件功能，如定义信号交换控制线或者忙测试线等。

从以上说明中可以看到，物理层协议的功能是与所选择的通信介质(双绞线缆、光缆)以及信道结构(串行、并行)密切相关的。

下面是一些标准的物理层接口。RS-232、RS-422 与 RS-485 都是串行数据接口标准，RS(recommended standard)代表推荐标准。

(1) RS-232。RS-232 的标识号最初都是由电子工业协会(EIA)制定并发布的，RS-232 在 1962 年发布，命名为 EIA-232-E，作为工业标准，以保证不同厂家产品之间的兼容。RS-232C 是 1969 年由美国电子工业协会(EIA)修订的串行通信接口标准。它规定数据信号按负逻辑进行工作。以-5V～-15V 的低电平信号表示逻辑 1，以+5～+15V 的高电平信号表示逻辑 0，采用 25 针的接插件，并且规定了最高传输速率为 19.2Kbit/s、最大传输距离为 15m。RS-232C 标准主要用于只有一个发送器和一个接收器的通信线路，例如计算机与显示终端或打印机之间的接口。

(2) RS-422。RS-422 由 RS-232 发展而来，它是为弥补 RS-232 之不足而提出的。为改进 RS-232 通信距离短、速率低的缺点，RS-422 定义了一种平衡通信接口，将传输速率提高到 10Mb/s，传输距离延长到 4000 英尺(速率低于 100Kb/s 时)，并允许在一条平衡总线上连接最多 10 个接收器。RS-422 是一种单机发送、多机接收的单向、平衡传输规范，被命名为 TIA/EIA-422-A 标准。EIA 还曾于 1977 年公布了 RS-449 标准，并且得到了 CCITT 和 ISO 的承认。RS-449 采用与 RS-232C 不同的信号表达方式，它的抗干扰能力更强，传输速率达到 2.5Mbit/s，传输距离达到 300m。

RS-232 是 PC 上串口通信的标准配置，通常是 9Pin 接口，有些设备还使用 25Pin 的公头接口。RS-232 由于其简单易用，而且比较稳定，在很长一段时间内，它成为了工业仪器通信中应用最为广泛的通信方式。直到现在用到的很多设备都以 RS-232 为其基本的通信配置，然后可以扩充其他通信方式。

(3) RS-485。为扩展应用范围，EIA 又于 1983 年在 RS-422 基础上制定了 RS-485 标准，增加了多点、双向通信能力，即允许多个发送器连接到同一条总线上，同时增加了发送器的驱动能力和冲突保护特性，扩展了总线共模范围，后命名为 TIA/EIA-485-A 标准。这个标准实现了多个设备的互联。它的成本低，传输速率和通信距离与 RS-422 在同一个数量级上。

RS-232 属于全双工，RS-485 则属于半双工。串行数据接口-RS-232/485/422 电气参数对照见表 5-2。

应该指出，上述标准并不规定所传输的信息格式和意义，只有更高层的协议才完成这一功能。

表 5-2　串行数据接口-RS-232/485/422 电气参数对照表

规　　定		RS-232	RS-432	RS-485
工作方式		单端	差分	差分
节点数		1 收、1 发	1 发 10 收	1 发 32 收
最大传输电缆长度		50 英尺	400 英尺	100 英尺
最大传输速率		20Kb/S	10Mb/s	100Mb/s
最大驱动输出电压		+/-25V	-0.25V～+6V	-7V～+12V
驱动器输出信号电平 (负载最小值)	负载	+/-5V～+/-15V	+/-2.0V	+/-1.5V
驱动器输出信号电平 (空载最大值)	空载	+/-25V	+/-6V	+/-6V

续表

规　　定	RS-232	RS-432	RS-485
驱动器负载阻抗(Ω)	3K～7K	100	54
摆率(最大值)	30V/μs	N/A	N/A
接收器输入电压范围	+/-15V	−10V～+10V	−7V～+12V
接收器输入门限	+/-3V	+/-200mV	+/-200mV
接收器输入电阻(Ω)	3K～7K	4K(最小)	≥12K
驱动器共模电压		−3V～+7V	−1V～+3V
接收器共模电压		−7V～+7V	−7V～+12V

2. 链路层协议

如上所述，链路层协议主要完成两个功能：一个是对链路的使用进行控制；另一个是组成具有确定格式的信息帧。下面将讨论这两个功能，并举例说明其实现方法。

由于通信网络是由通信介质和与其连接的多个节点组成的，所以链路层协议必须提出一种决定如何使用链路的规则。实现网络层协议有许多种方法，某些方法只能用于特定的网络拓扑结构。表 5-3 列举了一些常用网络访问控制协议的优缺点。

表 5-3　网络访问控制协议

网络访问控制协议	网络类型	优　　点	缺　　点
时分多路访问	总线型	结构简单	通信效率低 总线控制器需要冗余
查询式	总线型或环形	结构简单比 TDMA 法效率高 网络访问分配情况预先确定	网络控制器需要冗余 访问速度低
令牌式	总线型或环形	网络访问分配情况可预先确定 无网络控制器 可以在大型总线型网络中使用	在丢失令牌时，必须有重发令牌的措施
载波监听多路访问冲突检测	总线型	无网络控制器 实现比较简单	在长距离网络中效率下降 网络送取时间是随机不确定的
护展环形	环形	无网络控制器 能支持多路信息同时传输	只能用于环形网络

1) 时分多路访问法

时分多路访问(Time Division Multiple Access，TDMA)法，多用于总线型网络。在网络中有一个总线控制器，负责把时钟脉冲送到网络中的每个节点上。每个节点有一个预先分配好的时间槽，在给定的时间槽里它可以发送信息。在某些系统中，时间槽的分配不是固定不变而是动态进行的。尽管这种方法很简单，但它不能实现节点对网络的快速访问，也不能有效地处理在短时间内涌出的大量信息。另外，这种方法需要总线控制器。如果不采取一定的冗余措施，总线控制器的故障就会造成整个通信系统的瘫痪。

2) 查询法

查询(Polling)法既可用于总线型网络，也可以用于环形网络。查询法与 TDMA 法一样，也要有一个网络控制器。网络控制器按照一定的次序查询网络中的每个节点，看它们是否要求发送信息。如果节点不需要发送信息，网络控制器就转向下一个节点。由于不发送信息的节点基本上不占用时间，所以这种方法比 TDMA 法的通信效率高。然而，它也存在着与 TDMA 法同样的缺点：访问速度慢、可靠性差等。

3) 令牌法

令牌(Token)法用于总线型或环形网络。令牌是一个特定的信息，如用二进制序列 11111111 来表示。令牌按照预先确定的次序，从网络中的一个节点传到下一个节点，并且循环进行。只有获得令牌的节点才能发送信息。同前两种方法相比，令牌法的最大优点在于它不需要网络控制器，因此可靠性比较高。这种方法的主要问题是，某一个节点故障或受到干扰，会造成令牌丢失。所以必须采用一定的措施来及时发现令牌丢失，并且及时产生一个新的令牌，以保证通信系统的正常工作。令牌法是 IEEE 802 局域网标准所规定的访问协议之一。

4) 带有冲突检测的载波监听多路访问法

带有冲突检测的载波监听多路访问法又称为 CSMA/CD(Carrier Sense Multiple Access / Collision Detection)法。这种方法用于总线型网络，它的工作原理类似于一个共用电话网络。打电话的人(相当于网络中的一个节点)首先听一听线路是否被其他用户占用。如果未被占用，他就可以开始讲话，而其他用户都处于受话状态。他们同时收到了讲话声音，但只有与讲话内容有关的人才将信息记录下来。如果有两个节点同时送出了信息，那么通过检测电路可以发现这种情况，这时，两个节点都停止发送，随机等待一段时间后再重新发送。随机等待的目的是使每个节点的等待时间能够有所差别，以免在重发时再次发生碰撞。这种方法的优点是网络结构简单，容易实现，不需要网络控制器，并且能够允许节点迅速地访问通信网络。它的缺点是当网络所分布的区域较大时，通信效率会下降，原因是当网络太大时，信号传播所需要的时间增加了，要确认是否有其他节点占用网络就需要用更长的时间。另外，由于节点对网络的访问具有随机性，所以用这种方法无法确定两个节点之间进行通信时所需要的最大延迟时间。但是通过排队论分析和仿真试验，可以证明 CSMA/CD 方法的性能是非常好的，在以太网(Ethernet)通信系统中采用了 CSMA/CD 协议，在 IEEE 802 局部区域网络标准中也包括这个协议。

5) 扩展环形法

扩展环形(Ring Expansion)法仅用于环形网络。当采用这种方法时，准备发送信息的节点不断监视着通过它的信息流，一旦发现信息流通过完毕，它就把要发送的信息送上网络，同时把随后进入该节点的信息存入缓冲器。当信息发送完毕之后，再把缓冲器中暂存的信息发送出去。这种方法的特点是允许环形网络中的多个节点同时发送信息，因此提高了通信网络的利用率。

当用上述方法建立起对通信网络的控制权之后，数据便可以以一串二进制代码的形式从一个节点传送到另一个节点，链路层协议定义了二进制代码的格式，使其能组成具有明确含义的信息。另外，数据链路层协议还规定了信息传送和接收过程中的某些操作，如前面所介绍的误码检测和纠正。大多数集散控制系统均采用标准的链路层协议，其中比较常用的有以下几种。

(1) BISYNC 二进制同步通信协议。这是由 IBM 公司开发出来的面向字符的链路层协议。

(2) DDCMP 数字数据通信协议。这是由数字设备公司 DEC 开发出来的面向字符的链路层协议。

(3) SDLC 同步数据链路控制协议。这是由 IBM 公司开发出来的面向比特的链路层协议。

(4) HDLC 高级数据链路控制协议。这是由 ISO 规定的，面向比特的链路层协议。

(5) ADCCP 高级数据通信控制规程。这是由美国国家标准协会 ANSI 规定的，面向比特的链路层协议。

在当前的通信系统中，广泛采用面向比特的协议，因为这种形式的协议可以更有效地利用通信介质。后 3 种协议已经能够用专用集成电路芯片实现，这样就简化了通信系统的结构。

3. 网络层协议

如上所述，网络层协议主要处理通信网络中的路径选择问题。另外，它还负责子网之间的地址变换。已有的一些标准协议(如 CCITT.25)可以支持网络层的通信，然而由于成本很高，结构复杂，所以在工业过程控制系统中一般不采用具有可选路径的通信网络。比较常用的是具有冗余的总线型或环形网络，在这些网络中不存在通信路径的选择问题，因此网络层协议的作用只是在主通信线路故障时，让备用通信线路继续工作。

由于以上原因，大多数工业过程控制系统中网络层协议的主要作用是管理子网之间的接口。子网接口协议一般专门用于某一特定的通信系统。另外，网络层协议还负责管理那些与其他计算机系统连接时所需要的网间连接器。网络层协议把一些专用信息传送到低层协议中，即可实现上述功能。

4. 传输层和会话层协议

在工业过程控制所用的通信系统中，为了简单起见，常常把传输层和会话层协议合在一起。这两层协议确定了数据传输的启动方法和停止方法，以及实现数据传输所需要的其他信息。在集散控制系统中，每个节点都有自己的微处理器，它可以独立地完成整个系统的一部分任务。为了使整个系统协调工作，每个节点都要输入一定的信息，这些信息有些来自节点本身，有些则来自系统中的其他节点。一般可以把通信系统的作用看成是一种数据库更新作用，它不断地把其他节点的信息传输到需要这些信息的节点中去，相当于在整个系统中建立了一个为多个节点所共享的分布式数据库。更新数据库的功能是在传输层和会话层协议中实现的。下面简要介绍常用的 3 种更新数据库的方法。

(1) 查询法。需要信息的节点周期性地查询其他节点，如果其他节点响应了查询，则开始进行数据交换。由其他节点返回的数据中包含了确认信号，它说明被查询的节点已经接收到了请求信号，并且正确地理解了信号的内容。

(2) 广播法。广播法类似于广播电台发送播音信号。含有信息的节点向系统中其他所有节点广播自己的信息，而不管其他节点是否需要这些信息。在某些系统中，信息的接收节点发出确认信号，也有些系统不发确认信号。

(3) 例外报告法。在这种方法中，节点内有一个信息预定表，这个表说明有哪些节点需要这个节点中的信息。当这个节点内的信息发生了一定量的(常常把这个量称为例外死区)变化时，它就按照预定表中的说明去更新其他节点的数据，一般收到信息的节点要回送确认信号。

查询法是在集散控制系统中用得比较多的协议，特别是用在具有网络控制器的通信系统中。但是查询法不能有效地利用通信系统的带宽，另外它的响应速度也比较慢。广播法在这两方面比较优越，特别是不需确认的广播法。不确认的广播法在信息传输的可靠性上存在着一定的问题，因为它不能保证数据的接收者准确无误地收到所需要的信息。实践证明，例外报告法是一种迅速而有效的数据传输方法。但例外报告法还需要在以下两个方面进行一些改进：首先要求对同一个变量不产生过多的、没有必要的例外报告，以免增加通信网络的负担，这一点可通过限制两次例外报告之间的最小间隔时间来实现；其次在预先选定的时间间隔内，即使信息的变化没有超过例外死区，也至少要发出一个例外报告，这样能够保证信息的实时性。

5. 高层协议

所谓高层协议，是指表示层和应用层协议，它们用来实现低层协议与用户之间接口所需要的一些内部操作。高层协议的重要作用之一就是区别信息的类型，并确定它们在通信系统中的优先级。例如，它可以把通信系统传送的信息分为以下几级。

(1) 同步信号。

(2) 跳闸和保护信号。

(3) 过程变量报警。

(4) 运行员改变给定值或切换运行方式的指令。

(5) 过程变量。

(6) 组态和参数调整指令。

(7) 记录和长期历史数据存储信息。

根据优先级顺序，高层协议可以对信息进行分类，并且把最高优先级的信息首先传输给较低层的协议。要实现这一点技术比较复杂，而且成本也较高。因此，为了使各种信息都能顺利地通过通信系统，并且不产生过多的时间延迟，通信系统中的实际通信量必须远远小于通信系统的极限通信能力，一般不超过其 50%。

5.3.3 网络设备

网络互联从通信参考模型的角度可分为几个层次：在物理层使用中继器(Repeater)，通过复制位信号延伸网段长度；在数据链路层使用网桥(Bridge)，在局域网之间存储或转发数据帧；在网络层使用路由器(Router)，在不同网络间存储转发分组信号；在传输层及传输层以上，使用网关(Gateway)进行协议转换，提供更高层次的接口。因此中继器、网桥、路由器和网关是不同层次的网络互联设备。

1. 中继器

中继器(Repeater)又称重发器。由于网络节点间存在一定的传输距离，网络中携带信息的信号在通过一个固定长度的距离后，会因衰减或噪声干扰而影响数据的完整性，影响接收节点正确的接收和辨认，因而经常需要运用中继器。中继器接受一个线路中的报文信号，将其进行整形放大、重新复制，并将新生成的复制信号转发至下一网段或转发到其他介质段。这个新生成的信号将具有良好的波形。

中继器一般用于方波信号的传输。有电信号中继器和光信号中继器，它们对所通过的数据不作处理，主要作用在于延长电缆和光缆的传输距离。

每种网络都规定了一个网段所容许的最大长度。安装在线路上的中继器要在信号变得太弱或损坏之前将接收到的信号还原，重新生成原来的信号，并将更新过的信号放回到线路上，使信号在更靠近目的地的地方开始二次传输，以延长信号的传输距离。安装中继器可使节点间的传输距离加长。中继器两端的数据速率、协议(数据链路层)和地址空间相同。

中继器仅在网络的物理层起作用，它不以任何方式改变网络的功能。在图 5.10 中通过中继器连接在一起的两个网段实际上是一个网段。如果节点 A 发送一个帧给节点 B，则所有节点(包括 C 和 D)都将有条件接收到这个帧。中继器并不能阻止发往节点 B 的帧到达节点 C 和 D。但有了中继器，节点 C 和 D 所接收到的帧将更加可靠。

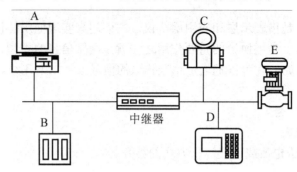

图 5.10 采用中继器延长网络

中继器不同于放大器，放大器从输入端读入旧信号，然后输出一个形状相同、放大的新信号。放大器的特点是实时实形地放大信号，它包括输入信号的所有失真，而且把失真也放大了。也就是说，放大器不能分辨需要的信号和噪声，它将输入的所有信号都进行放大。中继器则不同，它并不是放大信号，而是重新生成它。当接收到一个微弱或损坏的信号时，它将按照信号的原始长度逐位地复制信号。因此中继器是一个再生器，而不是一个放大器。

中继器放置在传输线路上的位置是很重要的。中继器必须放置任一位信号的含义受到噪声影响之前。一般来说，小的噪声可以改变信号电压的准确值，但是不会影响对某一位是 0 还是 1 的辨认。如果让衰减了的信号传输得更远，则积累的噪声将会影响到对某位的 0、1 辨认，从而有可能完全改变信号的含义。这时原来的信号将出现无法纠正的差错。因而在传输线路上，中继器应放置在信号失去可读性之前。即在仍然可以辨认出信号原有含义的地方放置中继器，利用它重新生成原来的信号，恢复信号的本来面目。

中继器使得网络可以跨越一个较大的距离。在中继器的两端，其数据速率、协议(数据链路层)和地址空间都相同。

2. 网桥

网桥是存储转发设备，用来连接同一类型的局域网。网桥将数据帧送到数据链路层进行差错校验，再送到物理层，通过物理传输介质送到另一个子网或网段。它具备寻址与路径选择的功能，在接收到帧之后，要决定正确的路径将帧送到相应的目的站点。

网桥能够互联两个采用不同数据链路层协议、不同传输速率、不同传输介质的网络。它要求两个互联网络在数据链路层以上采用相同或兼容的协议。

网桥同时作用在物理层和数据链路层。它们用于网段之间的连接，也可以在两个相同类型的网段之间进行帧中继。网桥可以访问所有连接节点的物理地址。有选择性地过滤通过它的报文。当在一个网段中生成的报文要传到另外一个网段中时，网桥开始苏醒，转发信号；而当一个报文在本身的网段中传输时，网桥处于睡眠状态。

当一个帧到达网桥时，网桥不仅重新生成信号，而且检查目的地址，将新生成的原信号复制件仅仅发送到这个地址所属的网段。每当网桥收到一个帧时，它读出帧中所包含的地址，同时将这个地址同包含所有节点的地址表相比较。当发现一个匹配的地址时，网桥将查找出这个节点属于哪个网段，然后将这个数据包传送到那个网段。

例如，图 5.11 中显示了两个通过网桥连接在一起的网段。节点 A 和节点 D 处于同一个网段中。当节点 A 送到节点 D 的数据包到达网桥时，这个数据包被阻止进入下面其他的网段中，而只在本中继网段内中继，被站点 D 接收。在图 5.11 中，由节点 A 产生的数据包要送到节点 G。网桥允许这个数据包跨越并中继到整个下面的网段。数据包将在那里被站点 G 接收。因此网桥能使总线负荷得以减小。

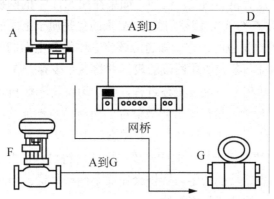

图 5.11　由网桥连接的网段

网桥在两个或两个以上的网段之间存储或转发数据帧，它所连接的不同网段之间在介质、电气接口和数据速率上可以存在差异。网桥两端的协议和地址空间保持一致。

网桥比中继器多了一点智能。中继器不处理报文，它没有理解报文中任何内容的智能，它们只是简单地复制报文。而网桥有一些小小的智能，它可以知道两个相邻网段的地址。

网桥与中继器的区别在于：网桥具有使不同网段之间的通信相互隔离的逻辑，或者说网桥是一种聪明的中继器。它只对包含预期接收者网段的信号包进行中继。这样，网桥起到了过滤信号包的作用，利用它可以控制网络拥塞，同时隔离出现了问题的链路。但网桥在任何情况下都不修改包的结构或包的内容，因此只可以将网桥应用在使用相同协议的网段之间。

为了在网段之间进行传输选择，网桥需要一个包含与它连接的所有节点地址的查找表，这个表指出各个节点属于哪个段。这个表是如何生成的以及有多少个段连接到一个网桥上决定了网桥的类型和费用。下面是 3 种类型的网桥。

1) 简单网桥

简单网桥是最原始和最便宜的网桥类型。一个简单网桥连接两个网段，同时包含一个列出了所有位于两个网段的节点地址表。简单网桥的这个节点地址表必须完全通过手工输入。在一个简单网桥可以使用之前，操作员必须输入每个节点的地址。每当一个新的站点加入时，这个表必须被更新。如果一个站点被删除了，那么出现的无效地址必须被删除。因此，包含在简单网桥中的逻辑是在通过或不通过之间变化的。对制造商来说这种配置简单并且便宜，但安装和维护简单网桥耗费时间，比较麻烦，比起它所节约的费用来可能是得不偿失。

2) 学习网桥

学习网桥在它实现网桥功能的同时，自己建立站点地址表。当一个学习网桥首次安装时，它的表是空的。每当它遇到一个数据包时，它会同时查看源地址和目标地址。网桥通过查看目标地址决定将数据包送往何处。如果这个目标地址是它不认识的，它就将这个数据包中继到所有的网段中。

网桥使用源地址来建立地址表。当网桥读出源地址时，它记下这个数据包是从哪个网段来的，从而将这个地址和它所属的网段连接在一起。通过由每个节点发送的第一个数据包，网桥可以得知该站点所属的网段。例如，如果在图 5.11 中的网桥是一个学习网桥，当站点 A 发送数据包到站点 G 时，网桥得知从 A 来的包是属于上面的网段。在此之后，每当网桥遇到地址为 A 的数据包时，它就知道应该将它中继到上面的网段中。最终，网桥将获得一个完整的节点地址和各自所属网段的表，并将这个表存储在它的内存中。

在地址表建立后网桥仍然会继续上述过程，使学习网桥不断自我更新。假定图中节点 A 和节点 G 相互交换了位置，这样就会导致储存的所有节点地址的信息发生错误。但由于网桥仍然在检查所收到数据包的源地址，它会注意到现在站点 A 发出的数据包来自下面的网段，而站点 G 发出的数据包来自上面的网段，因此网桥可以根据这个信息更新它的表。

当然具有这种自动更新功能的学习网桥会比简单网桥昂贵。但对大多数应用来说，这种为增强功能、提供方便的花费是值得的。

3) 多点网桥

一个多点网桥可以是简单网桥，也可以是学习网桥。它可以连接两个以上相同类型的网段。

3. 路由器

路由器工作在物理层、数据链路层和网络层。它比中继器和网桥更加复杂。在路由器所包含的地址之间，可能存在若干路径，路由器可以为某次特定的传输选择一条最好的路径。

报文传送的目的地网络和目的地址一般存在于报文的某个位置。当报文进入时，路由器读取报文中的目的地址，然后把这个报文转发到对应的网段中。它会取消没有目的地的报文传输。对存在多个子网络或网段的网络系统，路由器是很重要的部分。

路由器可以在多个互联设备之间中继数据包。它们对来自某个网络的数据包确定路线，发送到互联网络中任何可能的目的网络中。图 5.12 显示了一个由 5 个网络组成的互联网络。当网络节点发送一个数据包到邻近网络时，数据包将会先传送到连接处的路由器中；然后通过这个路由器把它转发到目的网络中。如果在发送和接收网络之间没有一个路由器直接将它们连接，则发送端的路由器将把这个数据包通过和它相连的网络，送往通向最终目的地路径上的下一个路由器，那个路由器将会把这个数据包传递到路径中的下一个路由器。如此这般，最后到达最终目的地。

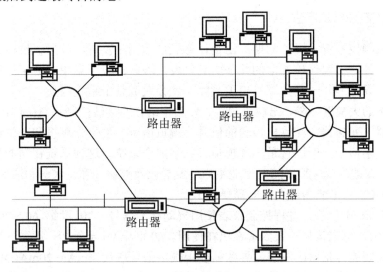

图 5.12　互联网中的路由器

路由器如同网络中的一个节点那样工作。但是大多数节点仅仅是一个网络的成员。而路由器同时连接到两个或更多的网络中，并同时拥有它们所有的地址。路由器从所连接的节点上接收数据包，同时将它们传送到第 2 个连接的网络中。当一个接收数据包的目标节点位于这个路由器所不连接的网络中时，路由器有能力决定哪一个连接网络是这个数据包最好的下一个中继点。一旦路由器识别出一个数据包所走的最佳路径，它将通过合适的网络把数据包传递给下一个路由器。下一个路由器再检查目标地址，找出它所认为的最佳路径，然后将该数据包送往目的地址，或送往所选路径上的下一个路由器。

路由器是在具有独立地址空间、数据速率和介质的网段间存储转发信号的设备。路由器连接的所有网段，其协议是保持一致的。

4. 网关

网关又被称为网间协议变换器，用以实现不同通信协议的网络之间、包括使用不同网络操作系统的网络之间的互联。由于它在技术上与它所连接的两个网络的具体协议有关，因而用于不同网络间转换连接的网关是不相同的。

一个普通的网关可用于连接两个不同的总线或网络。由网关进行协议转换，提供更高层次的接口。网关允许在具有不同协议和报文组的两个网络之间传输数据。在报文从一个网段到另一个网段的传送中，网关提供了一种把报文重新封装形成新的报文组的方式。

网关需要完成报文的接收、翻译与发送。它使用两个微处理器和两套各自独立的芯片组。每个微处理器都知道自己本地的总线语言，在两个微处理器之间设置一个基本的翻译器。I/O 数据通过微处理器，在网段之间来回传递数据。在工业数据通信中网关最显著的应用就是把一个现场设备的信号送往另一类不同协议或更高一层的网络。例如，把 ASI 网段的数据通过网关送往 PROFIBUS-DP 网段。

5.4　现场控制总线

5.4.1　现场控制总线的产生

在计算机测控系统发展的初期，由于计算机技术尚不发达，计算机价格昂贵，所以人们企图用一台计算机取代控制室的几乎所有仪表，因此出现了集中式数字测控系统。但这种测控系统可靠性差，一旦计算机出现故障，就会造成整个系统瘫痪。随着计算机可靠性的提高和价格的大幅度下降，出现了集中、分散相结合的集散控制系统(DCS)。在 DCS 中，由测量传感器，变送器向计算机传送的信号为模拟信号，下位计算机和上位计算机之间传递的信号为数字信号，所以它是一种模拟、数字混合系统。这种系统在功能和性能上有了很大的提高，曾被广泛采用。随着工业生产的发展以及控制、管理水平和通信技术的提高，相对封闭的 DCS 已不能满足人们的需要。

20 世纪 50 年代前，过程控制仪表使用气动标准信号，20 世纪 60～70 年代发展了 4mA～20mA(DC)标准信号，直到现在仍在使用。20 世纪 90 年代初，用微处理器技术实现过程控制以及智能传感器的发展，导致需要用数字信号取代 4mA～20mA(DC)模拟信号，这就形成了一种先进工业测控技术——现场总线(Fieldbus)。现场总线是连接工业过程现场仪表和控制系统之间的全数字化、双向和多站点的串行通信网络，从各类变送器、传感器、人机接口或有关装置获取信息，通过控制器向执行器传送信息，构成现场总线控制系统(Fieldbus Control System，FCS)。现场总线不单是一种通信技术，也不仅是用数字仪表代替模拟仪表，而是用新一代的现场总线控制系统(FCS)代替传统的集散控制系统(Distributed Control System，DCS)。它与传统的 DCS 相比有很多优点，是一种全数字化、全分散式、全开放和多点通信的底层控制网络，是计算机技术、通信技术和测控技术的综合及集成。

根据国际电工委员(International Electrotechnical Commission，IEC)标准和现场总线基金会(Fieldbus Foundation，FF)的定义，现场总线是连接智能现场设备和自动化系统的数字式、双向传输和多分支结构的通信网络。

5.4.2　现场控制总线的特点

现场总线技术的特点如下。

1．全数字化通信

现场总线系统是一个"纯数字"系统，而数字信号具有很强的抗干扰能力，所以，现场的噪声及其他干扰信号很难扭曲现场总线控制系统里的数字信号，数字信号的完整性使得过程控制的准确性和可靠性更高。

2．一对 N 结构

一对传输线，N 台仪表，双向传输多个信号。这种一对 N 结构使得接线简单，工程周期短，安装费用低，维护容易。如果增加现场设备或现场仪表，只需并行挂接到电缆上，无须架设新的电缆。

3. 可靠性高

数字信号传输抗干扰强，精度高，无须采用抗干扰和提高精度的措施，从而降低了成本。

4. 可控状态

操作员在控制室既可了解现场设备或现场仪表的工作情况，也能对其进行参数调整，还可预测或寻找故障。整个系统始终处于操作员的远程监视和控制，提高了系统的可靠性、可控性和可维护性。

5. 互换性

用户可以自由选择不同制造商所提供的性能价格比最优的现场设备或现场仪表，并将不同品牌的仪表互联。即使某台仪表发生故障，换上其他品牌的同类仪表也能照常工作，实现了"即接即用"。

6. 互操作性

用户把不同制造商的各种品牌的仪表集成在一起，进行统一组态，构成其所需的控制回路，而不必绞尽脑汁，为集成不同品牌的产品在硬件或软件上花费力气或增加额外投资。

7. 综合功能

现场仪表既有检测、变换和补偿功能，又有控制和运算功能，满足了用户需求，而且降低了成本。

8. 分散控制

控制站功能分散在现场仪表中，通过现场仪表即可构成控制回路，实现了彻底的分散控制，提高了系统的可靠性、自治性和灵活性。

9. 统一组态

由于现场设备或现场仪表都引入了功能块的概念，所有制造商都使用相同的功能块，并统一组态方法，使组态变得非常简单，用户不需要因为现场设备或现场仪表种类不同而带来的组态方法的不同，再去学习和培训。

10. 开放式系统

现场总线为开放互联网络，所有技术和标准全是公开的，所有制造商必须遵循。这样，用户可以自由集成不同制造商的通信网络，既可与同层网络互联，也可与不同层网络互联，还可极其方便地共享网络数据库。

5.4.3　现场总线技术概述

1. IEC 61158

数字技术的发展完全不同于模拟技术，其标准的制定往往早于产品的开发，标准决定着新兴产业能否健康发展。因此，国际电工委员会极为重视现场总线标准的制定，早在 1984 年就成立了 IEC/TC65/SC65C/WG6 工作组，开始起草现场总线标准。由于各国意见很不一致，导致工作进展十分缓慢。经过近十年努力，IEC 61158-2 现场总线物理层规范于 1993 年正式成为国际标准；IEC 61158.3 和 IEC 61158.4 链路服务定义和协议规范经过 5 轮投票于 1998 年 2 月成为 FDIS 标准；以及 IEC 611585 和 IEC 61158.6 应用层服务定义和协议规范于 1997 年 10 月成为 FDIS 标准。

1998 年 9 月，IEC 61158 的 4 个 FDIS 草案进行最后一轮投票，决定是否成为国际标准，投票结果是未获通过。

4 个 FDIS 只能按照 IEC 的规定，作为技术报告发表。这个结果于 1999 年 6 月 15 日被提交给 IEC 执委会做出最后裁决。为此，执委会作出 CAI05/19 决议，要求 SC65C 修正目前的技术规范，使其包含至少另外一种行业规范，在 4 个月内形成单一标准形式的 FDIS 草案，并交各国家委员会进行表决。根据上述决议，SC65C/WG6 对 IEC 61158 技术报告进行了全面修改，原来的 IEC 技术报告作为 Type1，其他总线遵照 IEC 原技术报告格式作为 Type1～Type8 进入 IEC 61158。这样一来，新的现场总线标准将包括以下 8 种类型现场总线。

(1) Type1 IEC 61158 技术规范。

(2) Type2ControlNet 现场总线。

(3) Type3Profibus 现场总线。

(4) Type4P-Net 现场总线。

(5) Type5 FFHSE(High Speed Ether-net)。

(6) Type6SwiftNet 现场总线。

(7) Type7WorldFIP 现场总线。

(8) Type8 Interbus 现场总线。

修改后的 IEC 61158 国际标准在 1999 年 12 月的投票中最终获得通过。

2. PROFIBUS

PROFIBUS 是一种国际化、开放式、不依赖于设备生产商的现场总线标准。广泛适用于制造业自动化、流程工业自动化和楼宇、交通及电力等其他领域自动化。

PROFIBUS 是符合德国国家标准 DIN19245 和欧洲标准 EN50170 的现场总线，它也只采用了 OSI 模型的物理层、数据链路层及应用层。PROFIBUS 支持主从方式、纯主方式及多主多从通信方式。主站对总线具有控制权，主站间通过传递令牌来传递对总线的控制权。取得控制权的主站，可向从站发送、获取信息。PROFIBUS-DP 用于分散外设间的高速数据传输，适合于加工自动化领域。FMS 型适用于纺织、楼宇自动化、可编程控制器、低压开关等。而 PA 型则是用于过程自动化的总线类型。

PROFIBUS 由 3 个兼容部分组成，即 PROFIBUS-DP(Decentralized Periphery)、PROFIBUS-PA(Process Automation)和 PROFIBUS-FMS(Fieldbus Message Specification)。

PROFIBUS-DP：是一种高速低成本通信，用于设备级控制系统与分散式 I/O 的通信。使用 PROFIBUS-DP 可取代 4mA～20mA 信号传输。定义了第一、二层和用户接口。第三到七层未加描述。用户接口规定了用户及系统，以及不同设备可调用的应用功能，并详细说明了各种不同 PROFIBUS-DP 设备的设备行为。

PROFIBUS-PA：专为过程自动化设计，可使传感器和执行机构连接在一根总线上，符合本征安全规范。PA 的数据传输采用扩展的 PROFIBUS-DP 协议。另外，PA 还描述了现场设备行为的 PA 行规。根据 IEC 61158-2 标准，PA 的传输技术可确保其本征安全性，而且可通过总线给现场设备供电。使用连接器可在 DP 上扩展 PA 网络。

PROFIBUS-FMS：用于车间级监控网络，是一个令牌结构、实时多主从网络。定义了第一、二、七层，应用层包括现场总线信息规范(Fieldbus Message Specification，FMS)和低层接口(Lower Layer Interface，LLI)。FMS 包括了应用协议并向用户提供了可广泛选用的强有力的通信服务。LLI 协调不同的通信关系并提供不依赖设备的第二层访问接口。

PROFIBUS 是一种用于工厂自动化车间级监控和现场设备层数据通信与控制的现场总线技术。可实现现场设备层到车间级监控的分散式数字控制和现场通信网络，从而为实现工厂综合自动化和现场设备智能化提供了可行的解决方案。

PROFIBUS 提供了 3 种数据传输类型。

(1) 用于 DP 和 FMS 的 RS-485 传输。

(2) 用于 PA 的 IEC 61158-2 传输。

(3) 光纤，在电磁干扰很大的环境下应用时，可使用光纤导体，以增加高速传输的距离。

由于 DP 与 FMS 系统使用了同样的传输技术和统一的总线访问协议，因而，这两套系统可在同一根电缆上同时操作。

RS-485 传输是 PROFIBUS 最常用的一种传输技术。采用的电缆是屏蔽双绞铜线，RS-485 传输技术基本特征如下所述。

(1) 网络拓扑：线性总线，两端有有源的总线终端电阻。

(2) 传输速率：9.6Kbit/s～12Mbit/s。

(3) 介质：屏蔽双绞线电缆，也可取消屏蔽，取决于环境条件(EMC)。

(4) 站点数：每分段 32 个站(不带中继)，可多到 127 个站(带中继)。

(5) 插头连接：最好使用 9 针 D 型插头。

3. FF

基金会现场总线 FF 是在过程自动化领域得到广泛支持和具有良好发展前景的一种技术。其前身是以美国 Fisher-Rosemount 公司为首，联合 FoxPro、横河、ABB 及西门子等 80 家公司制定的 ISP 协议和以 Honeywell 公司为首,联合欧洲等地 150 家公司制定的 World FIP 协议。这两大集团于 1994 年 9 月合并，成立了现场总线基金会，致力于开发出国际上统一的现场总线协议。

基金会现场总线分为 $H1$ 和 $H2$ 两种通信速率。$H1$ 的传输速率为 31.25Kbit/s，通信距离可达 1.9km，可支持总线供电和本质安全防爆环境。$H2$ 的传输速率可为 1Mbit/s 和 2.5Mbit/s 两种，通信距离为 750m 和 500m。物理传输介质可为双绞线、光缆和无线，其传输信号采用曼彻斯特编码。基金会现场总线以 ISO/OSI 开放系统互连模型为基础，取其物理层、数据链路层、应用层为 FF 通信模型的相应层次，并在应用层上增加了用户层。用户层主要针对自动化测控应用的需要，定义了信息存取的统一规则，采用设备描述语言规定了通用的功能块集。FF 总线包括 FF 通信协议；OSI 模型中的 2～7 层通信协议的通信栈；用于描述设备特性及操作接口的 DDL 设备描述语言、设备描述字典；用于实现测量、控制及工程量转换的应用功能块；实现系统组态管理功能的系统软件技术及构筑集成自动化系统、网络系统的系统集成技术。

4. WorldFIP

WorldFIP 总线是面向工业控制的，其主要特点可归纳为实时性、同步性和可靠性。

WorldFIP 目前使用的传输速率是 31.5Kbit/s、1Mbit/s 和 2.5Mbit/s。典型速率为 1Mbit/s。典型的传输介质是工业级屏蔽双绞线。对接线盒、9 针 D 型插头座等都有严格的规定。每个网段最长为 1km。加中继器(Repeater)以后可扩展到 5km。

WorldFIP 与 Internet 类似，使用曼彻斯特码传输。但它是一种令牌网。网络由仲裁器和若干用户站组成。

WorldFIP 使用信息生产者和消费者的概念，和通常意义上的输出量、输入量略有区别。每个生产者或消费者变量有一个 IP 地址。每个用户站可以有例如 16 个生产者/消费者变量。任何时候，生产者只能有一个，而消费者可以是一个或多个。

WorldFIP 的设计思想是：按一定的时序，为每个信息生产者分配一个固定的时段，通过总线仲裁器逐个呼叫每个生产者，如果该生产者已经上网，应在规定时间内应答。生产者提供必要的信息，同时提供一个状态字，说明这一信息是最新生产的，还是过去传送过的旧信息。消费者接收到信息时，可根据状态字判断信息的价值。WorldFIP 将信息分为周期性同步数据、周期性异步数据和非周期性消息包。同步数据严格地按确定的时序呼叫，接下来是周期性异步数据，用于对同步性要求不太高的数据传送。最后呼叫消息包。周期性同步数据、异步数据用于时序要求严格，数据包不大的信息(8B～128B)，消息包指时序要求不严格，数据量大的信息，如每包 256 字节。形象地比喻，网线可以看成是一个流水的管道。1/2(或 1/3、2/3，由用户设计)流的是水，是不可压缩的。即周期性同步和异步数据。另一半可以看成是空的，留给非周期性消息包的传送。

网络仲裁器是整个网络通信的主宰者。网络仲裁器轮番呼叫每一个生产者变量。整个网线上总是有信号的，如果若干时间间隔内(如几十毫秒)没有监听到网上的信号，则可以诊断为网络故障，此时可以自动将冗余热备份网线切换上去，也可以设计成各用户站回本质安全态。WorldFIP 在网络安全性方面的考虑有其独到之处。在一个网络中可以有一个或多个网络仲裁器，在任意给定时刻，只有一个在起作用，其他处于热备份态，监听网络状态。而每个用户站的网络冗余，则是通过一个控制器驱动两路驱动器，接入两个独立的网线实现的。当一个网线被破坏，自动切换到另一网线。

除用户层外，WorldFIP 使用以下三层通信协议：应用层、数据链路层和物理层。

用户层指有用的信息，一个变量(生产者或消费者)可以是 8 字节，也可以是 16、32、48…乃至 128 字节。一则消息，则可以长至 256 字节。以下 3 层是在 WorldFip 网络控制器中自动实现的，不需要用户 CPU 干预。它相应于 7 层网络通信协议的第一、二和七层。

应用层在用户层信息的前面加上两个字节的识别码(1D)。这两个字节第一个是变量类型即所谓 PDU 类型。第二个字节是数据长度。

数据链路层则在应用层基础上加上一头一尾。头上是一个字节的状态字，表示该信息是最近刷新的，还是重复以前的数据。尾上加两个字节，用于 CRC 校验。

物理层，则在数据链路层基础上再加上头尾。头上加两个字节，一个是前同步字符，由 10101010 组成，第二个是帧开始分界符，由 1、高电平、低电平、1、零、高电平、低电平、0 组成。尾部加一个帧结束字节，由 1、高电平、低电平、高电平、低电平、1、0、1、组成。

综上所述，三层协议一共在有用信息两端增加了 8 个字节。当速率为 1Mbit/s 时，帧与帧之间的间隔可设定在 10μs～70μs。如果每个数据都是 8 字节，有用通量在 200Kbit/s～300Kbit/s。如果数据长度为 128 字节，有用通量可达 800Kbit/s。

在 1bit/s 速率下，如果扫描周期为 10ms。假设 5ms 用于周期性同步和异步数据，5ms 用于传送信息包，则 5ms 中可以扫描 23 个 8 字节变量或 4 个 128 字节变量。如果网上真的有 250 个用户站，每站有 16 个变量，即总共 4000 个变量，一半的时间留给信息包传输，则一次扫描约需要 2s。

5. ControlNet

ControlNet 基础技术是美国 Rockwell Automation 公司自动化技术研究发展起来的。1995 年 10 月开始面世，1997 年 7 月由 Rockwell 等 22 家企业发起成立 ControlNet 国际化组，是个非营利独立组织，主要负责向全世界推广 ControlNet 技术(包括测试软件)。目前已有 50 多个公司参加，如 ABB、Honeywell Inc，日本横河、东芝及 Omron 等大公司。ControlNet 技术特点如下所述。

(1) 在单根电缆上支持两种信息传输：一种是对时间有苛求；另一种是对时间无苛求的信息发送和程序上/下载。

(2) 采取新的通信模式以生产者/客户的模式取代了传统的源/目的的模式。它支持点对点通信，而且允许同一时间向多个设备通信。

(3) 可使用同轴电缆，长度达 6km，可寻址节点最多 99 个，两节点间最长距离达 1km。网络拓扑结构可采用总线型、环型和星型。

(4) 具有安装简单、扩展方便及介质冗余、本质安全、良好诊断功能等优点。

6. DeviceNet 与 CAN

DeviceNet(设备网)是 20 世纪 90 年代中期发展起来的一种基于 CAN 技术的开放型，低成本、高性能的通信网络，目前已成为底层现场总线标准之一。DeviceNet 现场总线体系属于设备级的总线协议，在协议的分层结构中，它只包括 ISO 开放系统七层模型结构中的三层，即物理层、数据链路层和应用层。

DeviceNet 是基于 CAN 总线实现的现场总线协议，因此，它的许多特性完全沿袭于CAN，是一种无冲突的载波监听总线协议。这样的协议在载波监听方面与以太网是一样的，它的特别之处是：当总线上的多个节点在监听到总线空闲时，同时向总线发送数据。

在 CAN 总线中，被传送的每一帧数据的优先级，是由位于帧头的标识来决定的，因此它们首先发送的是各自的标识数据。此时，只要有一个节点发送了位数据 "0"，那么总线上的所有节点监听到的总线状态就是 "0"；相反，只有当同时发送数据的节点所发送的位数据为 "1" 时，总线的状态才为 "1"。因此，当某个节点监听到网络空闲，开始发送标识数据以后，如果此节点在发送标识数据段的过程中，监听到的总线状态与它自身所发送的数据位不一致，则此节点会认为有其他节点也在发送数据，总线处于竞争状态，而且其他节点的发送数据具有更高的先级，最终此节点停止发送数据，节点返回至总线监听状态。

在目前的 CAN2.0 版本中，标识数据可以是 1.1 位(2.0a)或 29(2.0b)位，DeviceNet 只支持 11 位的标识，能够产生 2032 种不同的标识。在总线中，为了保证在并发情况下数据传输的一致性，不同的节点所发送数据的标识是不同的，这样才不会发生同时有多个节点，传输各自的整个数据帧而产生冲突的情况。DeviceNet 协议制定规范来确定，每个 DeviceNet 节点数据帧标识的分配，其中对于应用极为普遍的 M/S 网络，DeviceNet 协议制定了一套预先定义好的 CAN 数据帧的标识分配方案。

DeviceNet 的应用层协议是用面向对象的方法来进行描述的。它对协议本身所应完成功能进行了抽象和定义，把协议功能划分为多个模块，每个模块抽象出它所具有的属性、完成的任务和与其他模块的接口，然后把这个模块对象化。非连接通信对象，是用于处理以本设备为目的地址的非连接数据包，它是这个设备与外部设备建立连接通信的起始点。连接通信对象的功能与非连接通信对象的功能相对应，是完成对连接数据包的处理。路由对象对从上述两个通信对象传来的数据包，根据数据包所指示的目的对象地址或此数据包所完成的功能，把收到的数据分发到相应的对象。数据汇集对象把本设备所需传输的数据集合在一起，组成本设备预先定义的数据格式以便传输。而对于收到的数据，按照一定的格式，抽取相应的数据发送给指定的对象。参数对象、设备身份对象和 DeviceNet 对象是对设备中的诸多参数的归类、封装，完成的功能比较简单。应用对象是针对具体设备完成复杂功能的对象，例如，在 DeviceNet 的协议规范中，除了定义了基本的模拟量和数字量应用对象外，对于软启动器有软启动应用对象，对于位置控制器有位置控制器应用对象等，而且像这样定义的特定应用设备的对象还会随着 DeviceNet 设备的发展而不断增多。

7. LonWorks

LonWorks 技术的核心是神经元芯片(Neuron chip)，它由美国摩托罗拉公司和日本东芝公司生产，有以下几个特点。

(1) LonWorks 技术的基本元件(Neuron 芯片)，同时具备了通信与控制功能，并且固化了 ISO/OSI 的全部七层通信协议，以及 34 种常见的 I/O 控制对象。

(2) 改善了 CSMA，LonWorks 称之为 Predictive P-Persistant CSMA。这样，在网络负载很重时，不会导致网络瘫痪。

(3) 网络通信采用了面向对象的设计方法，LonWorks 技术将其称之为"网络变量"。使网络通信的设计简化成为参数设置。这样，不但节省了大量的设计工作量，同时增加了通信的可靠性。

(4) LonWorks 技术的通信的每帧有效字节可以从 0～228 个字节。

(5) LonWorks 技术的通信速度可达 1.25Mbit/s(此时有效距离为 130m)。

(6) LonWorks 技术一个测控网络上的节点数可以达到 32000 个。

(7) LonWorks 技术的直接通信距离可以达到 2700m(双绞线，78Kbit/s)。

(8) 针对不同的通信介质有不同的收发器和路由器。

(9) 有 LON-WEB 网关，可以连接 Internet。

8. Modbus

Modbus 协议是广泛应用于工业控制上的一种通用协议，通过此协议，实现控制器相互的连接和通信，Modbus 只定义了应用层的协议。可以通过网络，例如，以太网也可以通过串行链路于其他设备之间通信。它已经成为一种通用工业标准协议。有了它，不同厂商生产的控制设备可以连成工业网络进行集中监控。

此协议定义了一个控制器能认识使用的消息结构，而不管它们是经过何种网络进行通信的。它描述了一个控制器请求访问其他设备的过程，如何回应来自其他设备的请求，以及怎样检测错误并记录，制定了消息域格局和内容的公共格式。

在 Modbus 网络上通信时，此协议决定了每个控制器须要知道它们的设备地址，识别按地址发来的消息，决定要产生何种行动。如果需要回应控制器，将生成反馈信息并用 Modbus 协议发出。也可以在其他网络上使用 Modbus 协议的消息，转换为在此网络上使用的帧或包结构，这种转换也扩展了根据具体的网络解决节地址路由路径及错误检测的方法。

5.5 OPC 简介

5.5.1 OPC 的起源

OPC(OLE for Process Control，用于过程控制的 OLE)是一个工业标准。它由世界上一些占领先地位的自动化系统和硬件、软件公司与微软(Microsoft)紧密合作而建立的。这个标准定义了应用 Microsoft 操作系统在基于 PC 的客户机之间交换自动化实时数据的方法。管理这个标准的国际组织是 OPC 基金会。其宗旨是在 Microsoft COM、DCOM 和 Active X 技术的功能规程基础上开发一个开放的和互操作的接口标准，这个标准的目标是促使自动化/控制应用、现场系统/设备和商业/办公室应用之间具有更强大的互操作能力。

而 OLE(Object Linking and Embedding，对象连接与嵌入)。是一种面向对象的技术，利用这种技术可开发可重复使用的软件组件(COM)。OLE 不仅是桌面应用程序集成，而且还定义和实现了一种允许应用程序作为软件"对象"(数据集合和操作数据的函数)彼此进行"连接"的机制，这种连接机制和协议称为组件对象模型(Component Object Model)，简称 COM。OLE 可以用来创建复合文档，复合文档包含了创建于不同源应用程序，有着不同类型的数据，因此它可以把文字、声音、图像、表格、应用程序等组合在一起。OLE 是在客户应用程序间传输和共享信息的一组综合标准, 有两种版本的 OLE：OLE1.0 和 OLE2.0。允许创建带有指向应用程序的链接的混合文档以使用户修改时不必在应用程序间切换的协议。OLE 基于组件对象模型(COM)并允许开发可在多个应用程序间互操作的可重用即插即用对象。该协议已广泛用于商业上，在商业中电子表格、字处理程序、财务软件包和其他应用程序可以通过客户/服务器体系共享和链接单独的信息。

早期的 OPC 标准是由提供工业制造软件的 5 家公司所组成的 OPC 特别工作小组所开发的。Fisher-Rosement、Intellution、Rockwell Software、Intuitive Technology 以及 Opto22 早在 1995 年开发了原始的 OPC 标准，微软同时作为技术顾问给予了支持。

OPC 基金会(OPC Foundation，OPC-F)，是在 1996 年 9 月 24 日在美国的达拉斯举行了第一次理事会，并在同年 10 月 7 日在美国的芝加哥举行了第一次全体大会上宣告正式成立的。之后为了普及和进一步改进于 1996 年 8 月完成的 OPC 数据访问标准版本 1.0，开始了全球范围的活动。现在的 OPC 基金会的理事会是由 Fisher-Rosement、Honeywell、Intellution、Rockwell Software、National Instrument 以及欧洲代表的 Siemens 和远东代表的东芝所组成。

OPC 基金会现有会员已超过 220 家。遍布全球，包括世界上所有主要的自动化控制系统、仪器仪表及过程控制系统的公司。

什么是 DCOM？即 Distributed Component Object Model——分布式组件对象模型。

Microsoft 的分布式 COM(DCOM)扩展了组件对象模型技术(COM)，使其能够支持在局域网、广域网甚至 Internet 上不同计算机的对象之间的通信。使用 DCOM，应用程序就可以在位置上达到分布性，从而满足应用的需求。

Remote OPC 基于 DCOM 进行数据交互。为了正常使用远程 OPC，需要对 DCOM 进行配置。

DCOM 的配置如下。

(1) 关闭 Windows 防火墙。

(2) 在 Server 和 Client 所在计算机分别建立同样的带密码的管理员用户。

(3) 在 Windows XP 中，需要关闭简单文件共享。

(4) 配置 OPC 通用属性(dcomcnfg)，Server 和 Client。

(5) 配置 Server 应用程序属性。

(6) 开启 Windows 防火墙。

5.5.2　OPC 的数据访问

OPC 的数据访问方法主要有同步访问和异步访问两种。

同步访问：OPC 服务器把按照 OPC 应用程序的要求得到的数据访问结果作为方法的参数返回给 OPC 应用程序，OPC 应用程序在结果被返回为止一直必须处于等待状态。

异步访问：OPC 服务器接到 OPC 应用程序的要求后，几乎立即将方法返回。OPC 应用程序随后可以进行其他处理。当 OPC 服务器完成数据访问时，触发 OPC 应用程序的异步访问完成事件，将数据访问结果传送给 OPC 应用程序。OPC 应用程序在事件处理程序中接受从 OPC 服务器传送来的数据。

同步访问如图 5.13 所示。

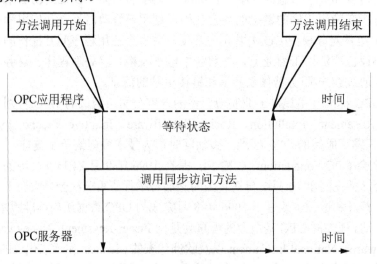

图 5.13　同步访问原理图

异步访问如图 5.14 所示。

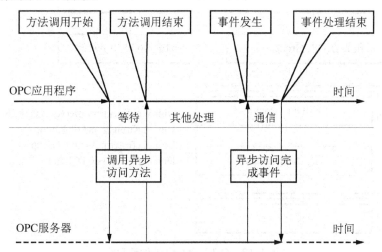

图 5.14 异步访问原理图

5.5.3 OPC 编程

实现通过 VB 程序访问 OPC Server，对指定 Item 进行读写操作。以 RsLinx OPC Server 为例。注册 OPC Automation 控件，并在 VB 中添加到引用，如图 5.15 所示。OPC Server 结构示意图如图 5.16 所示。

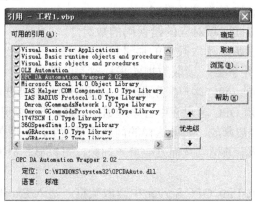

图 5.15 在 VB 中注册 OPC Automation 控件

服务器状态 ServerState 属性一共有 OPCRunning、OPCFailed、OPCNoconfig、OPCSuspended、OPCTest 和 OPCDisconnected 六个值，分别表示正在运行、失败、没有配置、暂停、测试和没有连接六种 OPC 服务器当前的状态。

如果 OPC 服务器没有连接，执行 ObjServer.Connect strProgID，strNode 语句以连接到 OPC 服务器。strProgID 就是 ProgID，strNode 就是用于远程通信的 IP 地址。

对服务器进行访问前，必须先在 OPC 组里添加要访问的 OPC 标签(Add Item)。OPC 客户端程序要按照用户指定的标签或者从组态文件里读取需要添加的 OPC 标签。

在定时器事件内进行执行同步或异步访问的代码，读取或写入 OPC 服务器的标签值。

- SyncRead(Source As Integer, NumItems As Long, _
- ServerHandles() As Long, ByRef Values() As Variant, _

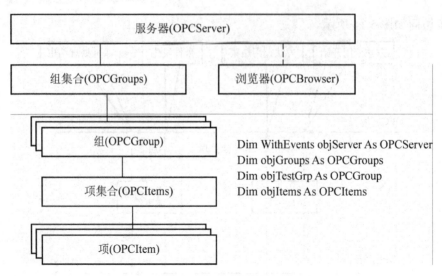

图 5.16　OPC Server 结构示意图

- ByRef Errors() As Long, Optional ByRef Qualities As Variant, _
- Optional ByRef, TimeStamps As Variant
- Source 数据源。可以指定为 OPCCache 或者 OPCDevice
- NumItems 要读取的 OPC 标签的数目
- ServerHandles 要读取的 OPC 标签的服务器句柄的数组
- Values 返回的读取的数值的数组
- Errors 返回的与读取项对应的错误码的数组
- Qualities 选用参数，读取数值的质量标志的数组
- TimeStamps 选用参数，读取数据的采样时间的数组

连接着 OPC 服务器的 OPC 客户应用程序，在退出前必须断开和 OPC 服务器的连接。因为 OPC 服务器并不知道 OPC 客户应用程序的退出。如果不先断开连接，那么 OPC 服务器使用的计算机资源就不会被释放。如果这样的问题反复发生，久而久之，连续运转的自动控制系统可能会计算机资源渐渐枯竭从而发生严重问题，可以显式地把它设置为"Nothing"。

- 应用示例：

可通过编写代码从 RsLinx OPC Server 中读取数据，写入 Excel 文档实现报表功能。

5.6　Modbus 数据通信

5.6.1　Modbus 协议概述

如前所述，Modbus 协议是应用于电子控制器上的一种通用语言。通过此协议，控制器之间、控制器和其他设备之间可以进行通信。它已经成为一种通用工业标准。有了它，不同厂商生产的控制设备可以连成一个网络进行集中监控。Modbus 协议定义了一个控制器能认识使用的消息结构，而不管它们是经过何种网络进行通信的。它描述了一控制器请求访问其他设备的过程、如何回应其他设备的请求，以及怎样侦测错误并记录等。它制定了消息域和内容的公共格式。

ModBus 协议包括 RTU、ASCⅡ、PLUS、TCP 等，并没有规定物理层。此协议定义了控制器能够认识和使用的消息结构，而不管它们是经过何种网络进行通信的。ModBus 的 ASCⅡ，RTU 协议则在此基础上规定了消息、数据的结构、命令和应答的方式。ModBus 控制器的数据通信采用 Master/Slave 方式(主/从)，即 Master 端发出数据请求消息，Slave 端接收到正确消息后就可以发送数据到 Master 端以响应请求；Master 端也可以直接发消息修改 Slave 端的数据，实现双向读写。

ModBus 可以应用在支持 ModBus 协议的 PLC 和 PLC 之间、PLC 和现场设备之间、PLC 和个人计算机之间、计算机和计算机之间、远程 PLC 和计算机之间以及远程计算机之间(通过 Modem 连接)，可见 ModBus 的应用是相当广泛的。

由于 ModBus 是一个事实上的工业标准，许多厂家的 PLC、HMI、组态软件都支持 ModBus，而且 ModBus 是一个开放标准，其协议内容可以免费获得，一些小型厂商甚至个人都可根据协议标准开发出支持 ModBus 的产品或软件，从而使其产品联入到 ModBus 的数据网络中。因此，ModBus 有着广泛的应用基础。

在实际应用中，可以使用 RS-232、RS-485/422、Modem 加电话线甚至 TCP/IP 来联网。所以，ModBus 的传输介质种类较多，可以根据传输距离来选择。

5.6.2 Modbus 查询响应周期

Modbus 查询响应周期如图 5.17 所示。

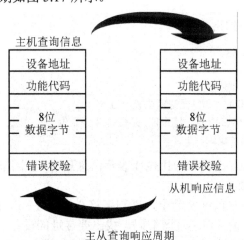

图 5.17 Modbus 查询响应周期示意图

1. 查询

查询中的功能代码为被寻址的从机设备应执行的动作类型。数据字节中包含从机须执行功能的各附加信息，如功能代码 03 将查询从机，并读保持寄存器。并用寄存器的内容作响应。该数据区必须含有告之从机读取寄存器的起始地址及数量，错误校验区的一些信息，为从机提供一种校验方法，以保证信息内容的完整性。

2. 响应

从机正常响应时，响应功能码是查询功能码的应答，数据字节包含从机采集的数据，如寄存器值或状态。如出现错误，则修改功能码，指明为错误响应。并在数据字节中含有一个代码，来说明错误，错误检查区允许主机确认有效的信息内容。

5.6.3 ModBus 协议传输方式

ModBus 有 ASCⅡ和 RTU 两种传输方式。

1. ASCⅡ模式

ASCⅡ数据帧格式见表 5-4。

表 5-4　ASCⅡ数据帧格式

地址	功能码	数据数量	数据 1	……	数据 n	LRC 高字节	LRC 低字节

ASCⅡ(美国标准信息交换代码)模式通信的代码系统为

(1) 一个起始位;

(2) 7 个数据位,最小的有效位先发送;

(3) 1 个奇偶校验位或无;

(4) 1 个停止位(无奇偶校验位时为"'");

(5) 错误检测域;

(6) LRC(纵向冗长检测)。

当控制器以 ASCⅡ模式在 Modbus 总线上进行通信时,一个信息中的每 8 位字节作为 2 个 ASCⅡ字符传输的,这种模式的主要优点是允许字符之间的时间间隔长达 1s,也不会出现错误。

ASCⅡ码每一个字节的格式:

```
编码系统:16 进制,ASCⅡ字符 0-9,A-F
数 据 位:1 起始位
         7 位数据,低位先送
         奇/偶校验时 1 位;无奇偶校验时 0 位
         (LRC)1 位带校验 1 停止位;无校验 2 停止位
错误校验区:纵向冗余校验
```

在 ASCⅡ模式中,以(:)号(ASCⅡ3AH)表示信息开始,以回车一换行键(CR LF) (ASCⅡ OD 和 OAH)表示信息结束。

对其他的区,允许发送的字符为十六进制字符 0~9, A~F。网络中设备连续检测并接收一个冒号(:)时,每台设备对地址区解码,找出要寻址的设备。

字符之间的最大时间间隔为 1s,若大于 1s,则接收设备认为出现了一个错误。

2. RTU 模式

RTU 数据帧格式见表 5-5。

表 5-5　RTU 数据帧格式

地址	功能码	数据数量	数据 1	……	数据 n	CRC 高字节	CRC 低字节

地址功能码数据数量数据(……数据 1、6,高字节,6,低字节)

RTU(远程终端单元)模式通信的代码系统为

(1) 一个起始位;

(2) 8 个数据位,最小的有效位先发送;

(3) 1 个奇/偶校验位或无;

(4) 1 个停止位(无奇/偶校验位时为"'");

(5) 错误检测域;

(6) CRC(循环冗长检测)。

控制器以 RTU 模式在 Modbus 总线上进行通信时,信息中的每 8 位字节分成 2 个 4 位 16 进制的字符,该模式的主要优点是在相同波特率下其传输的字符的密度高于 ASCⅡ模式,每个信息必须连续传输。

RTU 模式中每个字节的格式:

```
编码系统:8 位二进制,十六进制 0-9,A-F
数 据 位:1 起始位
         8 位数据,低位先送
         奇/偶校验时 1 位;无奇/偶校验时 0 位
         停止位 1 位(带校验);停止位 2 位(无校验)
         带校验时 1 位停止位;无校验时 2 位停止位
错误校验区:循环冗余校验(CRC)
```

在 RTU 模式中,信息开始至少需要有 3.5 个字符的静止时间。接着,第一个区的数据为设备地址。

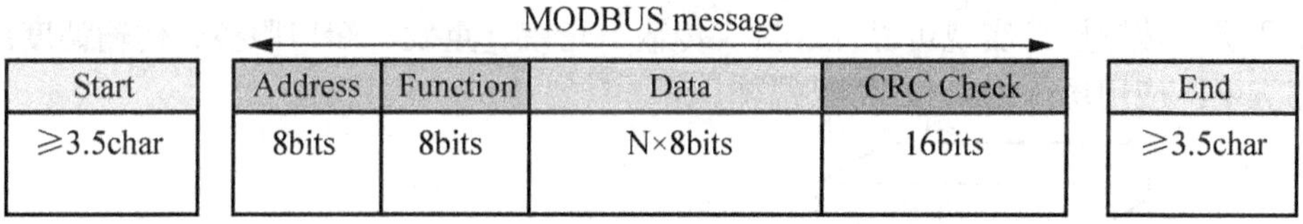

图 5.18 RTU 模式典型的信息帧

各个区允许发送的字符均为十六进制的 0~9,A~F。

网络上的设备连续监测网络上的信息,包括静止时间。当接收第一个地址数据时,每台设备立即对它进行解码,以决定是否是自己的地址。发送完最后一个字符号后,也有一个 3.5 个字符的静止时间,然后才能发送一个新的信息。

整个信息必须连续发送。如果在发送帧信息期间,出现大于 1.5 个字符的静止时间时,则接收设备刷新不完整的信息,并假设下一个地址数据。

同样一个信息后,立即发送的一个新信息,这将会产生一个错误。是因为合并信息的 CRC 校验码无效而产生的错误。

表 5-6 ModBus RTU/ASC ASCⅡ特性对应表

特性		ASCⅡ(7 位)	RTU(8 位)
编码系统		十六进制(使用 ASCⅡ可打印字符:0~9,A~F)	二进制
每一个字符的位数	开始位	1 位	1 位
	数据位(最低有效位第一位)	7 位	8 位
	奇偶校验(任选)	1 位(此位用于奇偶校验,无校应则无该位)	1 位(此位用于奇偶校验,无校应则无该位)
	停止位	1 或 2 位	1 或 2 位
	错误校验	LRC(纵向冗余校验)	CRC(循环冗余校验)

3. TCP 模式

1) 使用 Modbus TCP 原因

(1) TCP/IP 已成为信息行业的事实标准：世界上 93%的网络都使用 TCP/IP，只要在应用层使用 Modbus TCP，就可实现工业以太网数据交换；

(2) 易于与各种系统互连：可用于管理网、实时监控网及现场设备通信；

(3) 网络实施价格低廉：可全部使用通用网络部件；

(4) Modbus 是开放协议，IANA(Internet Assigned Numbers Authority, 互联网编号分配管理机构)给 Modbus 协议赋予 TCP 端口 502，Modbus 协议可免费从 www.Modbus.org 得到；

(5) 高速的数据：用户最关心的是所使用网络的传输能力，100M 以太网的传输结果为每秒 4000 个 Modbus TCP 报文，而每个报文可传输 125 个字(16bit)，故相当于 4000×125 =500000 个模拟量数据(8000000 开关量！)；

2) 结构

结构如图 5.19 所示。

第一层：物理层，提供设备的物理接口，与市售的介质/网络适配器相兼容；

第二层：数据链路层，格式化信号到源/目的硬件地址的数据帧；

第三层：网络层，实现带有 32 位 IP 地址的 IP 报文包；

第四层：传输层，实现可靠性连接、传输、查错、重发、端口服务、传输调度；

第五层：应用层，Modbus 协议报文。

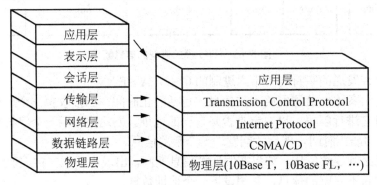

图 5.19 结构示意图

Modbus TCP 数据帧包含报文头、功能代码和数据 3 部分，如图 5.20 所示。

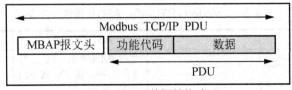

Modbus TCP数据帧格式

图 5.20

MBAP 报文头(MBAP、Modbus Application Protocol、Modbus 应用协议)分 4 个域，共 7 个字节，见表 5-7。

表 5-7　MBAP 报文头

域	长　度	描　述	客 户 端	服 务 器 端
传输标志	2 字节	标志某个 Modbus 询问/应答的传输	由客户端生成	应答时复制该值
协议标志	2 字节	0=Modbus 协议 1=UNI-TE 协议	由客户端生成	应答时复制该值
长度	2 字节	后续字节计数	由客户端生成	应答时由服务器端重新生成
单元标志	1 字节	定义连接于目的节点的其他设备	由客户端生成	应答时复制该值

5.6.4　ModBus 地址

地址设置：信息地址包括 2 个字符(ASCⅡ)或 8 位(RTU)，有效的从机设备地址范围为 0～247(十进制)，各从机设备的寻址范围为 1～247。

网络可支持 247 个之多的远程从属控制器，但实际所支持的从机数要由所用通信设备决定。

主机把从机地址放入信息帧的地址区，并向从机寻址。从机响应时，把自己的地址放入响应信息的地址区，让主机识别已作出响应的从机地址。

地址 0 为于广播地址，所有从机均能识别。当 Modbus 协议用于高级网络时，则不允许广播或其他方式替代。如 Modbus+使用令牌循环，自动更新共享的数据库。

5.6.5　ModBus 功能码

信息帧功能代码包括字符(ASCⅡ)或 8 位(RTU)。有效码范围 1～225(十进制)，当主机向从句发送信息时，功能代码向从机说明应执行的动作。如读一组离散式线圈或输入信号的 ON/OFF 状态，读一组寄存器的数据，读从机的诊断状态，写线圈(或寄存器)，允许下载、记录、确认从机内的程序等。当从机响应主机时，功能代码可说明从机正常响应或出现错误(即不正常响应)，正常响应时，从句简单返回原始功能代码；不正常响应时，从机返回与原始代码相等效的一个码，并把最高有效位设定为"1"。

例如，主机要求从机读一组保持寄存器时，则发送信息的功能码为 0000 0011(十六进制 03)，若从机正确接收请求的动作信息后，则返回相同的代码值作为正常响应。发现错时，则返回一个不正常响信息：1000 0011(十六进制 83)。

从机对功能代码作为了修改，此外，还把一个特殊码放入响应信息的数据区中，告诉主机出现的错误类型和不正常响应的原因。主机设备的应用程序负责处理不正常响应，典型处理过程是主机把对信息的测试和诊断送给从机，并通知操作者。ModBus 功能码对应表分别见表 5-8、表 5-9。

表 5-8　ModBus 功能码

功　能　码	名　称	作　用
01	读取线圈状态	取得一组逻辑线圈的当前状态(ON/OFF)
02	读取输入状态	取得一组开关输入的当前状态(ON/OFF)
03	读取保持寄存器	在一个或多个保持寄存器中取得当前的二进制值

续表

功 能 码	名 称	作 用
04	读取输入寄存器	在一个或多个输入寄存器中取得当前的二进制值
05	强置单线圈	强置一个逻辑线圈的通断状态
06	预置单寄存器	把具体二进制值装入一个保持寄存器

表 5-9　功能码与数据类型对应表

代 码	功 能	数 据 类 型
01	读	位
02	读	位
03	读	整型、字符型、状态字、浮点型
04	读	整型、状态字、浮点型
05	写	位
06	写	整型、字符型、状态字、浮点型
08	N/A	重复"回路反馈"信息
15	写	位
16	写	整型、字符型、状态字、浮点型
17	读	字符型

5.6.6　ModBus 协议错误检测方法

标准的 Modbus 串行通信网络采用两种错误校验方法：奇偶校验(奇或偶)——可用于校验每一个字符；信息帧校验(LRC 或 CRC)——适用整个信息的校验。

字符校验和信息帧校验均由主机设备产生，并在传送前加到信息中去。从机设备在接收信息过程中校验每个字符和整个信息。

主机可由用户设置的一个预定时间间隔，确定是否放弃传送信息。该间隔应有足够的时间来满足从机的正常响应。若主机检测到传输错误时，则传输的信息无效。从机不再向主机返回响应信息。此时，主机会产生一个超时信息，并允许主机程序处理该错误信号。

注意：主机向实际并未存在的从机发送信息时也会引起超时出错信号。

1. 奇偶校验

可设置奇偶校验或无校验，以此决定每个字符发送时的奇偶校验位的状态。无论是奇或偶校验，它均会计算每个字符数据中值为"1"的位数，ASCⅡ方式为 7 位数据；RTU 方式为 8 位数据。并根据"1"的位数值(奇数或偶数)来设定为"0"或"1"，见表 5-10、表 5-11。

表 5-10　带奇偶校验

Start	1	2	3	4	5	6	7	Par	Stop
Start	1	2	3	4	5	6	7	Par	Stop

表 5-11 ASCⅡ数据帧位序

Start	1	2	3	4	5	6	7	8	Par	Stop
Start	1	2	3	4	5	6	7	8	Par	Stop

如一个 RTU 数据帧中 8 位数据位为：1100 0101。在该帧中，"1"的数目是 4 个。如果使用了偶校验，帧的奇偶校验位将是 0，使得整个"1"的个数仍是 4 个。如果使用了奇校验，帧的奇偶校验位将是 1，使得整个"1"的个数是 5 个。

如果没有指定奇偶校验位，传输时就没有校验位，也不进行校验检测。代替一附加的停止位填充至要传输的字符帧中。

发送信息时，计算奇偶位，并加到数据帧中，接收设备统计位值为"1"的数量，若与该设备要求不一致时产生一个错误。在 Modbus 总线上的所有设备必须采用相同的奇偶校验方式。

注意：奇偶校验只能检测到数据帧在传输过程中丢失奇数"位"时才产生的错误。如采用奇数校验方式时，一个包含 3 个"1"位的数据丢失 2 个"1"位时，其结果仍然是奇数。若无奇偶校验方式时，传输中不作实际的校验，应附加一个停止位。

2. ASCⅡ协议 LRC 纵向冗余校验

ASCⅡ方式时，数据中包含错误校验码，采用 LRC 校验方法时，LRC 校验信息以冒号":"开始，以 CRLF 字符作为结束。它忽略了单个字符数据的奇偶校验的方法。

LRC 校验码为 1 个字节，8 位二进制值，由发送设备计算 LRC 值。接收设备在接收信息时计算 LRC 校验码。并与收到的 LRC 的实际值进行比较，若二者不一致，亦产生一个错误。

信息中的相邻 2 个 8 位字节相加，丢弃进位，然后进行二进制补码运算，计算出 LRC 值。LRC 是一个 8 位数据区，因此每增加一个新字符，会产生大于十进制 255 的数值而溢出，因为没有第 9 位，自动放弃进位。

1) 产生 LRC 的过程

(1) 相加信息中的全部字节，包括起始":"号和结束符 CRLF，并把结果送入 8 位数据区，放弃进位。

(2) 由 FFH 减去最终的数据值而产生的补码。

(3) 加"1"产生二进制补码。

(4) 把 LRC 放入信息中高 8 位和低 8 位应分开放置。

RTU 方式时，采用 CRC 方法计算错误校验码，CRC 校验传送的全部数据。它忽略信息中单个字符数据的奇偶校验方法。CRC 码为 2 个字节，16 位的二进制值。由发送设备计算 CRC 值，并把它附到信息中去。接收设备在接收信息过程中再次计算 CRC 值并与 CRC 的实际值进行比较，若二者不一致，亦产生一个错误。

2) 产生 CRC 的过程

(1) 例如一个 16 位寄存器，把该 16 位寄存器置成 FFFFH。

(2) 第一个 8 位数据与寄存器高 8 位进行异或运算，把结果放入这个 16 位寄存器。

(3) 把这个 16 位寄存器向右移一位，MSB(最高有效位)填零，检查 LSB(最低有效位)。

(4) (若 LSB 为 0)：重复 3，再右移一位。(若 LSB 为 1)：CRC 寄存器与预置的固定值进行异或运算。

(5) 重复 3 和 4 直至完成 8 次移位，完成 8 位字节的处理。

(6) 重复 2 至 5 步，处理下一个 8 位数据，直至全部字节处理完毕。

(7) 这个 16 位寄存器的内容即 2 字节 CRC 错误校验。

(8) 将 CRC 值放入信息时，高 8 位和低 8 位应分开放置。

 本章小结

本章主要讨论集散控制系统的通信网络系统，主要内容包括：

(1) 网络和数据通信的基本概念，介绍了通信网络系统的组成以及通信网络系统中的术语和基本概念。

(2) 工业数据通信的基本知识，介绍了数据通信的编码方式、工作方式、电气特性及传输介质。

(3) 集散控制系统中的控制网络标准和协议，介绍了计算机网络层次模型、网络协议及网络设备的相关知识。

(4) 现场控制总线，介绍了现场控制总线的产生及特点，对目前有较大影响的几种现场控制总线作了较全面的阐述。

(5) 简单介绍了 OPC 通信的基本内容，OPC 的数据访问、编程。

(6) Modbus 数据通信协议的概述，Modbus 和相应查询周期、ModBus 协议传输方式，如 RTU 模式和数据帧、ASCLL 模式和数据帧、TCP 模式和数据帧，ModBus 地址、ModBus 功能码，ModBus 协议错误检测方法如奇偶校验、LRC 检测、CRC 检测。

思考题与习题

5-1 集散控制系统的通信网络有哪几种结构形式？

5-2 什么是通信网络协议？常用的有哪几种？

5-3 什么是现场总线？有什么作用？

5-4 现场总线有哪些优点？

5-5 OPC 通信的技术要点是什么？

5-6 ModBus 协议的特点是什么？

第 6 章 DCS 的性能指标

随着 DCS 的广泛应用，对 DCS 可靠性的要求也越来越高，因此正确评价 DCS 的可靠性越来越显得重要。

DCS 的可靠与否，通常包含两重意思：一是指产品在规定的时间内，完成规定功能的能力，即可使用性；二是指故障发生后通过维修使系统恢复工作的能力，即可维修性。两者统称为可靠性。DCS 的可靠性工程有非常丰富的内容，它既有以概率论和数理统计为基础的理论体系，又包含大量的工程实践经验。本章侧重介绍 DCS 可靠性的基础知识及基本内容，主要介绍主要可靠性的指标含义及其相互关系、提高系统利用率的措施、DCS 安全性的只要内容。

6.1 DCS 的可靠性

系统的可靠性指标通常用概率来定义，常用的有可靠度 $R(t)$、失效率 $\lambda(t)$、平均故障间隔时间(MTBF)、平均故障修复时间(MTTR)、利用率等。

6.1.1 可靠度 $R(t)$

1. 定义

可靠度即用概率来表示的零件、设备和系统的可靠程度。它的具体定义是：设备在规定的条件下(指设备所处的温度、湿度、气压、振动等环境条件和使用方法及维护措施等)，在规定的时间内(指明确规定的工作期限)，无故障地发挥规定功能(应具备的技术指标)的概率。可靠度是一个定量的指标，它是通过抽样统计确定的。设有 N_0 个同样的产品，在同样的条件下同时开始工作，经 t 时间运行后有 $N_f(t)$ 个产品未发生故障，则其可靠度：

$$R(t) = N_f(t) / N_0 \quad (0 \leqslant R(t) \leqslant 1)$$

式中，求取概率 $R(t)$ 的 N_0 和 $N_f(t)$ 必须符合数据统计中的大数规律。N_0 必须足够大，$R(t)$ 才有意义。也就是说，对于一种产品，必须抽取足够多的样本进行实验，得到的 $R(t)$ 才真正反映它的可靠度。

根据可靠度的定义，若产品测试时规定条件、规定时间和规定功能不同，则 $R(t)$ 便不同。例如：同一产品在实验室和现场工作可靠度不同；在同一条件下，工作 1 年和工作 5 年的可靠性也不同，考查的时间越长，产品发生故障的可能性越大，$R(t)$ 将减小。

2. 串并联系统可靠度

一个复杂系统的可靠度除了与构成系统的子系统及其元器件的可靠度有关外，还与系统的结构形式有关。在串联系统中只要有一个发生故障，系统就会发生故障；而并联系统中除非全部子系统发生故障，系统才出故障。

(1) 串联系统可靠度。串联系统可靠度 R_s 是各子系统可靠度的乘积，用公式表示：

$$R_s = R_1 R_2 R_3 \cdots R_n = \prod_{i=1}^{n} R_i \qquad (6\text{-}1)$$

式中，R_1，R_2，R_3，…，R_n 为各子系统的可靠度。

(2) 并联系统可靠度。从理论上说，并联的单元越多，可靠性越高，但是并联子系统越多，系统的硬件将增加，实际工程中两者必须兼顾。并联系统可靠度 R_p 表示如下：

$$R_p = 1 - (1-R_1)(1-R_2)(1-R_3)\cdots(1-R_n)$$
$$= 1 - \prod_{i=1}^{n}(1-R_i) \qquad (6\text{-}2)$$

式中，$(1-R_1)$，$(1-R_2)$，$(1-R_3)\cdots(1-R_n)$ 为各子系统发生故障的概率。

如果并联系统中各子系统的可靠度均为 r，则

$$R_p = 1 - (1-r)^n$$

表 6-1 列出 r、n 不同取值的计算结果，由表可知，并联子系统越多，系统的可靠度越高。另外，当 $r=0.9$ 时，并联子系统数为 2 和 3 时，两者 R_p 都在 0.99 以上，差别仅在小数点后面第三位。这说明当 $n>2$ 时，并联子系统对增加系统可靠度的贡献并不显著，实际工程中常选用 $n=2$ 的并联子系统。这一结果即是冗余技术的基础。

表 6-1 子系统可靠度与并联系可靠度的关系

n ＼ r	0.60	0.70	0.90
2	0.840	0.910	0.990
3	0.930	0.973	0.999

6.1.2 失效率 $\lambda(t)$

失效率 $\lambda(t)$ 是指系统运行到 t 时刻后，单位时间内可靠度的下降与 t 时刻可靠度之比，用公式表示为

$$\lambda(t) = \frac{\dfrac{R(t) - R(t+\Delta t)}{\Delta t}}{R(t)}$$

将上式改写成微分形式，得

$$\lambda(t) = -\frac{1}{R(t)} \times \frac{\mathrm{d}R(t)}{\mathrm{d}t} \qquad (6\text{-}3)$$

对 $\lambda(t)$ 从 $0\sim t$ 积分，可得

$$\int_0^t \lambda(t)\mathrm{d}t = -\ln(R(t))\Big|_{R(t)} \qquad (6\text{-}4)$$

即

$$R(t) = \mathrm{e}^{-\int_0^t \lambda(t)\mathrm{d}t} \qquad (6\text{-}5)$$

$\lambda(t)$ 的单位是时间的倒数，一般采用 $1/h$，它的物理意义是指系统工作到 t 时刻，单位时间内失效的概率。由式(6-3)可见，不同产品由于 $R(t)$ 不同，$\lambda(t)$ 亦各不相同，对于电子产品而言，$\lambda(t)$ 与时间 t 的关系如图 6.1 所示，这就是著名的浴盆曲线。

该曲线可分为 3 个部分：初期失效区、偶然失效区、耗损失效区。

(1) 初期失效区。$\lambda(t)$随 t 的增大而减小，引起产品失效的主要原因是生产过程中的缺陷，随着时间的推移，这种情况迅速减少。

(2) 偶然失效区。该区间内$\lambda(t)$很低，且几乎与时间无关，这一时期也称为寿命期或恒失效区，它持续的时间很长。

(3) 耗损失效区。这个期间$\lambda(t)$随时间的增大而增大，此时因产品已达到其寿命，所以失效率迅速上升。

通常情况下，一种产品经过适当的老化处理，可以很快地渡过初期失效区而进入偶然失效期。偶然失效期是一个长期稳定的过程，因此在分析产品的可靠性指标时，一般是指产品在偶然失效期的可靠性。电子产品在偶然失效期内$\lambda(t)$可近似为常数λ，代入式(6-5)得

$$R(t) = \mathrm{e}^{-\lambda t} = \exp(-\lambda t) \tag{6-6}$$

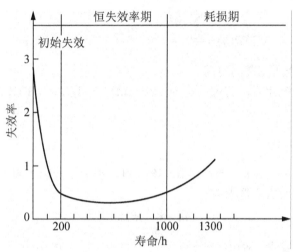

图 6.1 失效率浴盆曲线

利用式(6-6)，即可根据偶然失效期内的失效率λ求取不同工作时间内的可靠度。

【例 6.1】已知某电子元件的$\lambda=1/1000$，求该元件工作 50h、100h、1000h 的可靠度。

$$R(50) = \exp(\frac{-50}{1000}) = 0.951$$

$$R(100) = \exp(\frac{-100}{1000}) = 0.905$$

$$R(1000) = \exp(-1) = 0.368$$

使用式(6-6)时必须注意，此 $R(t)$为电子产品偶然失效期内的可靠度，计算时 t 不得超出偶然失效期。

对电子产品，失效率单位记为 Fit(Failure Unit)，$1\mathrm{Fit}=10^{-9}$ /h。它的物理意义是 1h 中只有10^{-9} 比例的元件失效，即10^{-9} 个元件 1h 中只有一个元件失效。电子元件按λ值分为 4 级：

① 0.1×10^{-6} /h～1×10^{-6} /h 为 6 级，视为 L；

② 0.1×10^{-7} /h～1×10^{-7} /h 为 7 级，视为 L；

③ 0.1×10^{-8} /h～1×10^{-8} /h 为 8 级，视为 L；

④ 0.1×10^{-9} /h～1×10^{-9} /h 为 9 级，视为 L；

6.1.3 平均故障间隔时间(MTBF)

平均故障间隔时间(Mean Time Between Failure，MTBF)是指各次故障间隔时间 t_i 的平均值，平均故障间隔时间即各段连续工作时间的平均值。可用式(6-7)表示

$$MTBF(h) = \frac{\sum_{i=1}^{n} ti}{n} \qquad i=1，2，3，\cdots，n \qquad (6-7)$$

$MTBF$ 是一个通过多次采样检测，长期统计后求出的平均数值。

6.1.4 平均故障修复时间(MTTR)

平均故障修复时间(Mean Time To Repair，MTTR)是指设备或系统经过维修，恢复功能并投入正常运行所需要的平均时间。用公式表示

$$MTTR(h) = \frac{\sum_{i=1}^{n} \Delta ti}{n} \qquad i=1，2，3，\cdots，n \qquad (6-8)$$

式中，Δt_i 为每次维修所花费的时间。

MTTR 也是一个统计值，它远小于 MTBF。MTBF 越大、MTTR 越小的系统其可靠性越高。

6.1.5 平均寿命 m

按照可靠度的定义，如果一种产品在时刻 t 内正常工作的概率为 $R(t)$，该产品的平均寿命 m 可用 $R(t)$ 的数学期望值来表达：

$$m = \int_0^{+\infty} R(t)\mathrm{d}t \qquad (6-9)$$

对电子产品 $R(t) = \mathrm{e}^{-\lambda t}$，所以

$$m = \int_0^{+\infty} \mathrm{e}^{-\lambda t}\mathrm{d}t = \frac{1}{\lambda} \qquad (6-10)$$

也就是说，电子产品的平均寿命是其失效率的倒数。

如果产品出现故障后无法修复，则其寿命 m 又可称作平均无故障时间(Mean Time To Failure，MTTF)；如果故障后可以修复，则其寿命 m 代表的是平均故障间隔时间(MTBF)。DCS 的故障应是可修复的，所以可将平均寿命 m 称为 MTBF。

6.1.6 利用率 A

利用率是可修复产品的一个可靠性指标，又称有效率或有效度，它表征了产品正常工作时间和总时间的比率。有效度有 3 种形式：瞬时有效度、平均有效度和极限有效度。

1. 瞬时有效度

它是系统在某一时刻具有规定功能的概率，记作 $A(t)$，这是一个时间函数。假定系统在偶发故障期，故障次数服从失效率为 λ 的泊松分布，由此可推出其瞬时有效度：

$$A(t) = \frac{\mu}{\lambda + \mu} + \frac{\lambda}{\mu + \lambda} \mathrm{e}^{-(\lambda + p)t}, p = (0,0) = 1 \qquad (6-11)$$

式中，λ为失效率，$\lambda = \dfrac{1}{MTBF}$

μ为修复率，$\mu = \dfrac{1}{MTTR}$

2. 平均有效度

它是在某段规定时间内瞬时有效度的平均值。

3. 极限有效度

亦称稳态有效度，是时间趋于无限大时瞬时有效度的极限值。
根据式(6-11)，可求得 $A(\infty)$：

$$A(\infty) = \frac{\mu}{\mu + \lambda} = \frac{MTBF}{MTBF + MTTR}$$

如果把系统的 MTBF 作为完成正常运行的时间，把 MTTR 看作为故障时间，则极限有效度就是设备或系统可能工作的时间系数，亦称为利用率或使用率。

对串联系统：

$$A = A_1 A_2 A_3 \cdots A_n$$

对并联系统：

$$A = 1 - [(1 - A_1)(1 - A_2)(1 - A_3) \cdots (1 - A_n)]$$

式中，A_1，A_2，$\cdots$，A_n 为各子系统的利用率，在实际计算中，串、并联系统的划分应根据集散控制系统的具体结构而定。

6.2 提高系统利用率的措施

由 A 的定义式可以看出，要提高利用率就需要增加平均故障间隔时间(MTBF)和减少平均故障修复时间(MTTR)。这涉及好多技术领域，如产品的制造工艺、元器件质量、系统设计方案的优劣、使用人员水平、维护条件的好坏和维修人员的技术水平等，所有这些条件又都受经济指标的约束，需要综合考虑。集散控制系统提高利用率的措施归纳起来有 3 个方面：提高元器件和设备的可靠性；采用抗干扰措施，提高系统对环境的适应能力；采用可靠性技术。

6.2.1 提高元器件和设备的可靠性

硬件质量的好坏是系统可靠与否的基础，必须加强对硬件的质量管理。

(1) 建立严格的可靠性标准，优选元器件，建立元器件的性能老化模型，有效地筛选元器件，消除元器件早期失效对系统可靠性的影响。

(2) 研究元器件失效的机制，并制定有效措施，规定合理的使用条件。

(3) 提高组件的制造工艺水平，强化检验措施，把由组件制造工艺引起的故障降到 $10^{-9} \sim 5 \times 10^{-9}$。

集散控制系统组件一般要经过目测检查、高温老化、冷热缩胀循环试验。元器件在0℃～125℃间反复循环 10 次，每次持续 15min，间隔 30s；对塑料封装的元器件要在 25℃～100℃

间做交替试验，最后进行交流参数测试。如此严格的预处理，一方面是择优与筛选，更重要的是使元器件的初期失效特性事先在实验室中暴露，从而在正式投入运行时已进到失效率低且恒定的偶然失效期，提高了组件的 MTBF。

另外集散控制系统的维修已进到板级更换的水平，所以对插卡的质量检查特别严格，大多由计算机控制的流水线进行操作，并由特殊的测试设备予以全面测试。

有些集散控制系统更进一步采用表面安装技术，避免了线路焊接和印制板打孔引起的接触不良现象的发生，组件采用全密封真空封装技术，提高了抗恶劣环境的能力。

6.2.2 提高系统对环境的适应能力

提高系统的环境适应能力，也是提高集散控制系统可靠性的一个重要方面。集散控制系统中的控制单元或接口单元，有时甚至是操作站也要置于现场，因此必须要采取严格的抗干扰措施，防止电磁耦合、空间传输或导线传输引入干扰信号。

电磁干扰的形式主要有电源噪声、输入线引入的噪声和静电噪声。对电源引进的干扰通常采用电源低通滤波器，通过电感、电容组成的吸收装置抑制电源噪声。在电源进线端加装浪涌吸收器，可有效防止感应雷电对设备的破坏。供电系统进线应注意尽量用粗线。稳压电源要加静电屏蔽，且与继电器、灯泡、开关等分开。与计算机接口的线要用绞距小的双绞线。地线是侵入噪声的主要渠道，通常应按标准采用汇流排或粗导线接地。当组件之间有电位差时，采用光耦合器件或变压器进行信号的隔离传输，可收到很好的效果。

为确保系统安全，各类装置均有接地系统，例如：防雷接地、信号接地、电源公共端接地、同轴电缆接地、机壳接地、防爆栅安全接地、上位计算机单独接地等。

为了适应不同工业环境的需要，集散控制系统设计了不同形式的机柜，有透气、敞架式，也有密封强制循环式的机柜，使组件与现场的恶劣环境完全隔离。

6.2.3 容错技术的应用

容错技术是指当系统出现错误或故障时，仍能正确执行全部程序。容错技术可分成局部容错技术和完全容错技术。前者是从系统中去除有"病"的功能部件，重新组成一个新系统，让原系统降级使用；而后者则是切换前后功能完全相同。当然这两者都是自动进行的，无需人工干预。

要达到容错目标的根本办法是采用冗余技术，就是采用多余的资源来换取系统的可靠性。一般包括硬件冗余技术、软件冗余技术、信息冗余技术和时间冗余技术。

1. 硬件冗余技术

硬件冗余技术就是增加多余的硬件设备，以保证系统可靠地工作。按冗余结构在系统中所处的位置，可分为元件级、装置级和系统级冗余。按冗余结构的形式可分为工作冗余(热备用)、后备冗余(冷备用)和表决系统 3 种。

(1) 工作冗余。工作冗余是使若干同样装置并联运行，只有当组成系统的并联装置全部失效时系统才不工作。设由可靠度为 0.90 的两台装置组成并联系统，按并联系统的可靠度计算公式

$$R_P = 1 - (1 - R_1)(1 - R_2) = 0.99$$

并联系统的可靠度的时间函数式：

$$R_P(t) = e^{-\lambda_1 t} + e^{-\lambda_2 t} - e^{-(\lambda_1 + \lambda_2)t}$$

通过对系统可靠度 $Rp(t)$ 由 0 到 ∞ 积分，求得该并联系统的平均故障间隔时间：

$$MTBF = \int_0^\infty R_s(t)\mathrm{d}(t) = \frac{1}{\lambda_1} + \frac{1}{\lambda_2} - \frac{1}{\lambda_1 + \lambda_2}$$

由于 $\lambda_1 = \lambda_2 = \lambda$，故 $MTBF = \dfrac{3}{2\lambda}$

由此可见，两个装置组成的并联系统与单装置相比，平均故障间隔时间是原来的 1.5 倍。

集散控制系统中操作站常采用 2～3 台共用的冗余措施，各操作站独立工作，互为后备，一个操作站的信息，可向其他站传递。

(2) 后备冗余。后备冗余是指仅在主设备故障时才投入工作的储备，它可以采取一用一备的方式，即为 1∶1 后备冗余，也可以是多用一备的方式，即 n∶1 后备冗余。假定备用单元不工作时失效为零，从理论上说，后备冗余的系统连续工作时间可无限长。

在 1∶1 备用系统中，若各单元的可靠度为 $R_i = e^{-\lambda t}$，则备用系统可靠度为

$$R_b(t) = e^{-\lambda t}(1 + \lambda t)$$

单台设备的有效度为

$$A = \frac{\mu}{\lambda + \mu}$$

n 台设备有一台后备的有效度，可用马尔可夫过程状态转移矩阵求解

$$A = \frac{\mu^2 + n\lambda + \mu}{\mu^2 + n\lambda\mu + n\lambda(n\lambda + \lambda)}$$

随着微型计算机技术的发展，硬件价格不断下降，集散控制系统中大多采用 1∶1 后备冗余。

(3) 表决系统。表决系统由若干个工作单元和一个表决器组成，每个工作单元的信息输入表决器，只有当有效的单元数超过失效的单元数时，才能做出输入为正确的判断，也即失效部件数小于有效部件数时，系统才正常工作。

对于 3 取 2 的表决系统，当各子系统失效率皆为 λ，其可靠度为

$$R_{3,2}(t) = \binom{3}{0}e^{-3\lambda t} + \binom{3}{1}(1 - e^{-\lambda t})e^{-2\lambda t} = 3e^{-2\lambda t} - 2e^{-3\lambda t}$$

2. 冗余系统的选择

系统硬件可靠性设计一般采用以下方法：

(1) 根据系统元器件的失效率，计算系统的可靠度，同时考虑经济性、可维护性、操作性等，以确定最佳方案。

(2) 在元器件可靠度不符合要求时，实行降额使用，即让元器件工作在规定的环境条件及负载条件 1/2 或以下的数值，以降低使用要求来换取可靠性的提高。

(3) 当单个元器件达不到要求的可靠度时，应考虑采用冗余结构。图 6.2 给出了几种冗余系统可靠度的比较。设个单元的可靠度均为单个设备的可靠度，曲线 2 为两设备并联时的可靠度，曲线 3 为 1∶1 后备冗余的可靠度，曲线 4 为 3 取 2 表决系统的可靠度。

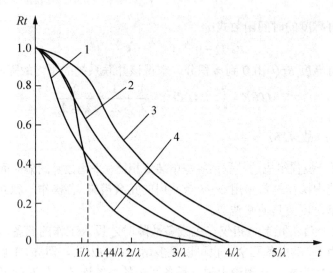

图 6.2　几种冗余系统可靠度比较

单个设备的可靠度 $R_i = \mathrm{e}^{-\lambda t}$，两并联设备的可靠度 $R = 2\mathrm{e}^{-\lambda t} - \mathrm{e}^{-2\lambda t}$，1：1 后备冗余的可靠度 $R_i = \mathrm{e}^{-\lambda t}(1+\lambda t)$，3 取 2 表决系统的可靠度 $R = 3\mathrm{e}^{-2\lambda t} - 2\mathrm{e}^{-3\lambda t}$。由图 6.2 可见，备用系统可靠度＜并联系统可靠度＜单个设备可靠度。3 取 2 表决系统在 $t < 1.44/\lambda$ 时，可靠度较单个设备高，一旦超过此值，其可靠度还不如单个设备。随着时间的推移，可靠呈下降趋势。$t < 1/\lambda$ 时，可靠度急剧下降，这说明冗余系统在短时期内工作，能显著提高系统的可靠性。

3. 信息冗余技术

信息冗余技术是利用增加的多余信息位提供检错甚至纠错的能力。增加多余的信息位后，能实现检错还是纠错，主要取决于出错后的数据相对于原数据怎样分布，如果原数据的出错码相互之间并不重复，则能根据出错数据判定原数据是什么，因此能纠错，这样的代码称作"纠错码"。另一种情况是原数据的出错码之间互相重复，根据接收的错误码不能判断其发送的原码，这样的代码只能称作检错码。至于某种代码能检错还是纠错，以及能检几重错和纠几重错，由理查德·海明所提出的办法能给出某种关系式，此处不作详细介绍，请参阅有关书籍。

4. 检错码实例

在差错控制系统中所采用的检错码种类很多，常用的有奇偶检验码和循环码。

(1) 奇偶校验码。奇偶校验码是最简单的检错码，它是使代码(包括 n 位信息位和 1 位校验位)中含"1"的个数保持奇数或偶数，前者称为奇数校验，后者称为偶数校验。

例如：对于信息 001100 采用奇数校验时代码是 0011001，末位校验位是"1"，采用偶数校验时，代码是 0011000，末位校验位是"0"。

这种简单的奇偶校验，可以发现 1 位错，但是当代码传输中同时出现偶数个代码错误时，它是无法发现的。

为了提高奇偶校验码的差错检测能力，可以对一个信息组进行奇偶校验编码。将这组代码看作是一个二维代码模式，分别沿横向与纵向进行奇偶校验编码。这种同时具有水平奇偶校验位和垂直奇偶校验位的代码称为二维奇偶校验码，其模式见表 6-2，表中采用偶数校验。

显而易见，这种校验码可以发现全部字符的二重错(即同时出现两个错误)，甚至某一字符的完全丢失。

表 6-2 二维校验模式

1	0	1	1	0	1	0	0	水
1	1	0	1	1	0	1	1	平
0	1	1	0	0	1	0	1	偶
1	0	0	1	1	0	1	0	校
1	1	1	0	1	0	1	1	验
0	0	0	1	0	1	0	0	位
1	1	0	0	1	0	1	0	
1	0	1	1	1	1	0	1	
垂直偶校验位								

(2) 循环码。循环码的编码方式有以下两种：

第一种将 n 位信息的代码多项式 $F(x)$ 乘以 x^m。(m 为冗余位的数目)除以某个 m 次生成多项式 $G(x)$(模 2 除法)，得到的余数 $R(x)$ 另加在 $F(x)$ 上，作冗余位一起发送。接收方收到循环码后，用已知的 $G(x)$ 去除，若不能整除，即表示出错。

例如：数据 110101，写成代码多项式 $F(x)=x^5+x^4+x^2+1$，并设 $G(x)=x^2+1$，即 $(102)_2$，则按 $F(x)x^2/G(x)=(x^7+x^6+x^4+x^2)/(x^2+1)=(x^5+x^4+x^3+x+1)\oplus(x+1)$，即余数为 11。因此所得循环码是 11010111，接收方将它除以 101，如能整除即判为正确信息。TDC-3000 BASIC 中的 31 位 HW 字，其中最后 5 位 BCH 码就是循环检错码。

第二种是发送 $F(x)$ 与 $G(x)$ 的乘积。这样接收方只需判断所得代码是否能被 $G(x)$ 整除，若不能就是出错。而且所得的商就是信息位。对上例，发送的代码多项式为 $(x^5+x^4+x^2+x+1)(x^2+1)=x^7+x^6+x^5+1$，即所得的循环码是 11100001。

循环码的检错能力与选择的生成多项式 $G(x)$ 有关，所进行的除法是模 2 除法。

5. 时间冗余技术

通过消耗时间资源达到容错的目的。这种错误都带有瞬时性和偶然性，过一段时性可能不再出现。

(1) 指令复执方法。当计算机出错后，让当前指令重复执行。若不是永久性故障，可能不会再出现，程序可顺利地执行下去。它的基本要求是出错后保留现行指令地址，以备重新执行，执行一次后不自动往下继续执行，待预定的复执次数或复执时间到达后才往下继续执行新的程序，若复执完毕仍然处于故障状态，则复执失败。

(2) 程序卷回方法。程序卷回方法不是只对一条指令的重复执行，而是针对一小段程序重复执行。重复执行成功，则继续往前执行，重复执行失败，可以再卷回若干次。时间监视由定时计数器来完成，程序正常后自动停止计时。

(3) 冗余传送方式又分为以下 3 种方式。

① 返送方式：当接收到正确无误的全部消息后，接收设备将发出一个回波，如果发信端得不到正确的响应，说明对方接收的是错误信息。当然这种冗余传送方式的前提应该是信号通道的高可靠性，否则信息正确而返回信道有误也要出现差错。

② 连发方式：发送端对同一信息发送两次，接收端进行比较，有不一致即说明"有错"。这种传送一个信息要发两次，效率极低，为提高效率也有改成先等待双方的应答脉冲，若收不到，再连发。

③ 返送校验信息方式：接收端根据收到的信息编制成校验信息，再返回到发送端，与发送端保存的校验信息进行比较，如发现有错，则加上重发标记再发一次。

6. 全系统的多级操作控制

集散控制系统除了横向的分散控制、分散显示、分散数据库外，还具有纵向的分级控制特性，使得上位机、操作站、控制器甚至手操单元，都可直接控制现场执行机构，实现了纵向冗余。只要最低一级的控制功能不消失，系统仍能工作，所以多级控制系统的可靠性是十分高的，据资料介绍，多级控制系统的有效度可达 99.999903%，而子系统的最高有效度仅 99.99643%。

7. 自诊断技术

要缩短系统的平均故障修复时间，延长平均故障间隔时间，一个有效的措施就是采用自诊断技术，包括离线诊断和在线诊断。离线诊断一般在系统投运之前全面地测试 DCS 的性能，为开车做好准备，这时有专门的诊断软件提供用户调试。投运以后就进入在线诊断，一般分设备级和卡级自诊断。例如：控制器每个工作周期对自身检查一遍，如发现差错，立即在 CRT 上告知用户，以便及时进行处理。常用的自检方法有方格图形法、指令代码求和法、程序时间监视法等。

(1) RAM 的自检。方格图形法常用于对空白 RAM 的检测，预编制好一个程序，先向 RAM 写入检查字，然后再读出，比较前后两次结果，即可判断 RAM 的工作是否正常。若有差错，则指示出错，并给出出错的地址号。测试用的检查字常为 AAH 和 55H，A 的代码是 1010，5 的代码是 0101，很像黑白相间的方格，故称为方格图形。AAH 和 55H 互为反码，循环一遍，即可检查 RAM 各位读写"1"和"0"的能力。

当程序投运之后，作为数据区的 RAM 已存放有一定的信息，检查程序绝对不能破坏原来存入的内容，因此方格图形法已不再适用，通常采用"异或"的方法进行检查。先从被检查的 RAM 单元中读出信息，求反后再与原单元的内容进行"异或"运算，如果结果为全"1"，则表明该 RAM 工作正常，否则应给出出错信息，并指示出错地址。

(2) ROM 的自检。ROM 中存放着系统工作的程序、各类常数及表格等信息，它的内容决定了系统的工作。常用指令代码求和的方法对 ROM 进行检查，即将指令代码逐条进行"异或"运算，并把最终的检验"和"写入程序的最后一个单元，对 ROM 自检时只要把"异或"的结果与标准的检验"和"相比较，两者不同，则说明 ROM 的内容有问题。

(3) 传送信息的自检。除了前面提到的采用信息冗余、传送冗余的方法以外，对系统中信息还进行多种检测。

① 传输波形检错：对通信字的每一位进行波形检查，看其是否包含规定的正、负脉冲，如果有错，将拒绝接收。

② 位计数检错：检查每个通信字的位数，计少了就显示出错。

③ 基准位检错：检查每个通信字的基准位是否符合规定的要求，例如：为"0"或"1"，假如不符，则认为出错。

6.3 DCS 的安全性

6.3.1 系统的安全性概述

1. 安全性分类

系统的安全性包含三方面的内容：功能安全、人身安全和信息安全。功能安全和人身安全对应英文 safe 一词，信息、安全对应 security 一词。

(1) 功能安全(functional safety)是指系统正确地响应输入从而正确地输出。在传统的工业控制系统中，特别是在所谓的安全系统(safety sys-tems)或安全相关系统(Safety Related Systems)中，所指的安全性通常都是指功能安全。比如在联锁系统或保护系统中，安全性是关键性的指标，其安全性也是指功能安全。功能安全性差的控制系统，其后果不仅仅是系统停机的经济损失，而且往往会导致设备损坏、环境污染，甚至人身伤害。

(2) 人身安全(personal safety)是指系统在人对其进行正常使用和操作的过程中，不会直接导致人身伤害。例如，系统电源输入接地不良可能导致电击伤人，就属于设备人身安全设计必须考虑的问题。通常，每个国家对设备可能直接导致人身伤害的场合，都颁布了强制性的标准规范，产品在生产销售之前应该满足这些强制性规范的要求，并由第三方机构实施认证，这就是通常所说的安全规范认证，简称安规认证。

(3) 信息安全(information security)是指数据信息的完整性、可用性和保密性。信息安全问题一般会导致重大经济损失，或对国家的公共安全造成威胁。病毒、黑客攻击及其他的各种非授权侵入系统的行为都属于信息安全研究的重点问题。

2. 安全性与可靠性的关系

安全性强调的是系统在承诺的正常工作条件或指明的故障情况下，不对财产和生命带来危害的性能。可靠性则侧重于考虑系统连续正常工作的能力。安全性注重于考虑系统故障的防范和处理措施，并不会为了连续工作而冒风险。可靠性高并不意味着安全性肯定高。安全性总是要依靠一些永恒的物理外力作为最后一道屏障，比如，重力不会因停电而消失，往往用于紧急情况下关闭设备。

当然，在一些情况下，停机就意味着危险的降临，如飞机发动机停止工作。在这种情况下，几乎可以认为可靠性就是安全性。

3. 功能安全

几乎所有的工业系统都存在安全隐患，也就是说它们在某些时刻不能正确响应系统的输入，导致人身伤害、设备损坏或环境污染。

按照 IEC 61508 的定义，功能安全是系统总体安全中的一部分，而不是全部。功能齐全强调的是以下内容。

(1) 危险前有信息输入。

(2) 系统能正确响应输入，发出控制指令，避免危险的发生。

举例来说，电动机线圈过热保护装置，其工作原理是：在线圈内安装温度探头，装置设定温度保护点，当探头测量到的温度超过设定点时，装置就切断电动机的电源。这就是一个完整的功能安全的例子。另一个例子：如果改善电动机线圈的材质或者提供高温保护层，就不属于功能安全，因为没有输入，这种安全保护属于对象本身的内在安全(inherent safety)。

如果一个系统存在某些功能上的要求，以确保系统将危险限制在可以接受的水平，就将这样的系统称为安全相关系统(safety related system)。这些功能上的要求就是所谓的安全功能(safety functions)，安全功能包含两方面的内容。

(1) 安全功能需求：描述每项安全功能的作用，来源于危险分析(hazard analysis)过程。

(2) 安全度 degree of safety 要求：规定系统完成安全功能的概率，具体应用的安全度要求，从风险评估(risk assessment)过程中得到。

所以，当描述一个安全相关系统时，总是围绕"什么功能需要安全地执行"和"这些功能需要安全到什么程度"这两个主题来进行的。

一个安全相关系统，可以是一个独立于其他控制系统的系统，也可以包含在通用的控制系统之中。

4. 人身安全及安规认证

所有可能威胁人身安全的产品，在销售之前都必须通过某种要求的认证，一般每个国家都会列出一系列的产品目录，并规定每类产品应按何种标准进行安规认证或产品认证。

产品认证主要是指产品的安全性检验或认证，这种检验或认证是基于各国的产品安全法及其引申出来的单一法规而进行的。在国际贸易中，这种检验或认证具有极其重要的意义。因为通过这种检验或认证，是产品进入当地市场合法销售的通行证，也是对在销售或使用过程中，因产品安全问题而引发法律或商务纠纷时的一种保障。

一般而言，产品安全性的检验、认证和使用合法标识的分类情况，如图 6.3 所示。

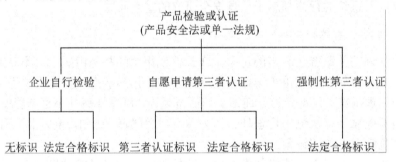

图 6.3　产品认证分类

1) 产品责任法

在欧美国家，政府为了充分保护消费者的利益和社会整体的安定，制定了相当严格的产品责任法(product liability law)。与一般的民事或刑事法律相比，产品责任法有两个需要企业特别重视的基本原则：产品责任法强调的是"非过失责任"；在发生纠纷时，首先举证的责任在产品的供应方。

(1) 所谓"非过失责任"，主要的意思是：使产品的供应者并无意伤害他人，但只要在产品的常规使用过程中，发生了伤害，产品的供应者也必须承担相关的民事或刑事责任。这一基本原则实际上是要求产品的供应者在设计和制造产品时，必须对常规使用过程中有可能发生的伤害做充分的评估，并在最大程度上采取可靠的防护措施。这种措施包括技术性措施，也包括警示性措施。麦当劳用来装热饮的杯子上的警语"小心：热饮烫口"，就是一个常见的例子。

(2) 所谓"首先举证的责任在产品的供应方"的主要意思是：若产品的使用者提出指控，因使用某产品而遭受伤害，他并不需要证明该伤害确实是由该产品造成的。相反的，被告的产品供应者必须设法证明，该伤害不是由其产品造成的。若产品的供应者无法证明这一点，则指控成立。

在欧盟，上述的伤害并不局限于对人员的伤害，也包括对财产的伤害，乃至家畜的伤害。

2) 企业自行检验

在了解上述两条产品责任法的基本原则之后，便可以较正确地理解欧美国家对于产品认证的管理政策，即在市场准入方面，给企业提供多重选择性；在市场监管和执法方面，采取从严处理的措施。

关于中国出口欧美地区的大部分产品，如轻工产品、机电产品中的一部分，进入市场的合格检验原则上可以由企业自己执行。在这种情况下，产品进入市场后一旦发生产品责任，亦全部由企业自己承担。

一般而言，在企业可自检的产品范围内，是不存在任何法定合格标识的。但是，在欧盟，随着一系列 CE 指令的实施，玩具、灯具、家用电器、工业机械和信息产品的一部分自检类产品，在进入市场销售时，必须使用欧盟法定的 CE 标识。

3) 自愿申请第三者认证

本着在市场准入方面给企业提供多重选择性的原则，欧美各国针对可自检类产品也认可一批专业认证机构，允许企业向这些认证机构申请产品的安全认证。

企业选择第三者认证有三大好处。

(1) 利用认证机构在产品法规和检验标准方面的专业性，确保产品检验的正确性和完整性，以避免检验不完整而带来的后顾之忧，包括避免买方或消费者借产品安全的理由人为地制造一些商务纠纷。

(2) 在通过认证后，企业可以在产品上使用认证机构的认证标志，以此将自己的产品与同行的自检产品加以区分，增加买方的信任，提高市场的接受度。

(3) 在产品进入市场后一旦发生产品责任问题时，可以取得认证机构的技术支持和法律支持。

这种自愿性的第三者认证制度，是机电产品范围内最常见的现象。以欧美最流行的两大认证标志为例，美国的 UL 和德国的 GS 都是这样一种自愿性的第三者认证。类似的例子还有英国的 BS、加拿大的 CSA、法国的 NF、意大利的 IMQ 等。

事实上，这种基于自愿原则的认证，由于买方的强烈要求和市场的接受度，已产生了一种商业活动意义上的强制性。没有 UL 标志的机电产品，几乎无法外销美国；没有 GS 标志的机电产品出口德国将困难重重。

在欧盟，由于 CE 指令要求采用欧洲标准作为统一的检验标准，各国原有的认证机构也迅速地采用欧洲标准，作为自愿性认证的技术标准。所以，产品在通过认证机构的认证后，同时也符合了 CE 的要求，这样企业便可以在产品上同时使用法定的 CE 标识和认证机构的认证标志。

4) 强制性第三者认证

在欧美，强制性第三者认证主要适用于高风险产品范围，如医疗器械、承压设备、爆炸性产品、人员运输设备、金属切割机械、食品及药品等直接关系到人身安全的产品。在很长一段时间内，这类产品的上市许可程序，即使在一个国家内，也有很大的差别，也包括许多政府行为。欧盟的 CE 指令，提出了较符合现代经济发展和科技进步的认证管理方法。

(1) 管理机构负责监督法规的执行情况，而将直接的测试和认证工作，授权给专业的认证机构执行。

(2) 在所有产品范围内，统一认证程序主要包括两个部分：第一部分是样品的技术检验，第二部分是生产时的质量保证体系认证。

在欧洲，强制性第三者认证的范围正在逐步精简。在某些国家，强制性第三者认证的范围则仍较广泛，亦涵盖家用电器和信息产品等。俄罗斯的 GOST-R 认证和中国的 CCC 标志就是这样的例子。

5) 主要的机电产品认证标志

主要机电产品的认证标志见表 6-3。

表 6-3 主要机电产品认证标志

国家或地区	认证标志	适用范围
欧洲	CE	CE 指令清单中强制要求的产品
	E-Mark	汽车、摩托车产品
	Key-Mark	家电产品
	ENEC	电器零部件
德国	VDE	电器零部件
	TUV	电器或机械零部件
	MPR II	计算机监视器的辐射要求
	ISO 9241	计算机监视器的人体工程学要求
	ECO	计算机监视器的综合指标
	BS	英国安规认证
	LCIE	法国安规认证
	IMQ	意大利安规认证
	KEMA	荷兰安规认证
	S-Mark	瑞士安规认证
	Nordic	北欧四国安规认证
	TCO	瑞典计算机监视器标准
	GOST-R	俄罗斯进口要求
	PCBC	波兰认证要求
	EZU	捷克安规认证
	MEEI	匈牙利安规认证
北美和南美	UL	美国保险业者实验室安规认证
	CSA	加拿大安规认证
	FCC	美国电磁干扰要求
	NOM	墨西哥安规认证
	IRAM	阿根廷安规认证
亚太地区	K-Mark	韩国安规认证
	PSB	新加坡安规认证
	CCC	中国 3C 认证
非洲	SABS	南非安规认证

5. 信息安全

1) 信息安全概述

计算机网络在政治、经济、社会及文化等领域起着越来越大的作用,基于因特网的电子商务也迅速发展。信息安全如果得不到保障,将会给庞大的计算机网络造成巨大的损失。

目前我国已形成国家公用网络、国家专用网络和企业网络三大类别的计算机网络系统,互联网已覆盖我国 200 多个城市,3000 多个政府数据库和 10000 多个企业数据库链接在互联网上,在网上自由传递的电子邮件等更是难以计数。信息安全问题已经成为我国信息化进程中比较突出而且亟待解决的难题。

通俗地讲,信息安全是要保证信息的完整性、可用性和保密性。目前的信息安全可以分为 3 个层面:网络的安全、系统的安全及信息数据的安全。

(1) 网络层安全问题的核心在于网络是否得到控制,也就是说,是不是任何一个 IP 地址来源的用户都能够进入网络。一旦危险的访问者进入企业网络,后果是不堪设想的。这就要求网络能够对来访者进行分析,判断来自这一 IP 地址的数据是否安全,以及是否会对本网络造成危害;同时还要求系统能自动将危险的来访者拒之门外,并对其进行自动记录,使其无法再次为害。

(2) 系统层面的安全问题,主要是病毒对于网络的威胁。病毒的危害已是人尽皆知了,它就像是暗藏在网络中的炸弹,系统随时都有可能遭到破坏而导致严重后果,甚至造成系统瘫痪。因此企业必须做到实时监测,随时查毒、杀毒,不能有丝毫的懈怠与疏忽。

(3) 信息数据是安全问题的关键,其要求保证信息传输的完整性、保密性等。这一安全问题所涉及的是,使用系统中的资源和数据的用户是否是那些真正被授权的用户。这就要求系统能够对网络中流通的数据信息进行监测、记录,并对使用该系统信息数据的用户进行强有力的身份认证,以保证企业的信息安全。

目前,针对这 3 个层面而开发出的信息安全产品主要包括杀毒软件、防火墙、安全管理、认授权及加密等。其中以杀毒软件和防火墙应用最为广泛。

2) 信息安全标准和法规

根据《中华人民共和国计算机信息系统安全保护条例》,依据公安部《计算机信息系统安全专用产品检测和销售许可证管理办法》规定程序,我国信息安全产品实行销售许可证制度,由公安部计算机管理监察部门,负责销售许可证的审批颁发工作和安全专用产品安全功能检测机构的审批工作。

信息安全的管理和评价实行分等级制度,GB 17859—1999《计算机信息系统安全保护等级划分准则》,就是中国在信息安全等级保护方面的强制性国家标准。

GB 17859 规定了计算机系统安全保护能力的 5 个等级。

第一级:用户自主保护级;

第二级:系统审计保护级;

第三级:安全标记保护级;

第四级:结构化保护级;

第五级:访问验证保护级。

国际方面,信息安全等级标准的发展过程如图 6.4 所示。

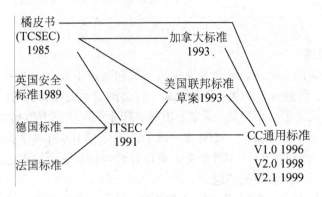

图 6.4　国际信息安全等级标准的发展过程

(1) TCSEC 标准。在 TCSEC 中，美国国防部按处理信息的等级和应采用的相应措施，将计算机安全从高到低分为：A、B、C、D 四类八个级别，共 27 条评估准则。其中，D 级为无保护级、C 级为自主保护级、B 级为强制保护级、A 级为验证保护级。随着安全等级的提高，系统的可信度随之增加，风险逐渐减少。

(2) 通用准则 CC。CC 共包含的 11 个安全功能类。

FAU 类：安全审计；

FCO 类：通信；

FCS 类：密码支持；

FDP 类：用户数据保护；

FIA 类：标识与鉴别；

FMT 类：安全管理；

FPR 类：隐秘；

FPT 类：TFS 保护；

FAU 类：资源利用；

FTA 类：TOE 访问；

FTP 类：可信信道/路径。

安全保证要求部分提出了 7 个评估保证级别(EALs)。

EAL1：功能测试；

EAL2：结构测试；

EAL3：系统测试和检查；

EAL4：系统设计、测试和复查；

EAL5：半形式化设计和测试；

EAL6：半形式化验证的设计和测试；

EAL7：形式化验证的设计和测试。

各评估标准之间的对应关系见表 6-4。

表 6-4　国际信息安全评估标准分级对应表

CC	TCSEC	ITSEC
—	D	E0
EAL1	—	—

续表

CC	TCSEC	ITSEC
EAL2	C1	E1
EAL3	C2	E2
EAL4	B1	E3
EAL5	B2	E4
EAL6	B3	E5
EAL7	A1	E6

3) 信息安全技术

信息安全主要采用以下几种技术。

(1) 防火墙。防火墙在某种意义上可以说是一种访问控制产品。它在内部网络与不安全的外部网络之间设置障碍，阻止外界对内部资源的非法访问，防止内部对外部的不安全访问。主要技术包括过滤技术、应用网关技术和代理服务技术。防火墙能够较为有效地防止黑客利用不安全的服务对内部网络进行攻击，并且能够实现数据流的监控、过滤、记录和报告功能，较好地隔断内部网络与外部网络的连接。但其本身可能存在安全问题，也可能会是一个潜在的瓶颈。

(2) 虚拟专有网。虚拟专有网 VPN 是在公共数据网络上，通过采用数据加密技术和访问控制技术，实现两个或多个可信内部网之间的互联。VPN 的构筑通常都要求采用具有加密功能的路由器或防火墙，以实现数据在公共信道上的可信传递。

(3) 安全服务器。安全服务器主要针对一个局域网内部信息存储、传输的安全保密问题，其实现功能包括对局域网资源的管理和控制，对局域网内用户的管理，以及局域网中所有安全相关事件的审计和跟踪。

(4) 电子签证机构。电子签证机构(CA)作为通信的第三方，为各种服务提供可信任的认证服务。CA 可向用户发行电子签证证书，为用户提供成员身份验证和密钥管理等功能。

(5) 用户认证产品。由于 IC 卡技术的日益成熟和完善，IC 卡被更为广泛地用于用户认证产品中，用来存储用户的个人私钥，并与其他技术如动态口令相结合，对用户身份进行有效地识别。同时，还可利用 IC 卡上的个人私钥与数字签名技术结合，实现数字签名机制。随着模式识别技术的发展，诸如指纹、视网膜及脸部特征等高级的身份识别技术也将投入应用，并与数字签名等现有技术结合，必将使得用户身份的认证和识别更趋完善。

(6) 安全管理中心。由于网上的安全产品较多，且分布在不同的位置，这就需要建立一套集中管理的机制和设备，即安全管理中心。它用来给各网络安全设备分发密钥，监控网络安全设备的运行状态，负责收集网络安全设备的审计信息等。

(7) 安全操作系统。给系统中的关键服务器提供安全运行平台，构成安全 WWW 服务、安全 FTP 服务、安全 SMTP 服务等，并作为各类网络安全产品的坚实底座，确保这些安全产品的自身安全。

针对工业控制行业的信息安全技术，ISA 在 2004 年发布了如下对应的技术报告。

ISATR 99.00.01—2004：Security Technologies for Manufacturing and Control Systems。

ISATR 99.00.02—2004：Integrating Electronic Security into the Manufacturing and Control Systems Environment。

6.3.2 环境适应性设计技术

环境变量是影响系统可靠性和安全性的重要因素,所以研究可靠性,就必须研究系统的环境适应性。通常纳入考虑的环境变量有:温度、湿度、气压、振动、冲击、防尘、防水、防腐、防爆、抗共模干扰、抗差模干扰、电磁兼容性(EMC)及防雷击等。下面简单说明一下各种环境变量对系统可靠性和安全性构成的威胁。

1. 温度

环境温度过高或过低,都会对系统的可靠性带来威胁。

低温一般指低于 0℃的温度。我国境内的最低温度为黑龙江漠河,-52.3℃。低温的危害有电子元器件参数变化、低温冷脆及低温凝固(如液晶的低温不可恢复性凝固)等。低温的严酷等级可分为:-5℃、-15℃、-25℃、-40℃、-55℃、-65℃、-80℃等。

高温一般指高于 40℃的温度。我国境内的最高温度为吐鲁番,47.6℃。高温的危害有电子元器件性能破坏、高温变形及高温老化等。高温严酷等级可分为:40℃、55℃、60℃、70℃、85℃、100℃、125℃、150℃、200℃等。

温度变化还会带来精度的温度漂移。

设备的温度指标有两个,工作环境温度和存储环境温度。

(1) 工作环境温度:设备能正常工作时,其外壳以外的空气温度,如果设备装于机柜内,指机柜内空气温度。

(2) 存储环境温度:指设备无损害保存的环境温度。

对于 PLC 和 DCS 类设备,按照 IEC 61131—2 的要求,带外壳的设备,工作环境温度为5℃~40℃;无外壳的板卡类设备,其工作环境温度为5℃~55℃。而在 IEC 60654—1:1993中,进一步将工作环境进行分类:有空调场所为 A 级 20℃~25℃,室内封闭场所为 B 级5℃~40℃,有掩蔽(但不封闭)场所为 C 级-25℃~55℃,露天场所为 D 级-50℃~40℃。

关于温度,在一些文章中,也经常看到商业级、工业级和军用级三种等级,这些说法是元器件厂商的习惯用语,一般并无严格定义。通常,按元器件的工作环境温度,将元器件按下列温度范围分别划分等级(不同厂家的划分标准可能不同):商业级 0℃~70℃,工业级-40℃~85℃,军用级-55℃~125℃。

关于工业控制系统的温度分级标准,可以参见 IEC 60654—1:1993(对应国标 GB/T 17214.1—1998——工业过程测量和控制装置的工作条件第 1 部分:气候条件)或 ISA—71.01—1985——Environmental Conditions for Process Measurement and Control Systems:Temperature and Humidity。

2. 湿度

工作环境湿度:设备能正常工作时,其外壳以外的空气湿度,如果设备装于机柜内,指机柜内空气湿度。

存储环境湿度:指设备无损害保存的环境湿度。

混合比:是水汽质量与同一容积中于空气质量的比值。

相对湿度:相对湿度是空气中实际混合比(r)与同温度下空气的饱和混合比(r_s)之百分比。相对湿度的大小可以直接表示空气距离饱和的程度。

在描述设备的相对湿度时，往往还附加一个条件——不凝结(Non-condensing)，指的是不结露。因为当温度降低时，湿空气会饱和结露，所以不凝结实际上是对温度的附加要求。

在空气中水汽含量和气压不变的条件下，当气温降低到使空气达到饱和时的那个温度称为露点温度，简称为露点。

在气压不变的条件下，露点温度的高低只与空气中的水汽含量有关。水汽含量越多，露点温度越高，所以露点温度也是表示水汽含量多少的物理量。当空气处于未饱和状态时，其露点温度低于当时的气温；当空气达到饱和时，其露点温度就是当时的气温，由此可知，气温与露点温度之差，即温度露点差的大小也可以表示空气距离饱和的程度。

温度对设备的影响如下：

(1) 相对湿度超过 65%，就会在物体表面形成一层水膜，使绝缘劣化；

(2) 金属在高湿度下腐蚀加快。

相对湿度的严酷等级可分为：5%、10%、15%、50%、75%、85%、95%、100%等。

关于工业控制系统的湿度分级标准，可以参见 IEC 60654-1:1993(对应国标 GB/T 17214.1—1998——工业过程测量和控制装置的工作条件第 1 部分:气候条件)或 ISA 71.01—1985——Environmental Conditions for Process Measurement and Control Systems：Temperature and Humidity。

3. 气压

空气绝缘强度随气压降低而降低(海拔每升高 100m 气压降低 1%)。

散热能力随气压降低而降低(海拔每升高 100m，元器件的温度上升 0.2℃～1℃)。

气压的严酷等级常用海拔表示，如海拔 3000m。

一个标准大气压=气温在 0℃及标准重力加速度(g=9.80665)下 760mmHg 所具有的压强，即一个大气压=$1.35951 \times 10^4 \times 9.806\,65 \times 0.76 = 101325$(Pa)。海拔每升高 100m，气压就下降 5mmHg(0.67kPa)。

4. 振动和冲击

振动(Vibration)是指设备受连续交变的外力作用。

振动可导致设备紧固件松动或疲劳断裂。设备安装在转动机械附近，即是典型的振动。DCS 系统的振动要求标准主要是 IEC 606534—3：1983《工业过程测量和控制装置的工作条件 第 3 部分：机械影响》(等效国标为 GB/T 17214.3—2000)。

控制设备的振动分为低频振动(8Hz～9Hz)和高频振动(48Hz～62Hz)两种，严酷等级一般以重力加速度表示：0.1g、0.2g、0.5g、1g、2g、3g、5g。

振动的位移幅度一般分 0.35mm～15mm 等级。

冲击(Shock)是短时间的或一次性的施加外力。跌落就是典型的冲击。DCS 系统的冲击要求标准也主要是由 IEC 60654-3 规定。

冲击的严酷等级以自由跌落的高度来表示，一般分 25mm、50mm、100mm、250mm、500mm、1000mm、2500mm、5000mm 和 10000mm。

5. 防尘和防水

防尘和防水常用标准 IEC 60529(等同采用国家标准为 GB 4208—1993)——外壳防护等级。

其他标准有 NEMA 250，UL 50 和 508，CSAC 22.2No.94-M91。

上述标准规定了设备外壳的防护等级，包含两方面的内容：防固体异物进入和防水。

IEC 60529 采用 IP 编码(International Protection，IP)代表防护等级，一般在 IP 字母后跟两位数字，第一位数字表示防固体异物的能力，第二位数字表示防水能力，如 IP55。IEC 60529/IP 编码含义见表 6-5(参考国际地标准 IEC 60529-2001.2.1 版)。各种防护标准等级简易对照见表 6-6。若有其他要求时可在 IP 后面加上附加字母和补充字母，此时的 IP 标志排列及说明见图 6.5 和表 6-7。

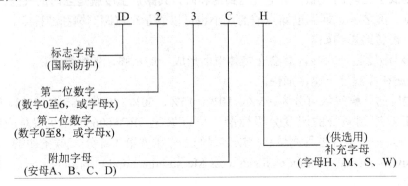

图 6.5　IP 标志的排列

表 6-5　IEC 60529/IP 编码含义

第一位	含义	第二位	含义
0	无防护	0	无防护
1	≥50mm，手指可入	1	防垂滴
2	≥12.5mm，手指可入	2	防斜 15° 垂滴
3	≥2.5mm，工具可入	3	防淋，防与垂直线成 60° 以内淋水
4	≥1.0mm，金属线可入	4	防溅，防任何方向可溅水
5	防尘，金属线可入	5	防喷，防任何方向可喷水
6	尘密(隔尘)，无尘进入，金属线可入	6	防浪，防强海浪冲击
		7	防浸，在规定压力水中
		8	防潜，能长期潜水

表 6-6　各类防护标准等级简易对照表

NEMA	UL	CSA	近似的 IEC 60529/IP
1	1	1	IP23
2	2	2	IP30
3	3	3	IP64
3R	3R	3R	IP32
4	4	4	IP66
4X	4X	4X	IP66
6	6	6	IP67
12	12	12	IP55
13	13	13	IP65

6. 防腐蚀

IEC 60654-4：1987 将腐蚀环境分为几个等级。主要根据硫化氢、二氧化硫、氯气、氟化氢、氨气、氧化氮、臭氧和三氯乙烯等腐蚀性气体；盐雾和油雾；固体腐蚀颗粒三大类腐蚀条件和其浓度进行分级。

腐蚀性气体按种类和浓度分为四级：一级为工业清洁空气，二级为中等污染，三级为严重污染，四级为特殊情况。

油雾按浓度分为四级：一级<5/μg/kg 干空气，二级<50/μg/kg 干空气，三级<500μg/kg 干空气，四级>500μg/kg 干空气。

表 6-7 IP 附加与补充字母的含义

	字母或数字	防护含义
附加字母 (供选用)	A B C D	手背 手指 工具 金属线
补充字母 (供选用)	H M S W	分压设备 防水试验时 设备运转 防水试验时 设备静止 气候条件

盐雾按距海岸线距离分为三级：一级距海岸线 0.5km 以外的陆地场所，二级距海岸线 0.5 km 以内的陆地场所，三级为海上设备。

固体腐蚀物未在 IEC 60654-4：1987 标准中分级，但该标准也叙述了固体腐蚀物腐蚀程度的组成因素，主要是空气湿度、出现频率或浓度、颗粒直径、运动速度、热导率、电导率及磁导率等。

上述规定可以参见 IEC 654-4：1987(等效标准 JB/T 9237.1—1999)《工业过程测量和控制装置的工作条件 第 4 部分：腐蚀和侵蚀影响》。

另外，ISA-71.04—1985——Environmental Conditions for Process Measurement and Control Systems：Airborne Contaminants 也规定了腐蚀条件分级。

7. 防爆

在石油化工和采矿等行业中，防爆是设计控制系统时关键安全功能要求。每个国家和地区都授权权威的第三方机构，制定防爆标准，并对申请在易燃易爆场所使用的仪表进行测试和认证。

美国的电气设备防爆法规，在国家电气代码(National Electric Code，NEC，由 NFPA 负责发布)中，最重要的条款代码为 NEC 500 和 NEC 505，属于各州法定的要求，以此为基础，美国各防爆标准的制定机构发布了相应的测试和技术标准，这些机构主要有如下几个。

(1) 国家防火协会(National Fire Protection Association，NFPA)。

(2) 保险业者实验室(Underwriters Laboratories，UL)。

(3) 工厂联研会(Factory Mutual，FM)。

(4) 美国仪表协会(Instrumentation Systems and Automation Society，ISA)。

不过多数产品都选择通过 UL 或 FM 的认证。

加拿大防爆标准的制定机构主要是加拿大标准协会(Canadian Standards Association，CSA)。

在欧洲，相应的标准由欧洲电工标准委员会(CENELEC)制定。国际标准中，主要遵循

IEC 60079 系列标准。

在中国，国家制定了防爆要求的强制性标准，即 GB 3836 系列标准。检验机构主要是国家级仪表防爆安全监督检验站(National Supervision and Inspection Center for Explosion Protection and Safety of Instrumentation，NESPI)，设在上海自动化仪表所。

各种防爆标准近似对应表见表 6-8。

表 6-8　各类防爆标准近似对应表

标准类型	欧洲标准	IEC 标准	FM 标准	UL 标准	ANSI/ISA	CSA 标准	中国标准
总则	EN 50014	IEC 60079-0	FM 3600 FM 3810		ANSI/ ISAS 12.0.01	CSA 79-0-95	GB 3836.1
充油型	EN 50015	IEC 60079-6		UL2279 Pt.6	ANSI/ ISAS 12.26.01	CSA 79-E79-6	GB 3836.6
正压型	EN 50016	IEC 60079-2	FM 3620	NFPA 496		CSA 79-E79-2	GB 3836.5
充砂型	EN 50017	IEC 60079-5		UL 2279, Pt.5	ANSI/ ISAS 12.25.01	CSA 79-E79-5	GB 3836.7
隔爆型	EN 50018	IEC 60079-1	FM 3615	UL 2279, Pt.1 UL 1203	ANSI/ ISAS 12.22.01	CSA 79-E79-1	GB 3836.2
增安型	EN 50019	IEC 60079-7		UL 2279, Pt.7	ANSI/ ISAS 12.16.01	CSA 79-E79-7	GB 3836.3
本安型	EN 50020 EN 50039	IEC 60079-11	FM 3610	UL 2279, Pt.11 UL 913	pr ANSI/ ISAS 12.02.01	CSA 79-E79-11	GB 3836.4
无火花型	EN 50021	IEC 60079-15	FM 3611	UL 2279, Pt.15	pr ANSI/ ISAS 12.12.01	CSA 79-E79-15	GB 3836.8
浇封型	EN 50028	IEC 60079-18		UL 2279, Pt.18	ANSI/ ISAS 12.23.01	CSA 79-E79-18	GB 3836.9

下面以 GB 3836 为例，简要介绍一下防爆的分类、等级和标记。

(1) 场所分类。

Ⅰ类：有甲烷等气体的煤矿井下。

Ⅱ类：各种易燃易爆气体的工业场所。

Ⅲ类：有易燃易爆粉尘的场所。

(2) 易爆等级分类(可燃物类型)。按易爆物质类型，其中Ⅰ类不再细分，Ⅱ类细分为 A、B、C 三级，Ⅲ类细分为 A、B 两级，A、B、C 三级依次变得易引爆。

(3) 温度分类。环境温度不一样，易爆程度也不同。

Ⅰ、Ⅱ类分为六个级别：TI(300℃～450℃)、T2(200℃～300℃)、T3(135℃～200℃)、T4 (100℃～135℃)、T5(85℃～100℃)和 T6(低于 85℃)。

Ⅲ类分为 3 个级别：T1—1(200℃～270℃)、T1—2(140℃～200℃)和 T1—3(低于 140℃)。

(4) 类型标记符号。仪表和系统可以采用多种技术原理实现防爆功能，每种技术原理类型采用一个英文字符表示，如隔爆型"d"、冲油型"。"、正压型"p"、增安型"e"、冲砂型"q"、浇封型"m"、本安型"i"、火花型"n"、气密型"h"。其中增安型是在隔爆型的基础上再加上无火花设计形成的；本安型又分为 ia 和 ib 两级，ia 安全数更大。

(5) 防爆仪表的标识。按"原理类型标记符号、场所类型、温度等级"的顺序，将上述的分类代号连成一串，组成防爆仪表的完整标识，如 dIIBT3，表示隔爆型仪表，可用于乙烯环境中，其表面温度不超过 200℃；iaIIAT5，表示本安 ia 型，可用于乙炔、汽油环境中，表面温度不超过 100℃。

在实际应用中，采用本安(intrinsic safety)型仪表或采用安全栅(intrinsic safety barrier)是最常见的选择。

6.3.3 电磁兼容性和抗干扰

1. 电子系统的电磁兼容性和抗干扰概述

DCS 作为复杂的电子系统，其电磁兼容性(EMC)和抗干扰能力在很大程度上决定了系统的可靠性，所以，从本节开始到本书结束，都是围绕这一主题展开讨论的。下面先介绍电磁兼容性和抗干扰的一些基本概念。

(1) 电磁兼容性(Electro Magnetic Compatibility，EMC)：设备在其电磁环境中能正常工作，且不具备对该环境中其他设备构成不能承受的电磁骚扰的能力。

(2) 骚扰(Disturbance)：专指本产品对别的产品造成的电磁影响。

(3) 干扰(Interference)：或称为抗干扰，专指本产品抵抗别的产品的电磁影响。

(4) 形成电磁干扰的三要素是：骚扰源、传播途径和接收器。

(5) 骚扰源：危害性电磁信号(即干扰信号，或称为噪声)的发射(emission)者。

(6) 传播途径：指电磁信号的传播途径。主要有辐射和传导两种方式。

(7) 辐射(RadiatedEmission)：通过空间发射。

(8) 传导(ConductedEmission)：沿着导体发射。

注意：不要将发射和辐射混淆，辐射和传导都统属于发射。

(9) 接收器：收到电磁信号的电路。

消除骚扰源(噪声)、传播途径和接收器这三要素之一，产品间电磁干扰就不存在了。

1) 噪声的种类和产生原因

噪声分为自然噪声和人为噪声两大类。

(1) 自然噪声：宇宙射线和太阳辐射(频率大于 10MHz)；雷电(频率小于 10MHz)。

(2) 人为噪声：故意行为，如雷达、电子战发射装置；无意行为，如电焊机、电源、继电器及静电等。

在 DCS 系统中，噪声通过辐射或传导叠加到电源、信号线和通信线上，轻则造成测量的误差，严重的噪声(如雷击、大的串模干扰)可造成设备损坏。

DCS 中常见的干扰(噪声)有以下几种。

(1) 电阻耦合引入的干扰(传导引入)：

① 当几种信号线在一起传输时，由于绝缘材料老化、漏电而影响到其他信号中引入干扰。

② 在一些用电能作为执行手段的控制系统中(如电热炉、电解槽等)信号传感器漏电，接触到带电体，也会引入很大的干扰。

③ 在一些老式仪表和执行机构中，现场端采用 220V 供电，有时设备烧坏，造成电源与信号线间短路，也会造成较大的干扰。

④ 由于接地不合理，例如，在信号线的两端接地，会因为地电位差而加入一较大的干扰，如图 6.6 所示。信号线的两端同时接地，这样，如果 A、B 两点的距离较远，则可能会有较大的电位差 e_N，这个电位差可能会在 A、B 两端之间的信号线上产生一个很大的环流。

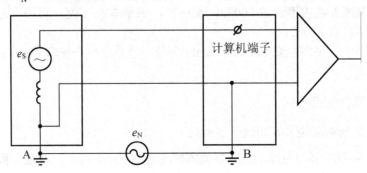

图 6.6　两点接地的干扰

(2) 电容电感耦合引入的干扰。因为在被控现场往往有很多信号同时接入计算机，而且这些信号线或者走电缆槽，或者走电缆管，但肯定是很多根信号线在一起走线。这些信号之间均有分布电容存在，会通过这些分布电容将干扰加到别的信号线上，同时，在交变信号线的周围会产生交变的磁通，而这些交变磁通会在并行的导体之间产生电动势，这也会造成线路上的干扰。

(3) 计算机供电线路上引入的干扰。在一些工业现场(特别是电厂冶金企业、大的机械加工厂)大型电气设备启动频繁，大的开关装置动作也较频繁，这些电动机的启动、开关的闭合产生的火花会在其周围产生很大的交变磁场。这些交变磁场既可以通过在信号线上耦合产生干扰，也可能通过电源线上产生高频干扰，这些干扰如果超过容许范围，也会影响计算机系统的工作。

(4) 雷击引入的干扰。雷击可能在系统周围产生很大的电磁干扰，也可能通过各种接地线引入干扰。

2) 噪声的传播和接收

噪声可以通过以下 3 种机构传播和接收。

(1) 通过天线或等效于天线的结构接收。

(2) 通过机箱接收。

(3) 通过导线接收。

对于上述 3 种基本的信号传播机构，可构成 9 种可能的耦合，其中，天线—天线，天线—导线、导线—导线是 3 种最主要的耦合方式，所以电磁兼容性的研究和标准也主要是围绕这种模式进行的。机箱—机箱模式除低频磁场外，一般不是主要的。

2. 电磁兼容性标准概述

早在 1934 年，IEC 成立"国际无线电干扰特别委员会"(法文缩写为 CISPR)开始制定一系列的电磁兼容标准。

1979 年，IEC 在 TC65 专业(工业过程测量和控制设备专业委员会)下成立 WG4 工作组，专门研究该领域的电磁兼容性问题，并于 1984 年提出了著名的 IEC 801 系列标准。

1989 年，欧共体发布 89/336/EEC 产品指令，规定到 1995 年底为过渡期，之后凡未达到该指令中电磁兼容标准的产品，不得进入欧盟市场。

1990 年，IECTC77(专门研究电气设备电磁兼容的委员会)认为 IEC 801 的成果与其工作重叠，决定采纳 IEC 801 为基础标准，改标准号为 IEC 61000-4 系列。

美国联邦通信委员会(FCC)也制定了相应的 EMC 标准。

电磁兼容性标准可以分为发射标准和抗扰度标准两大类(DCS 作为工业控制产品，其抗扰度受到更多的关注)，每类标准根据标准的适用范围，又分为基础标准、通用标准、产品簇标准和专用产品标准，如图 6.7 所示。

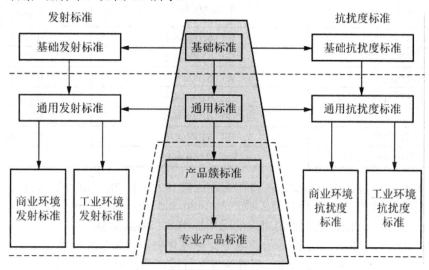

图 6.7　电磁兼容标准体系层次图

发射(Emission/Disturbance)标准：用于表述产品发出电磁信号骚扰别的产品的具体规定，如 IEC61000-6-4 工业环境中的发射标准。

抗扰度(Irnmumty)标准：用于表述产品抵抗电磁骚扰信号的具体规定。如 IEC 61000- 6-2 工业环境中的抗扰度要求。

基础标准(Basic Standards)：只阐述测量和试验方法，不规定环境，不规定何种产品应达到什么等级的要求。如 IEC 61000-4 系列，规定了基础性抗扰度标准。

通用标准(GenericStandards)：对规定的某类环境中的产品提出一系列最低的电磁兼容性要求。如 IEC61000-6 系列，规定了住宅和工业环境的电磁兼容标准。

产品簇标准(Product Family Standards)：在通用标准和基础标准的基础上，具体规定了某类产品的电磁兼容要求和测试方法。如 GB/T 17618—1998(idt CISPR 24：1997)——《信息技术设备抗扰度限值和测量方法》。

专用产品标准(Product Specific Standards)：具体规定某一型号产品的电磁兼容要求，一般不单独编制某产品的电磁兼容标准，而只是将其电磁兼容的要求编写在该产品的通用技术条件或产品标准中，以引用其他电磁兼容标准的条款的形式表达,如用于 PLC 的 IEC 61131-2。

在国际电磁兼容性标准中，最著名的是 IEC 61000 系列标准，分为以下几大系列。

IEC 61000-1 系列：《总论》，一般性的讨论和定义，术语。

IEC 61000-2 系列：《环境》，环境分类及描述。

IEC 61000-3 系列：《限值》，发射和抗扰度限值。

IEC 61000-4 系列：《测试技术》，测量和试验技术。

IEC 61000-5 系列：《安装于调试指南》，安装指南，调试方法与设备。

IEC 61000-6 系列：《通用标准》，规定不同环境下的抗扰度和发射要求。

在上述标准中，IEC 61000-4 系列标准是 DCS 中经常采用的抗扰度测试基础标准 IEC 61000-4 系列标准来源于原来的 IEC 801 系列标准，见表 6-9。

表 6-9　IEC 61000-4 系列标准与原 IEC 801 系列标准对应表

标准内容	IEC 61000-4 标准(GB/T 17626 系列)	对应原 IEC 801 标准 (GB/T 13926 系列)
抗扰度试验综述	IEC 61000-4-1	IEC 801-1
静电放电抗扰度	IEC 61000-4-2	IEC 801-2
辐射电磁场抗扰度	IEC 61000-4-3	IEC 801-3
快速瞬变脉冲群抗扰度	IEC 61000-4-4	IEC 801-4
浪涌抗扰度	IEC 61000-4-5	IEC 801-5
射频场传导骚扰抗扰度	IEC 61000-4-6	IEC 801-6
电压瞬时跌落和中断抗扰度	IEC 61000-4-11	无

DCS 的电磁兼容性的一般要求，目前国际国内并无专门的产品标准，但作为典型的工业控制设备，一般将其归为轻工类工业产品(light industry)或信息设备(Information Technology Equipment，ITE)，从而采用对应的通用标准或产品簇标准。

CISPR 24 和 CISPR 22 是国际无线电干扰标准化委员会为信息技术设备制定的产品电磁兼容簇标准，前者为抗扰度标准，后者为发射标准。我国对应国标为

GB/T 17618—1998《信息技术设备抗扰度限值和测量方法》(idt CISPR 24：1997)；

GB 9254—1998《信息技术设备的无线电骚扰限值和测量方法》(idt CISPR22：1997)；

CISPR 24 的测量方法引用基础标准 IEC 61000-4 系列("电磁兼容　试验和测量技术　静电放电抗扰度试验"即 GB/T 17626 系列 1998)。

目前国外的 DCS 厂家，直接采用 IEC 61000-4 系列标准，并标明其产品的测试结果，一般来说，对于 DCS 产品，只要符合表 6-8 所列的几种 IEC 61000—4 的 2 级以上标准，就可以满足其使用环境的要求。2002 年，IEC 发表了适合于工业控制设备使用的 EMC 产品簇标准，即 IEC 61326：2002(废除和代替了 IEC 61326—1：1997 和 1998 及 2000 年的两次补充)，也是以 IEC 61004 系列标准为基础编制的。

GB/T 17618—1998 中对信息技术电子设备抗扰度的要求见表 6-10。

GB/T 17618—1998 分级准则：

A 级：产品在试验中和试验后都能正常工作，且无性能下降。

B 级：产品在试验后能正常工作，且无性能下降；产品在试验中允许性能有降低，但不允许实际工作状态或存储数据有变化。

C 级：产品在试验中或试验后有暂时的性能下降或状态变化，但可以通过控制操作来自行恢复或人工恢复(如重新上电复位)。

表 6-10　信息技术电子设备抗扰度要求

项　　目	标　准　号	要　　求
静电放电抗扰度	GB/T 17618—1998 第 1 条	B 级合格

续表

项　　目	标　准　号	要　　求
连续波辐射骚扰抗扰度	GB/T 17618—1998 第 2 条	A 级合格
电快速瞬变脉冲群抗扰度	GB/T 17618—1998 第 3 条	B 级合格
浪涌(冲击)抗扰度	GB/T 17618—1998 第 4 条	B 级合格
连续波传导骚扰抗扰度	GB/T 17618—1998 第 5 条	A 级合格
电压暂降和短时中断抗扰度	GB/T 17618—1998 第 7 条	暂降：B 级，中断：C 级合格

3. 产品的电磁兼容性和抗干扰设计

电子系统要在复杂的电磁环境中可靠地工作，必须从设计上确保各种干扰得到抑制。电磁兼容性和抗干扰是非常相近的内容。在电子系统设计中，提高其电磁兼容性和抗干扰能力的"六大法宝"是：① 接地；② 隔离；③ 屏蔽；④ 双绞；⑤ 吸收；⑥ 滤波。

在接下来将逐一对上述方法进行阐述。

6.3.4 提高电磁兼容性和抗干扰能力的"六大法宝"

1. 接地

众所周知，地球是一个巨大的导体，可以存储海量的电荷。接地就是基于这样一个基本的物理基础所采取的技术手段。接地按其作用可分为保护性接地和功能性接地两大类。

1) 保护性接地

(1) 防电击接地：为了防止电气设备绝缘损坏或产生漏电流致使平时不带电的外露导电部分带电而导致电击，将设备的外露导电部分接地，称为防电击接地。这种接地还可以限制线路涌流或低压线路及设备由于高压窜入而引起的高电压；当产生电器故障时，有利于过电流保护装置动作而切断电源。这种接地，也是通常的狭义的"保护接地"，它又分为保护导体接地(PE，也称为保护接地)和保护中性导体接地(PEN，也称为保护接零)两种方式。

(2) 防雷接地：将雷电导入大地，防止雷电流使人身受到电击或财产受到破坏。

(3) 防静电接地：将静电荷引入大地，防止由于静电积聚对人体和设备造成危害。特别是目前电子设备中集成电路用得很多，而集成电路容易受到静电作用产生故障，接地后可防止集成电路的损坏。

(4) 防电蚀接地：地下埋设金属体作为牺牲阳极或阴极，以防止电缆、金属管道等受到电蚀。

2) 功能性接地

(1) 逻辑接地：为了确保稳定的参考电位，将电子设备中的某个参考电平点(通常是电源的零电位点)接地，也称为电源地或直流地。

(2) 屏蔽接地：将电气干扰源引入大地，抑制外来电磁干扰对电子设备的影响，也可减少电子设备产生的干扰影响其他电子设备。

(3) 信号回路接地：如各变送器的负端接地，开关量信号的负端接地等。

(4) 本安接地：为保证系统向防爆区传送的能量在规定的范围之内，将安全栅等设备安全地连接到供电电源的零电位点。

配电型式决定 DCS 系统的保护性接地方式。

保护性接地的主要目的是避免人身伤害，所以在介绍保护性接地之前，先介绍一下人体对电流的反应。通过人体的工频电流达到 2mA～7mA，人会感到电击处强烈麻刺，肌肉痉挛；2mA～10mA，手已难以摆脱电源；20mA～25mA，人体已经不能自主，无法自己摆脱电源，且人体将感到痛苦和呼吸困难；25mA～80mA，呼吸肌痉挛，电击时间为 25s～30s，可发生心室纤维性颤动或心跳停止，将危及生命；80 mA～100mA，电击时间为 0.1s～0.3s，即引起严重心室纤维性颤动造成死亡。因而通过人体的工频电流要在 20mA 以下，才能被认为是安全的。通过人体的电流值与加在人体上的电压及人体的电阻有关。人体在皮肤完好状态下的电阻是很高的，有时可达 MΩ 级，但当皮肤处于潮湿或损伤状态时，人体电阻将急剧降低，在这种不利情况下，认为人体电阻 1kΩ～1.5kΩ 是合适的。如再考虑到人足与大地间的接触电阻，则总电阻在 2kΩ 以上。如果用电压来衡量，人体最高可承受的安全电压为 50V 交流有效值以下。

为了保证在设备外壳带电时的人身安全，必须采用保护性接地措施，主要有保护接地(PE)和保护接零(PEN)两种选择。

保护接地(PE)可用于变压器中性点不接地、通过阻抗接地或直接接地供电系统，它是把一根导线，一头接在设备的金属外壳上，另一头接在接地体(专门埋入地下的金属棒管)上，让电器的金属外壳与大地连成一体。这样，万一金属外壳因某种原因带电时，电流就会通过导线很快流进大地，装在供电线路上的熔丝由于流过的电流突然增大而熔断，从而保护了人身和电器的安全。保护接地的接地电阻一般要求小于 4Ω。

保护接零(PEN)仅用于三相四线制且变压器中性点直接接地的供电系统，它是把电器的金属外壳接到供电线路系统中的专用接零地线上，而不必专门自行埋设接地体。当某种原因造成电器金属外壳带电时，通过供电线路的火线(某一相导线)—金属外壳—专门接零地线，构成了一个单相电源短路的回路，供电线路的熔丝在流过很大的电流时熔断，从而消除了触电的危险。采用保护接零，必须确保三点：零线不要断线、零线需要重复接地、中性点接地良好。

关于保护性接地的型式选择和安全要求，由国家强制性标准 GB 14050—1993《系统接地的型式及安全技术要求》规定。

按照 GB 14050，低压配电系统的接地方式有 IT、WI'、TN 3 种。在 TN 型中又分有 TN-C、TN-S 和 TN-C-S 3 种派生型。字母代号含义如下：

第一个字母反映电源中性点接地状态：T——电源端(变压器)中性点接地；I——电源中性点没有接地(或采用阻抗接地)。

第二个字母反映负载侧的接地状态：T——负载保护接地，但独立于电源端(变压器)接地；N——电气装置外壳与电源端接地点直接连接。

第三个字母 C——中性导体与保护导体共用一线。

第四个字母 S——中性导体与保护导体是分开的。

(1) 逻辑接地。逻辑地即电源地，逻辑地一般可以在本机柜内直接以星形方式连接到一点，该点一般也是与机柜绝缘的汇流条。通常，逻辑地可与屏蔽地共用汇流条。

(2) 屏蔽接地。对于 DCS 而言，大部分信号为低频信号，信号屏蔽层采用单端接地的方法，并且为了获得更高的模拟测控精度，机柜内屏蔽地为单独的汇流条，该汇流条与机柜体的其他部分绝缘。

(3) 本安接地。本安接地是指本安仪表或安全栅的接地。这种接地除了抑制干扰外，还可使仪表和系统具有本质安全特性。本安接地会因为采用的设备的本安措施不同而不同，下面以齐纳式安全栅为例，说明其接地内容，如图 6.8 所示，是一个齐纳式安全栅的接地原理图。

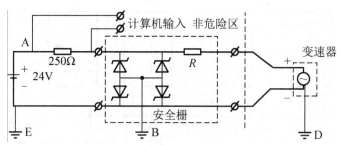

图 6.8 齐纳式安全栅的接地原理图

安全栅的作用是保护危险现场端永远处于安全电源和安全电压范围之内。如果现场端短路，由于负载电阻和安全栅电阻 R 的限流作用，会将导线上的电流限制在安全范围内，使现场端不至于产生很高的温度，引起燃烧。如果计算机一端产生故障，则高压电信号加入了信号回路，由于齐纳二极管的钳位作用，也使电压位于安全范围。

值得提醒的是，由于齐纳安全栅的引入，使得信号回路上的电阻增大了许多，因此，在设计输出回路的负载能力时，除了要考虑真正的负载要求以外，还要充分考虑安全栅的电阻，留有余地。

上面介绍了几种接地：保护地、逻辑地、屏蔽地和安全地。对这几种接地，各家有各家的要求，可能略有不同，最常见的接地方法示意如图 6.9 所示，接地实施步骤如下。

(1) 保护地。如前所述，目前很多工厂的供电系统为 TT 系统，所以 220VAC 电源引入 DCS 时，只需要接入相线(L)和零线(N)，电源系统的地线(E)并不接入，此时IX:5 系统内保护地的接法是：首先，在安装时用绝缘垫和塑料螺钉垫圈保证各机柜与支撑底盘间绝缘(底盘由 DCS 厂家提供，焊接在地基槽钢上)；其次，将系统内务机柜(柜门和柜顶风扇等可动部分必须用导线与机柜良好接触)接地螺钉用接地导线用菊花链的形式连接起来，再从中间的机柜的接地点用一根接地线连接到 ECS 接地铜排(图 6.9 中 G1 点)。操作员站等 PC 的机壳也采用类似方法接入 G1，需要注意的是，PC 的 5V 电源地与其外壳是连在一起的，所以相当于 PC 的逻辑地是通地保护地接地的。

(2) 逻辑地。首先，各站内的逻辑地必须在本柜汇集于一点(柜内汇流排)，然后，各柜内用粗绝缘导线以星形汇集到 DCS 接地铜排(G1 点)。逻辑地除了获得稳定的参考点，还有助于为静电积累提供释放通路，所以，即使是隔离电路，其逻辑地也应该是接地或通过大电阻(比如 1MΩ以上)接地，不建议采用所谓的"浮空"处理。即使是在航天器等无法接入大地的场合，也需要将逻辑地接到设备中最大的金属片上。

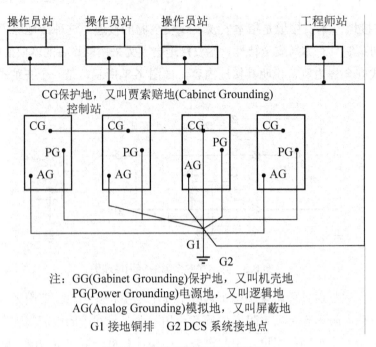

注：GG(Gabinet Grounding)保护地，又叫机壳地
PG(Power Grounding)电源地，又叫逻辑地
AG(Analog Grounding)模拟地，又叫屏蔽地
G1 接地铜排　G2 DCS 系统接地点

图6.9　DCS系统的接地示意图

(3) 屏蔽地。屏蔽地也叫模拟地(AG)，几乎所有的系统都提出 AG 一点接地，而且接地电阻小于 1Ω。DCS 设计和制造中，在机柜内部都安置了 AG 汇流排或其他设施。用户在接线时将屏蔽线分别接到 AG 汇流排上，在机柜底部，用绝缘的铜辫连到一点，然后将各机柜的汇流点再用绝缘的铜辫或铜条以星形汇集到 G1 点。大多数的 DCS 要求，不仅各机柜 AG 对地电阻$<1\Omega$，而且各机柜之间的电阻也要$<1\Omega$。

(4) 安全栅地。我们回过头来再看图 6.7 所示的安全栅原理图。从图 6.7 中可以看出有三个接地点：B、E、D。通常 B 和 E 两点都在计算机这一侧，可以连在一起，形成一点接地。而 D 点是变送器外壳在现场的接地，若现场和控制室两接地点间有电位差存在，那么，D 点和电源正极的电位就不同了。假设以 E 作为参考点，假定是 D 点出现 10V 的电势，此时，A 点和电源正极的电位仍为 24V，那么 A 和 D 之间就可能有 34V 的电位差了，已超过安全极限电位差，但齐纳管不会被击穿，因为 A 和 E 间的电位差没变，因而起不到保护作用。这时如果不小心，现场的信号线碰到外壳上，就可能引起火花，可能会点燃周围的可燃性气体，这样的系统也就不具备本安性能了。所以，在涉及安全栅的接地系统设计与实施时，一定要保证 D 点和 B(E)点的电位近似相等。在具体实践中可以用以下方法解决此问题：用一根较粗的导线将 D 点与 B 点连接起来，来保证 D 点与 B 点的电位比较接近。另一种就是利用统一的接地网，将它们分别接到接地网上，这样，如果接地网的本身电阻很小，再用较好的连接，也能保证 D 点和 B 点的电位近似相等。

(5) DCS 接地点设置。各机柜内的地都用铜线连接到 DCS 接地铜排(G1 点)后，需要用一根更粗的铜线将 G_1 连接到工厂选定 DCS 接地点(G_2)，需要注意的是 G_2 的选择。在很多企业，特别是电厂、冶炼厂等，其厂区内有一个很大的地线网，将变压器端接地与用电设备的接地连成一片。有的厂家强调 IX:5 系统的所有接地必须和供电系统地以及其他地(如避雷地)严格分开，而且之间至少应保持 151m 的距离。为了彻底防止供电系统地的影响，建议供电线路用隔离变压器隔开。这对那些电力负荷很重，而且负荷经常起停的场合是应注意的。从抑制干扰的角度来看，将电力系统地和计算机系统的所有地分开是很有好处的，因为一般电力系统的地线是不太干净的。但从工程角度来看，在有些场合下，单设计算机系统地并保证其与供电系统地隔开一定距离是很困难的。考虑能否将计算机系统地和供电地共用一个，这要考虑如下几个因素。

① 供电系统地上是否干扰很大，如大电流设备起停是否频繁，因为大电流入地时，由于土壤电阻的存在，离入地点越近，地电位上升越高，起落变化越大。

② 供电系统地的接地电阻是否足够小，而且整个地网各个部分的电位差是否很小，即地网的各部分之间是否阻值很小($<1\Omega$)。

③ DCS 的抗干扰能力及所用到的传输信号的抗干扰能力，例如，有无小信号(热电偶、热电阻)的直接传输等。

以上讨论了几种接地的方法和 DCS 接地点的设置。在不同的系统中，对这几种接地的要求可能不同，但大多数系统对 AG 的接地电阻一般要求小于 1Ω，而安全栅的接地电阻应 $<4\Omega$，最好 $<1\Omega$，PG 和 CG 的接地电阻应小于 4Ω。总的来说，一般工控机系统(包括自动化仪表)的接地系统，由接地线接地汇流排、公用连接板及接地体等几部分组成，如图 6.10 所示。

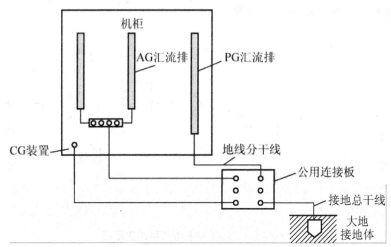

图 6.10　DCS 接地系统的组成

总之，对于 DCS 系统或其他电气系统的接地，其本质就是"能接地的接好地，并且一点接地"，不能"借河"出海，"百川"必须各自"归海"(否则各"河道"水位相互影响，而大地是海量的电容，"水位"几乎不变)。

2. 隔离

电路隔离的主要目的是通过隔离元器件把噪声干扰的路径切断，从而达到抑制噪声干扰的效果。在采用了电路隔离的措施以后，绝大多数电路都能够取得良好的抑制噪声的效果，使设备符合电磁兼容性的要求。电路隔离主要有：模拟电路间的隔离、数字电路间的隔离、数字电路与模拟电路之间的隔离。所使用的隔离方法有：变压器隔离法、脉冲变压器隔离法、继电器隔离法、光耦合器隔离法、直流电压隔离法、线性隔离放大器隔离法及光纤隔离法等。

数字电路的隔离主要有：脉冲变压器隔离、继电器隔离、光耦合器隔离及光纤隔离等。

模拟电路的隔离主要有：互感器隔离、线性隔离放大器隔离。

模拟电路与数字电路之间的隔离可以采用 A/D 转换器转换成数字信号后再采用光耦合器隔离；对于要求较高的电路，应提前在 A/D 转换装置的前端采用模拟隔离元器件隔离。

电路隔离都需要提供隔离电源，即被隔离的两部分电路使用无直接电气联系(如共地)的两个电源分别供电。电源隔离方法主要有变压器(交流电源)和隔离型 DC/DC 变换器。

1) 供电系统的隔离

(1) 交流供电系统的隔离。由于交流电网中存在着大量的谐波、雷击浪涌、高频干扰等噪声，所以对由交流电源供电的控制装置和电子电气设备，都应采取抑制来自交流电源干扰的措施。采用电源隔离变压器，可以有效地抑制窜入交流电源中的噪声干扰。但是，普通变压器却不能完全起到抗干扰的作用。这是因为，虽然一次绕组和二次绕组之间是绝缘的，能够阻止一次侧的噪声电压、电流直接传输到二次侧，有隔离作用。然而，由于分布电容(绕组与铁心之间，绕组之间，层匝之间和引线之间)的存在，交流电网中的噪声会通过分布电容耦合到二次侧。为了抑制噪声，必须在绕组间加屏蔽层，这样就能有效地抑制噪声，消除干扰，提高设备的电磁兼容性。如图 6.11(a)、图 6.11(b)所示为不加屏蔽层和加屏蔽层的隔离变压器分布电容的情况。

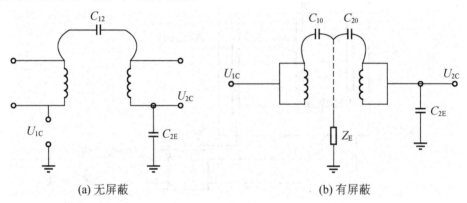

(a) 无屏蔽　　　　　　　　　　　　　(b) 有屏蔽

图 6.11　无屏蔽和有屏蔽隔离变压器

在图 6.10(a)中，隔离变压器不加屏蔽层，C_{12} 是一次绕组和二次绕组之间的分布电容，在共模电压 U_{1C} 的作用下，二次绕组所耦合的共模噪声电压为 U_{2C}，C_{2E} 是二次侧的对地电容，则知二次侧的共模噪声电压 U_{2C} 为

$$U_{2C}=U_{1C} \cdot C_{12}/(C_{12}＋C_{2E})$$

在图 6.10(b)中，隔离变压器加屏蔽层，其中 C_{10}、C_{20} 分别代表一次绕组和二次绕组对屏蔽层的分布电容，Z_E 是屏蔽层的对地阻抗，C_{2E} 是二次绕侧的对地电容，则从图可知二次侧的共模电压 U_{2C} 为

$$U_{2C}=[U_{1C} \cdot Z_E/(Z_E +1/j\omega C_{10}) \cdot [C_{2E}/(C_{20}+C_{2E})]$$

在低频范围内，$Z_E \ll (j\omega C_{10})$，所以 $U_{2C} \to 0$。由此可见采取屏蔽措施后，通过隔离变压器的共模噪声电压被大大地削弱了。

(2) 直流供电系统的隔离。当控制装置和电子电气设备的内部子系统之间需要相互隔离时，它们各自的直流供电电源间也应该相互隔离，其隔离方式如下：第一种是在交流侧使用隔离变压器，如图 6.12(a)所示；第二种是使用直流电压隔离器(即 DC/DC 变换器)，如图 6.12(b)所示。

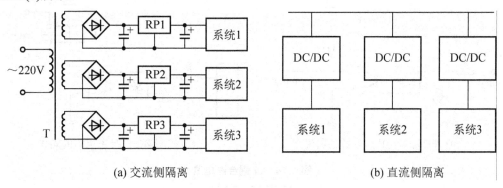

(a) 交流侧隔离　　　　　　　　　　　　(b) 直流侧隔离

图 6.12　直流电源系统的隔离

2) 模拟信号的隔离

对于具有直流分量和共模噪声干扰比较严重的场合，在模拟信号的测量中应采取措施，使输入与输出完全隔离，彼此绝缘，消除噪声的耦合。

(1) 高电压、大电流信号的隔离。高电压、大电流信号采用互感器隔离，其抑制噪声的原理与隔离变压器类似。互感器隔离的应用如图 6.13(a)所示。

(2) 4mA～20mA/0V～5V/0V～10V/mV 信号的隔离。一般采用线性隔离放大器的应用如图 6.13(b)所示。

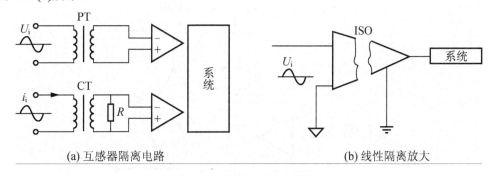

(a) 互感器隔离电路　　　　　　　　　　(b) 线性隔离放大

图 6.13　模拟信号输入隔系统

3) 数字电路的隔离

在数字电路中，一般采用光耦合器、脉冲变压器及继电器来进行隔离。

(1) 光耦合器隔离。光耦合器隔离方法是用光耦合器把输入信号与内部电路隔离开来，或者是把内部输出信号与外部电路隔离开来，如图 6.14 所示。

目前，大多数光耦合器件的隔离电压都在 2.5kV 以上，有些器件达到了 8kV，既有高压大电流大功率光耦合器件，又有高速高频光耦合器件(频率高达 10MHz)。

(2) 脉冲变压器隔离。脉冲变压器是以太网接口常用的隔离方式。脉冲变压器的匝数较少，而且一次绕组和二次绕组分别绕于铁氧体磁心的两侧，这种工艺使得它的分布电容特小，仅为几皮法，所以可作为脉冲信号的隔离器件。脉冲变压器传递输入、输出脉冲信号时，不传递直流分量。一般说，脉冲变压器的信号传递频率在 1kHz～1001MHz。图 6.15 所示是脉冲变压器的示意图。高频(如 100kHz)脉冲变压器也是隔离型开关电源中的关键器件。

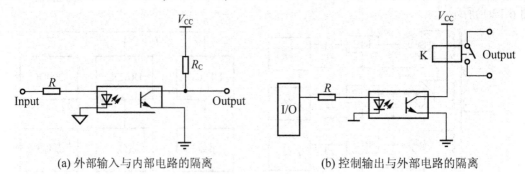

(a) 外部输入与内部电路的隔离　　　　(b) 控制输出与外部电路的隔离

图 6.14　光耦合器电路

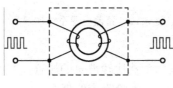

图 6.15　脉冲变压器

(3) 继电器隔离。继电器是常用的数字输出隔离器件，用继电器作为隔离器件简单实用，价格低廉。

图 6.16 所示为继电器输出隔离的实例示意图。在该电路中，通过继电器把低压直流与高压交流隔离开来使高压交流侧的干扰无法进入低压直流侧。

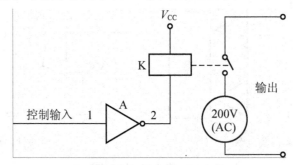

图 6.16　继电器隔离

3. 屏蔽

屏蔽就是用金属导体，把被屏蔽的元器件、组合件、电话线及信号线包围起来。这种方法对电容性耦合噪声抑制效果很好。最常见的就是用屏蔽双绞线连接模拟信号。

在很多场合下，信号除了受电噪声干扰以外，主要还受到强交变磁场的影响，如电站、冶炼厂及重型机械厂等。那么，除了要考虑电气屏蔽以外，还要考虑磁屏蔽，即考虑用铁、镍等导磁性能好的导体进行屏蔽。

要想使屏蔽起到作用，屏蔽层必须接地。屏蔽层的接地，有时采用单点接地，有时采用多点接地，在多点接地不方便时，在两端接地。主要的理论依据是：屏蔽层也是一个导线，当其长度与电缆芯线传送信号的 1/4 波长接近时，屏蔽层也相当于一根天线。为简便起见，在 DCS 系统中，对于低频的信号线，只能将屏蔽层的一端接地，否则屏蔽层两端地电位差会在屏蔽层中形成电流，产生干扰；对于信号频率较高(100kHz 以上)的信号，比如 Profibus-DP 电缆，其屏蔽层推荐两端接地。

虽然使用屏蔽电缆是一种很好的抑制耦合性干扰的方法，但其成本较高，另外，只要采取适当的措施，并不是所有信号都要采用屏蔽电缆才能满足使用要求，比如，正确的电缆敷设，就可以做到这一点，基本方法如下。

(1) 使所有的信号线很好地绝缘，使其不可能漏电，这样，防止由于接触引入的干扰。

(2) 正确敷设电缆的前提是对信号电缆进行正确分类，将不同种类的信号线隔离铺设(不在同一电缆槽中，或用隔板隔开)，可以根据信号不同类型将其按抗噪声干扰的能力分成几类。

① 模拟量信号(特别是低电平的模拟信号如热电偶信号、热电阻信号等)对高频的脉冲信号的抗干扰能力是很差的。建议用屏蔽双绞线连接，且这些信号线必须单独占用电缆管或电缆槽，不可与其他信号在同一电缆管(或槽)中走线。

② 低电平的开关信号(干接点信号)、数据通信线路(RS-232、RS-485 等)对低频的脉冲信号的抗干扰能力比模拟信号要强，但建议最好采用屏蔽双绞线(至少用双绞线)连接。此类信号也要单独走线，不可和动力线及大负载信号线在一起平行走线。

③ 高电平(或大电流)的开关量的输入/输出及其他继电器输入/输出信号，这类信号的抗干扰能力又强于以上两种，但这些信号会干扰别的信号，因此建议用双绞线连接，也单独走电缆管或电缆槽。

④ 供电线(AC 220V/380V)以及大通断能力的断路器、开关信号线等，这些线的电缆选择主要不是依抗干扰能力，而是由电流负载和耐压等级决定，建议单独走线。

以上说明，同一类信号可以放在一条电缆管(或槽)中，相近种类信号如果必须在同一电缆槽中走线，则一定要用金属隔板将它们隔开。

4. 双绞

用双绞线代替两根平行导线是抑制磁场干扰的有效办法，原理如图 6.17 所示。

在图 6.17 中，每个小绞扭环中会通过交变的磁通，而这些变化磁通会在周围的导体中产生电动势，它由电磁通感应定律决定(如图 6.17 中导线中的箭头所示)。从图 6.17 中可以看出，相邻绞扭环中在同一导体上产生的电动势方向相反，相互抵消，这对电磁干扰起到了较好的抑制作用。单位长度内的绞数越多，抑制干扰的能力越强。

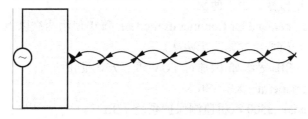

图 6.17 双绞统一管理抑制磁场干扰的原理图

6.3.5 功能安全性设计

功能安全性设计不仅与产品狭义上的开发设计过程有关，而且与产品的安装和使用过程有关，因此 IEC 61508 提出了系统的"安全生命周期"概念。涉及的步骤如图 6.18 所示。

IEC 61508 对系统功能安全性进行了等级划分，共分为 4 个等级(SIL1~SIL4)，其定义见表 6-11。

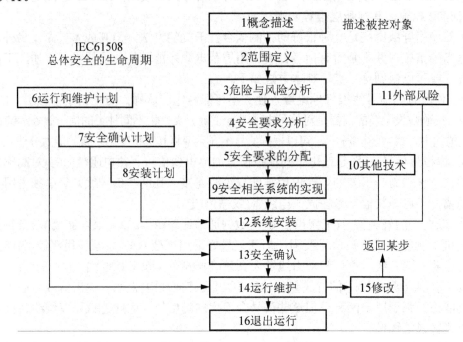

图 6.18　IEC 61508 安全生命周期

表 6-11　IEC 61508 对安全度等级的划分

安全度等级 (Safety Integrity Level，SIL)	低要求模式 (单位：平均失效概率/p)	高要求模式 (单位：每小时危险概率/p)
4	$10^{-4} > P \geqslant 10^{-5}$	$10^{-8} > P \geqslant 10^{-9}$
3	$10^{-3} > P \geqslant 10^{-4}$	$10^{-7} > P \geqslant 10^{-8}$
2	$10^{-2} > P \geqslant 10^{-3}$	$10^{-6} > P \geqslant 10^{-7}$
1	$10^{-1} > P \geqslant 10^{-2}$	$10^{-5} > P \geqslant 10^{-6}$

低要求模式(low Demand Mode)：非连续使用的系统，每年最多使用一次且预防性检修周期在半年以内(每年检修不少于两次)。

高要求模式(high demand Or Continuous mode)：每年使用两次以上，或者使用一次，预防性检修周期大于半年(每年检修少于两次)。

一些典型产品的 SIL 等级如下(通过 TUV 第三方认证)所述。

(1) Siemens：Teleperm—XS　SIL3；

(2) Bently Nevada：3500 汽机监测保护系统—SIL 3。

另外，IEC 61508 作为基础标准产生其他安全标准，如 IEC 61511 Functional Safety:Safety Instrumented Systems for the process industry sector(功能安全：用于过程工业的安全仪表构成的系统)。

本章小结

本章主要讨论集散控制系统的性能指标，主要内容包括：

(1) 集散控制系统的可靠性，介绍了系统可靠性中的可靠度 $R(t)$、失效率 $\lambda(t)$、平均故障间隔时间(MTBF)、平均故障修复时间(MTTR)、利用率等概念及相关知识。

(2) 提高系统利用率的措施，介绍了从提高元器件和设备的可靠性、采用抗干扰措施、提高系统对环境的适应能力及采用可靠性技术等三个方面来提高系统利用率。

(3) 集散控制系统的安全性，介绍了系统安全性的概念、环境适应性设计技术、电磁兼容性和抗干扰技术。

思考题与习题

6-1 试述集散控制系统的评价。

6-2 试述集散控制系统的可靠性指标。

6-3 集散控制系统的安全性包括哪些内容？

6-4 试述集散控制系统抗干扰需要考虑的问题。

第7章 DCS 的工程设计技术与应用实例

集散控制系统在具体应用时，必须对系统进行适应性的设计和开发，这种设计和开发是与被控对象密切相关的，任何一套 DCS，不论其设计如何先进，性能如何优越，如果没有很好的工程设计和应用开发，都不可能达到理想的控制效果，甚至会出现这样或那样的问题或故障。本章将对集散控制系统的工程设计技术进行讲解。

7.1 DCS 的工程设计

一个工程设计可分为方案论证、方案设计、工程设计 3 个阶段。

7.1.1 方案论证

方案论证也就是可行性研究设计(或简称可研设计)的主要任务是明确具体项目的规模、成立条件和可行性；确定项目的主要工艺、主要设备和项目投资具体数额。对于 DCS 的建设，可行性研究设计是必须进行的第一步工作，它涉及经济发展、投资、效益、环境、技术路线等大的方面的问题。由于这步工作与具体技术内容关系不大，因此这里不再详细描述。

7.1.2 方案设计

1. DCS 的基本任务

方案设计的开始阶段，首先要明确 DCS 的基本任务，包括以下几方面：

1) DCS 的控制范围

DCS 是通过对各主要设备的控制来控制工艺过程。设备的形式、作用、复杂程度，决定了该设备是否适合于用 DCS 进行控制。有些设备，如运料车，就不能由 DCS 控制，DCS 只能监视料库的料位；而另一些设备，如送风机，就可由 DCS 完全控制其启动、停止，改变负荷。那么，在全厂的设备中，哪些由 DCS 控制，哪些不由 DCS 控制，要在总体设计中提出要求。考虑的原则有很多方面，如资金、人员、重要性等，从控制层面讲，以下设备宜采用 DCS 控制。

(1) 工作规律性强的设备。

(2) 重复性大的设备。

(3) 在主生产线上的设备。

(4) 属于机组工艺系统中的设备，包括公用系统。

DCS 通过对这些设备的控制实现对工艺过程的总体控制。除此以外，工艺线上的很多独立的阀门、电动机等设备也往往是 DCS 的控制对象。

2) DCS 的控制深度

几乎任何一台主要设备是部分地由 DCS 控制。DCS 有时可以控制这些设备的起停，可以调节这些设备的运行过程，但不能控制一些间歇性的辅助操作，如有些刮板门等。而对有的设备，DCS 只能监视其运行状态，不能控制，这些就是 DCS 的控制深度问题。DCS 的控制深度越深，就要求设备的机械与电气化程度越高，从而设备的造价越高。在总体设计中，要决定 DCS 控制与监视的深度，使后续设计是可实现的。

3) DCS 的控制方式

这里的控制方式是指运行 DCS 的方式，要确定以下内容。

(1) 人机接口的数量，根据工艺过程的复杂程度和自动化水平决定人机接口的数量。

(2) 辅助设备的数量，包括工程师站、打印机等。

(3) DCS 的分散程度，它对今后 DCS 的选择有重要的意义。

2. DCS 的方案设计

1) 硬件设计

硬件初步设计的结果应可以基本确定工程对 DCS 硬件的要求及 DCS 对相关接口的要求，主要是对现场接口和通信接口的要求。

(1) 确定系统 I/O 点。根据控制范围及控制对象决定 I/O 点的数量、类型和分布。

(2) 确定 DCS 硬件。这里的硬件主要是指 DCS 对外部接口的硬件，根据 I/O 点的要求决定 DCS 的 I/O 卡；根据控制任务确定 DCS 控制器的数量与等级；根据工艺过程的分布确定 DCS 控制柜的数量与分布，同时确定 DCS 的网络系统；根据运行方式的要求，确定人机接口设备、工程师站及辅助设备；根据与其他设备的接口要求，确定 DCS 与其他设备的通信接口的数量与形式。

2) 软件设计

软件设计的结果使工程师将来可以在此基础上编写用户控制程序，需要做以下工作。

(1) 根据顺序控制要求设计逻辑框图或写出控制说明，这些要求用于组态的指导。

(2) 根据调节系统要求设计调节系统框图，它描述的是控制回路的调节量、被调量、扰动量、连锁原则等信息。

(3) 根据工艺要求提出连锁保护的要求。

(4) 针对应控制的设备，提出控制要求，如启、停、开、关的条件与注意事项。

(5) 做出典型的组态用于说明通用功能的实现方式，如单回路调节、多选一的选择逻辑、设备驱动控制、顺序控制等，这些逻辑与方案规定了今后详细设计的基本模式。

(6) 规定报警、归档等方面的原则。

3. 人机接口的设计

人机接口的初步设计规定了今后设计的风格，这一点在人机接口设计方面表现得非常明显，如颜色的约定、字体的形式、报警的原则等。良好的初步设计能保持今后详细设计的一致性，这对于系统今后的使用非常重要，人机接口的初步设计内容与 DCS 的人机接口形式有关，这里所指出的只是一些最基本的内容。

(1) 画面的类型与结构，这些画面包括工艺流程画面、过程控制画面(如趋势图、面板图等)、系统监控画面等，结构是指它们的范围和它们之间的调用关系，确定针对每个功能需要有多少幅画面，要用什么类型的画面完成控制与监视任务。

(2) 画面形式的约定，约定画面的颜色、字体、布局等方面的内容。

(3) 报警、记录、归档等功能的设计原则，定义典型的设计方法。

(4) 人机接口其他功能的初步设计。

7.1.3　工程设计

系统的方案设计完成后，有关自动化系统的基本原则随之确定。但针对 DCS 还需进行工程化设计(或称 DCS 的详细设计)，才能使 DCS 与被控过程融为一体，实现自动化系统设计的目标。DCS 的工程化设计过程，实际上就是落实方案设计的过程。如果说在方案设计阶段以及之前的各个设计阶段，其主要执行者是设计院的话，那么 DCS 工程化设计的主要执行者将是 DCS 工程的承包商和用户。用户在 DCS 的工程化设计过程中将扮演着重要的角色。

控制系统的方案设计和 DCS 的工程化设计这两部分的工作是紧密结合在一起的，而设计院和 DCS 工程的承包商、用户之间也将在这个阶段产生密切的工作联系和接口。因此，这个阶段是控制系统成败的关键，必须给予高度的重视。

1. DCS 工程化设计与实施步骤

一个 DCS 项目从开始到结束可以分成：招标前准备、选型与合同、系统工程化设计与生成、现场安装与调试、运行与维护五个阶段，为了对 DCS 的工程化设计和实施过程有一个清晰认识，先给出一个 DCS 项目实施步骤及每一步所完成文件的清单，列出每一阶段要完成的工作。

1) 招标前的准备阶段要完成的工作(用户/设计院)

(1) 确定项目人员。

(2) 确定系统所用的设计方法。

(3) 制定《技术规范书》。

(4) 编制《招标书》。

(5) 招标。

2) 选型与合同阶段要完成的工作(用户/设计院)

(1) 应用评标原则分析各厂家的《投标书》。

(2) 厂家书面澄清疑点。

(3) 确定中标厂家。

(4) 与厂家进行商务及技术谈判。

(5) 签订《合同书》与《技术协议》。

3) 系统工程化设计与生成阶段要完成的工作

(1) 进行联络会，确定项目进度及交换技术资料，提供设计依据和要求，形成《系统设计》、《系统出厂测试与验收大纲》、《用户培训计划》。

(2) 用户培训。

(3) 系统硬件装配和应用软件组态。

(4) 软件下装、联调与考机。

(5) 出厂测试与检验。

(6) 系统包装、发货与运输。

4) 现场安装与调试阶段要完成的工作

(1) 开箱验货和检查。

(2) 设备就位、安装。

(3) 现场接线。

(4) 现场加电、调试。

(5) 现场考机。

(6) 现场测试与验收。

(7) 整理各种有关的技术文档。

(8) 现场操作工上岗培训。

5) 维护与运行阶段要完成的工作

(1) 正常运行的周期性检查。

(2) 故障维修。

(3) 装置大修检修。

(4) 改进升级。

2. DCS 厂家和用户方协作完成工程设计

1) 准备工作

DCS 厂家在合同谈判结束后需要指定项目经理、成立项目组。项目组整理合同谈判纪要。项目经理要对项目实施的全过程负责。合同签订之后,项目经理以及项目组成员要仔细地逐条分析合同和技术协议的每一条款,并认真地领会合同谈判纪要的内容。同时应该了解整个项目的背景及谈判经过,考虑并确定每一条款的具体执行方法,对有开发内容的条款更应引起足够的重视,计算出工时并落实开发人员。

同时,项目组还要拟订项目管理计划,包括:

(1) 技术联络会的具体时间,每次联络会准备落实和解决的问题。

(2) 相关各方的资料交接时间。

(3) 项目实施具体的工期计划(包括设计、组态、检验、出厂、安装、调试及验收等阶段)。

(4) 项目相关各单位人员的具体分工和责任。

(5) 用户培训计划:时间、地点、培训内容等。

(6) 应用工程软件组态计划。

(7) 硬件说明书提交时间等等。

在开始阶段,用户方的准备工作要远大于供货厂家的准备工作。

(1) 确定工程项目经理和成立项目组,人员分工。项目组详细了解合同及技术协议。

(2) 准备第一次联络会所需的技术文件。

如前面所述,在合同书中一般都规定了双方在何时向对方提供何种技术资料。在合同签订后，乙方(供货厂家)最急需的就是用户的测点清单，这是硬件配置的基础。用户方应尽快准备以下资料。

① 系统工艺流程框图及其说明，DCS 系统为控制工艺流程服务，DCS 设计者必须对工艺要有一个大致的了解。

② 系统控制功能要求，主要的控制内容，列出主要的控制回路，说明采取的主要控制策略。详细列出各回路框图，并附以说明。

③ 《控制及采集测点清单》。

《控制及采集测点清单》是第一次联络会上第一个应讨论并确认的文件。当然，因为工期紧张，也可以在第一次联络会的召开之前提交，用户将确认过的《控制及采集测点清单》寄给 DCS 厂家，以便厂家根据此清单来确认系统的详细硬件配置。

注意，这里强调的是确认过的《控制及采集测点清单》。因为在谈合同时，有时不一定对整个控制和仪表流程掌握的非常清楚，特别是在 DCS 合同谈判中，控制及采集仪表还未确认，这样，当合同具体实施时往往会发现一些不太准确的地方，所以，这时就要请项目组的人员根据设计要求和控制流程、采集流程及工艺流程的需要，仔细地列出所有的控制及采集信号，此《控制及采集测点清单》就是 DCS 实时数据最基本和最重要的部分。测点的内容和格式因各种不同的类型点及 DCS 厂家要求不同而略有些差别，但是绝大部分内容是确定的，而且要求用户项目组必须填写清楚的。《控制及采集测点清单》是工程实施阶段第一个需要确认的设计文件。《控制及采集测点清单》格式见表 7-1。

以上资料是系统配置及应用软件组态的原始数据资料，用户准备得越准确、越详细，DCS 项目实施的工作就越顺利，返工越少。如果是 DCS 厂家承包项目，以上资料应能尽快、完整地提供。即使是用户自己组态，也应该完整地整理出上述原始资料，以确保系统工程的顺利进行。

第一次联络会的时间应尽可能早，因为第一次联络会是确定功能实现与配置说明的确认会议。如果此会开得很晚，很多工作就会后推，整个工期就可能会拖延。

各种原始文件的格式由于设计单位不同，行业不同，可能会有些差别，但是，总的要求是清楚、准确，尽量采用国家和国际标准。

2) 工程设计联络会

将上述准备工作完成之后，就可以进行第一次设计联络会了。第一次联络会尽可能安排在 DCS 供货厂家进行。因为，用户方的项目人员可以亲眼看一下所用的 DCS 硬件结构和软件组态方法和内容。这对联络会的内容的顺利完成有着十分重要的意义。对于大型 DCS 项目，由于工期较长，工程也复杂，不是开一次联络会就能解决的，往往要开 2~3 次联络会。第一次设计联络会是非常重要的，合同双方的项目主管领导和商务人员最好都能参加，对有些具体工作人员难以决定的问题当场就可以决定，这样可以节省大量的时间。

设计联络会要完成以下工作。

(1) DCS 厂家系统介绍。厂家项目组的人员向用户项目组人员详细介绍所采用 DCS 的大体结构、硬件配置、应用软件组态及其他软件内容，并带用户对实际(样机)系统进行参观和操作演示，使用户基本了解该 DCS。

(2) 用户介绍。根据合同的要求，用户应将该系统的工艺流程、控制要求及其他要求详细介绍，使 DCS 厂家的项目人员对控制对象有较深入的认识。

(3) 确认《控制及采集测点清单》。双方介绍完之后，下一步工作就是认真审核用户提出的《控制及采集测点清单》，并将其按控制功能和地理位置的要求分配到各控制站。

检查完之后，双方负责人在该文件上签字确认。

(4) 确认控制方案及控制框图。根据合同及技术协议的要求，双方仔细审核各个控制回路(包括顺序控制逻辑回路)的结构、算法及执行周期的要求，结合测点清单，将各回路分配到相应的控制站，审核每个 I/O 站的计算负荷。

检查无误后，双方负责人在控制方案及控制框图文件上签字确认。

(5) 确认流程显示及操作画面。用户在认真地看了 DCS 的演示之后，对其画面显示和操作功能应较为熟悉。可根据工艺流程和控制流程的要求，整理出对显示画面和操作画面的要求。双方针对该内容进行审核，最后由双方负责人签字确认。

(6) 确认各种报表要求。根据 DCS 的功能、用户的工艺和生产管理要求，整理出生产记录及统计报表的要求，包括：报表的种类、数量及打印方式(定时、随机)；每幅报表的格式和内容。双方对该内容进行审核，最后由双方负责人签字确认。

(7) 确认其他控制或通信功能。如果系统中还涉及其他功能开发，如先进控制、与管理系统实现数据交换等，也需要在联络会上进行初步方案确认，并签字。

(8) 确认项目管理流程。根据上述几项确认的内容，双方项目组可以仔细核算出双方的工作量，然后制定详细的项目管理流程和项目计划任务书，以周(大项目)或天(中小项目)为单位。

3) 设计联络会后形成的一致性文件

第一次设计联络会后，便开始进行项目的具体设计工作。用户了解了 DCS 的硬件结构和应用软件的组态方法及内容，因而可以进行应用软件的详细设计并准备组态。DCS 厂家得到了各种设计用的原始数据，接下来可以完成几个设计文件，作为后续工作的基础。在强调每一步工作进展之前，先要完成相应的文件设计工作，文件由双方签字确认之后，工作转到下一道工序进行，这样做可使项目进行得顺利和防止返工，从根本上保证项目的质量。首要完成的设计文件包括下述几个技术文件。

(1) 概述。概述简要地说明此项目的背景情况、工作内容、工程目标。

(2) 整理《系统数据库测点清单》。此清单是在用户设计院提供的《控制及采集测点清单》的基础上，通过在联络会与用户项目组认真地分析控制回路的分配，负荷分配后，确定各控制及采集测点在各站的分配并将其分配到各模块/板和通道，由此，也就从根本上确定了各控制站的物理结构。

(3)《系统硬件配置说明书》设计。该项设计包括下面三项内容的设计。

① 系统配置图在此部分详细地画出 DCS 的结构框图和系统状态图，详细描述系统的基本结构，说明系统主要设备的布置方式和连接方式。

② 各站详细配置表。包括工程师站、操作员站、网关及服务器等站配置表。

③ 工期要求。工期要求明确标明项目的工期计划，特别是硬件成套完成日期。有了各站的《硬件配置表》和《硬件配置图》，DCS 厂家装配部门就可以根据硬件配置表进行硬件成套工作。

表 7-1　10t 锅炉控制系统《控制及采集测点清单》

序号	工位号	系统、设备名称	仪表范围	工艺参数	备注(控制要求)
1	LIC101	锅炉液位的串级控制			液位要求稳定在±150 mm 以内
	LT—101	汽包水位	0kPa～4kPa	0kPa～4kPa (15mm～30mm)	
2	PIC101	蒸汽总管的压力控制			控制压力稳定
	PT—101	蒸汽压力	0MPa～2.5MPa	2.5MPa (工作1.57MPa)	
	M101	煤排变频器(变频电动机)		4kW	
3	PIC102	锅炉炉膛内的负压控制			控制压力稳定
	PT—102	炉膛负压	−100Pa～0Pa	−100Pa～0Pa(仪表 −100Pa～100Pa)	
	M102	引风机变频器		45kW	
4	TIA102	炉膛内温度检测报警			
	TT—101	炉膛温度	0℃～1300℃	1300℃	
5	FIQ101	主蒸汽流量累计			只显示流量
	FT—101	蒸汽流量	12T/h	6～12T/h DN150	
6	FIQ102	进锅炉清水流量控制、累计			
	FT—102	给水流量	14m³	8m³～14m³ DN50	
	EV—102	清水管电动调节阀	100%(4mA～20mA)		
	PIC103	清水管道的恒水压控制			控制压力稳定
	PT—103	清水管道压力变送器		30kg	
	P103	清水泵变频器(2动极电机)		30kW	
7		锅炉烟温			
	TT—102	省前烟温	0℃～600℃		只作显示
	TT—103	省后烟温	0℃～400℃		只作显示
	TT—104	预后烟温	0℃～300℃		只作显示
	TT—105	尘后烟温	0℃～150℃		只作显示
	TT—106	预后风温	0℃～200℃		只作显示
	TT—107	省进水温	0℃～150℃		只作显示
	TT—108	省出水温	0℃～300℃		只作显示
8		锅炉预前鼓风风压指示			
	PT—103	鼓风风压	0kPa～6kPa		

续表

		10t 锅炉控制系统			
序号	工位号	系统、设备名称	仪表范围	工艺参数	备注(控制要求)
9	OIC101	锅炉炉膛内含氧量控制			根据含氧量控制鼓风量
	OT—101	炉膛氧气含量氧化锆氧分析仪		20%(V/V)	
	M103	鼓风机(变频)		18.5kW	
10		锅炉烟压指示			
	PT—104	省前烟压	0Pa~600Pa		只作显示
	PT—105	省后烟压	0Pa~600Pa		只作显示
11	PT—106	预后烟压	0Pa~600Pa		只作显示
	PT—107	尘后烟压	0kPa~2.5kPa		只作显示
13		锅炉压力保护控制			
	PP—109	锅炉压力保护控制器(触点信号)			保护用
14		锅炉电接点水位指示			
	LE—110	锅炉电接点水位计			只作显示

(4)《系统控制方案》设计。通过联络会以及用户设计方提供的设计图纸，DCS 厂家技术人员已经掌握了项目的设计信息，可以开始进行系统控制方案的详细设计，生成《系统控制方案说明》，作为软件组态的依据和系统方案调试的依据。

(5)《操作盘/台、机柜平面布置图》设计。根据厂家 DCS 的各部件尺寸及用户操作车间及控制室的要求，画出系统各部分的平面布置图，以供用户设计人员进行具体机房设计。《操作盘/台、机柜平面布置图》要标明各站具体和详细的安装尺寸(单机安装和机柜)及标有尺寸的主体投影图，以及各站主要设备的质量。

(6) DCS 环境要求。在此节明确标明 DCS 的各项环境指标以示重视。

① 《电源要求及分配图》。《电源要求及分配图》应详细列出各站及整个系统的电源容量要求，如果用户提供 UPS 电源，则要详细列出各 UPS 容量及接线方法。

② 《系统接地图》。根据 DCS 的要求，《系统接地图》应详细说明各站、各种接地要求并用图示方法标明各种接地的连接方法，以上两条非常重要。

③ 其他环境要求。此处列出其他的环境要求，如温度、湿度、振动等。

(7) 采用标准。列出整个 DCS 及应用系统设计中所采用的国家标准和国际标准。最后由双方项目组人员签字确认。

4) DCS 厂家做完整的工程设计

(1) 硬件设计，包括操作站、现场控制站的数量、I/O 模块的型号、数量等。

(2) 软件设计，包括控制层组态、监控软件组态等。

(3) 现场施工计划，包括人力分配、调试计划等。

在此，因为前面已经明确了 DCS 的控制要求、《测点清单》等，具体设计工作 DCS 厂家应能够完成。如果在设计过程中遇到不明确的地方，可以将问题集中起来，再联系召开技术联络会，和用户商讨共同解决。

7.2　DCS 的安装、调试与验收

7.2.1　安装、调试

DCS 厂家准备好硬件(操作站、现场控制站等)和组态好软件后，就可以发货到用户进行现场安装调试工作。一般 DCS 厂家技术人员到现场指导安装单位进行系统设备的现场就位与安装工作。

1. 安装前的检查工作

在 DCS 安装就位之前，先要做下列检查：

(1) DCS 室位置是否合适，空间是否充足，地面的承载力能否承担机器设备的重量，安装固定装置与 DCS 设备是否配套，走线槽是否合理。

(2) 电源供电系统是否符合要求。

(3) 接地措施是否符合要求。

(4) 控制室环境是否符合要求。

2. 安装就位

检查符合要求后，就可以开始设备的就位与安装。

将 DCS 的各设备(操作员站、工程师站、服务器、通信站及现场控制站等)分别就位，在就位过程中要仔细阅读厂家提供的《操作站、机柜平面布置图》，核实各站的编(标)号和其在图中的位置，将各站按位置要求就位。卸除各操作台和机柜内为运输所设置的紧固件，核实各站的各接地设施，分别按要求进行接地。

1) 操作台的安装步骤

(1) 依照安装尺寸在控制室地板上安装固定好地脚螺栓。

(2) 将操作员站机柜底座与地脚螺栓连接机架紧固。

(3) 将显示器装入操作台的保护罩内，并旋紧橡胶绝缘层保护罩后面的固定螺钉。

(4) 将操作员站的主机放入操作台下方的机柜中。

(5) 将打印机、标准键盘、轨迹球和专用操作键盘置于操作台上。

(6) 将操作员站主机、打印机、标准键盘、轨迹球和专用操作键盘之间的线连好。

2) 现场控制柜安装步骤

(1) 按照控制室的布局将地脚螺栓安装固定在地板上。

(2) 将现场控制柜底座与地脚螺栓连接紧固。若各现场控制柜为密集安装，应去掉中间柜的两边侧板。

(3) 核实各站的供电接线端子和电源分配盘是否正确，按要求接电源。

(4) 将各操作站、工程师站、服务器及通信站等外设单元按要求接上电源线。

(5) 检查控制站内各内部电源的开关是否均处于"关"位置，将各内部电源(如果需要

接)接上。

(6) 仔细检查上述各电源，地线是否连接正确。

3. 上电检查

系统安装就位后，连接好电源和接地以及系统的网络线，就可以先进行上电检查，注意此时先不要接控制线，使各 I/O 处于空载状态。此时检查:

(1) 各设备(操作员站、工程师站、服务器、通信站及现场控制站等)是否上电工作正常，指示灯指示是否正确。

(2) 网络工作是否正常，软件能否正常运行。

(3) 如果和出厂调试结果一致，就可以断电进行下面的工作，发现问题要及早修复。

4. 系统信号电缆敷设与端子接线

1) 现场信号电缆分类

现场信号大致分为模拟量信号、开关量信号与数据通信信号。

(1) 模拟量信号包括模入和模出信号。此类信号应使用屏蔽双绞线电缆连接，信号电缆芯的截面应大于等于 $1mm^2$。若 24V 回路供电，现场电缆 $1.5mm^2$ 即可，如仪表需额外供电，增加一对供电电缆即可，即 4 线制仪表。

(2) 开关量信号包括开入和开出信号。低电平的开关信号应使用屏蔽对绞线电缆连接，信号电缆截面应大于等于 $1mm^2$；而高电平(或大电流)的开关量的输入输出信号可用一般双绞线电缆(控制电缆)连接，但应与模拟量信号、低电平开关信号分开，单独走电缆槽。

(3) 数据通信信号电缆要求用专用通信电缆。

(4) 强弱电不能占用同一电缆。

2) 电缆敷设要求

(1) 计算机的输入输出信号电缆应敷设在带盖的电缆槽中，线槽一般采用绝缘聚合物材质，电缆槽道及盖板应保证良好接地。

(2) 单根信号电缆应穿在钢制电缆管中敷设，电缆管要保证良好接地。

(3) 电缆屏蔽层宜选用铜网屏蔽或铝箔屏蔽。屏蔽接地的原则为一端接地，屏蔽接地有两种方式。

① 在传输模拟信号、脉冲频率信号时，若信号源没有接地，屏蔽电缆应在控制室一侧接地。

② 当信号源本身接地时，如接地热电偶、pH 计电极等，屏蔽电缆应在现场信号源一侧接地。

(4) 仪表信号电缆与动力电缆交叉敷设时，宜成直角；平行敷设时，若动力电缆有屏蔽层，两者之间的距离应注 150mm；若动力电缆无屏蔽层，两者之间的最小允许距离见表 7-2。

表 7-2　仪表电缆与动力电缆之间的平行线最小间距

动力电缆负荷	平行线最小间距/mm
125V，10A	300
250V，50A	450
440V，200A	600
6300V，800A	1200

(5) 电缆在电缆沟内敷设时,必须严格按一定层次敷设,根据我国的惯例,自上而下分层排列的顺序是:动力电缆、控制电缆、信号电缆(屏蔽电缆)。如图 7.1 所示为电缆敷设桥架示意图。

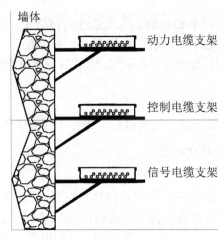

图 7.1　电缆敷设桥架示意图

(6) 多芯电缆或一根管内穿多根导线时,应留有备用芯线,备用芯数不得少于工作芯数的 10%~15%。

3) 端子接线

系统信号的端子接线工作,由现场施工方根据设计院提供的《端子接线图》进行,一套 DCS 根据其规模的大小,接线的工作量有较大的差异。对于 1000 点左右的项目,常常需要连接 1000 对以上的来自于现场的信号线,这些信号线的种类、性质有很大差别,而 DCS 的接线往往是 DCS 在现场工作的工作量最大、最麻烦、最容易出错的工作。几乎没有哪一个现场工程的接线工作是保证一次全部正确的。

(1) 接线方法。信号电缆通过现场控制柜底端地板下的进线孔进入现场控制柜。将信号电缆从下至上走线,分别连至相应的过程 I/O 模块的端子,要求信号电缆走线整齐美观并绑扎固定。

(2) 接线步骤。在真正进行接线之前,接线人员一定要仔细地阅读《系统控制采集测点清单》和《信号端子接线图》,仔细确认每一信号的类型(AI、AO、DI、DO),传感器或变送器的类型、开关量的通断及负载的性质,仔细对照各机柜及机柜内各模块/板的位置,确认各接线端子的位置,然后开始按下列步骤接线和检查:

① 确认各控制站的电源及模块/板电源已断开。

② 确认各现场信号线均处于断电状态。

③ 确认各端子上的开关均处于断开状态。

④ 按照《信号端子接线图》要求以及相关规范的要求,接好所有的现场信号线。

⑤ 仔细检查现场接线的正确性,包括以下内容。

(a) 对照《信号端子接线图》和各信号线上的标签,检查信号线的正确性(包括有无错位、正负极是否正确、连接是否紧固等)。

(b) 在与计算机 I/O 断开的条件下,对各现场信号的现场仪表加电,在计算机接线端子上核实所接信号的电气正确性，对于模拟信号，要测出仪表输出最小、最大时的端子测量值，对于开关量信号，要测出"关"、"开"两种状态时，端子上的电压读数。将这些值与《系统控制采集测点清单》对照，检查每一路的信号性质、量程和开关负载是否正确。做好测试记录。全部正确无误后，才算接线工作已正确完成。在接线工作中，除了一定要保证各信号的正确性之外，还要注意尽量合理的布线，防止柜外走线、槽内走线不规则、混乱的情况，而且机柜内的走线要工整、美观，每对端子的紧固力度大小合适。

5. 系统设备上电所完成工作与步骤

1) 上电前的检查工作

(1) 由现场进入现场控制站机柜的各类信号线、信号屏蔽地线、保护地线及电源线是否连接好。

(2) 现场控制站机柜内各电源单元、主控单元及过程 I/O 模块是否安装牢固。

(3) 现场控制站机柜内各单元间的连接电缆是否连接完好。

(4) 现场控制站与服务器的通信电缆是否连接完好。

(5) 服务器与操作员站主机是否连接完好。

(6) 操作员站专用键盘与主机是否连接完好。

(7) 操作员站鼠标或轨迹球与主机是否连接完好。

(8) 操作员站主机、监视器是否连接完好。

(9) 现场控制柜内的所有开关是否断开。

(10) 现场控制柜、服务器、操作员站、工程师站、通信站主机、打印机、显示器及集线器的电源是否断开。

(11) 检查各操作站主机、CRT 及打印机等外设的电源开关是否处于"关"位置。

(12) 检查控制站内的各电源开关是否处于"关"位置。

2) 系统上电步骤

(1) 打开各站的供电总开关，然后逐个打开各设备的电源，对各个设备加电，检查是否正常。

(2) 依次接通服务器、操作员站、工程师站、通信站主机和显示器电源，打开现场控制站总电源空气开关，依次将各 I/O 站电源开关接通。

6. 系统调试

系统的现场调试工作是非常复杂且涉及各专业人员较多的一项现场工作，不仅仅包括系统的所有功能调试，控制回路的调试、控制算法的整定及各种接口的调试，同时还涉及相关各方的配合与协调。涉及的各专业人员有：控制人员、仪表人员、工艺人员及操作人员，还有可能需要电气、环境、安全等方面的人员参加。

在进行现场调试工作之前，各专业的人员应该与 DCS 厂家人员共同仔细讨论，共同制订一个《现场调试计划》，其中列出所有要调试的内容、调试方法及调试的步骤和每一步的负责人等。

1) DCS 现场调试主要内容

DCS 系统应该完成如下主要的现场调试调试工作。

(1) 检查操作员站、工程师站、I/O 控制站的地址设置。

(2) 将系统设备逐一上电，确认无误。不能不经确认就一起将所有电源开关合上。

(3) 检查设备运行状况，有无异常。如有异常，要检查和分析原因，并予以排除。

(4) 对计算机进行设置，直到在操作员站上看见每个设备都运行正常。

(5) 静态调试，校对信号，检查算法，根据用户现场提出的要求修改算法、检查和修改流程画面及操作画面。

(6) 在静态调试的基础上，进行动态调试，发现不正确的情况进行及时修改并记录。

(7) 运行相对稳定后，对自动控制系统进行 PID 参数整定，将各回路投入自动运行，达到系统的自动控制要求。

(8) 对系统进行收尾完善工作。

2) 现场信号与数据组态正确性的调试

(1) 现场信号与数据组态正确性的调试方法和步骤。为了保证系统的各种功能，特别是控制调节功能运行正确，输入、输出关系必须确保无误。因此，现场调试的第一步工作应该是确认所有输入、输出信号的接线与实时数据的组态是否一一对应。要检查线路上有无故障，特别是有无高压干扰。此阶段调试工作有两个目的：一是检查现场信号的信号源是否准确；二是检查实时库的组态(包括各种转换关系的设置、地址的分配等)是否正确，并将测试结果记录于《信号测试记录表》中。测试方法和步骤如下。

① 将操作员站的系统信号测试画面调出，逐一对各 I/O 站的所有模块涉及的各种信号进行测试。操作员站测试画面显示的结果是经过了所有的硬件输入、输出，信号的滤波处理、物理量的转换之后得到的最终结果，由此，操作员站测试画面能全面地反映信号的正确性。

② 在进行模出和开出信号测试与调试时，注意，同样使用操作站测试画面，用人机会话的方式输入(或修改)输出的值，用测试仪表测试出端子两端的值，同时，测量执行机构的动作(要在现场允许执行机构动作的前提下)。

③ 对于冗余输入/输出信号的测试，还要测量模块/板切换时，输入/输出信号是否有扰动，如果发现信号有扰动应该及时处理。

(2) 现场信号调试过程中常见问题及处理方法。在信号测试和验证之前，应该相信系统中的各 I/O 处理模块的精度是符合要求的，也就是说，只要现场信号接线正确，系统的接地条件符合要求，信号的组态如果正确，那么，测试的精度是可以保证的。这样，一般结果可能出现以下几种情况。

① 某模块(板)上的所有信号显示均不正确或者是某几路信号不正确，而且均显示在最大(或最小、或某个位置)，改变输入信号，显示值不随着按比例变化。这时可以按以下方法进行处理。

(a) 用仪表测量信号输入端子两端的电压值是否正确，如不正确，可能是变送器信号不正确或接线有问题。

(b) 如果端子上的信号正确，检查组态数据库的信号类型、增益和转换方式设置是否正确，如不正确，改正之后则可正常。

(c) 通过前面的工作之后，如果已经判断外围信号正确，而且数据库组态也正确，此时，可以将模块的外围信号线断开。如果将标准信号源加到模块端子上之后信号显示正常，说明变送器与系统之间的匹配存在问题，或者是设置方面的问题，也可能是电信号之间的匹配问题，这需要仔细研究和询问变送器厂家关于变送器的使用方面应注意的问题。

(d) 如果变送器与系统的匹配不存在问题，信号不正确显示现象依然存在，可能是模块(板)出现故障，换上同样的备用件再进行测试，如果正确，问题解决。

② 对于模出信号的测试，在检查模出信号的精度问题时，要测量输出线路上的负载值是否在系统要求的范围之内，特别是选择了非常规执行机构，或者线路上串接有其他设备(如安全栅、其他智能表等)时，可能会因为负载的超值而引起精度的变化。

③ 模块(板)上的信号基本上按信号变化的比例变化，但精度不对而且漂移时，检查柜内信号电缆转接上是否受到大信号干扰、该模块(板)上信号的各种接地(如屏蔽线接地)是否正确、测量端子上的信号是否准确稳定。

④ 信号反应正确，精度满足要求，但报警不反应时，检查数据库组态中报警上、下限值是否正确、报警级别和方式是否正确。

这一步信号测试工作比较费时，而且涉及的人也多，有时需要检查仪表、接线等，但此步工作非常重要，务必耐心做好。做好此步工作可以大大地减轻控制调节和整定的工作量。这一步工作也是质量控制要求所必需的。在测试过程中一定要做详细测试记录。还有一点要注意的是，在信号正确性与精度测试过程中，一定要有 DCS 厂家和用户方的 DCS 维护人员或者自控工程师同时在现场，这样对出现的问题可以及时进行处理。

3) 控制回路的调试与算法整定

DCS 现场调试工作中难度最大的工作是控制回路的调试和算法的整定，是 DCS 现场实施的关键和难点，直接关系到现场的运行效果，由于各行业的系统控制要求差别很大，很难在此提出具体的调试方法，因而只是根据大部分现场调试的经验提一些参考建议。

先检查整个系统的所有控制组态(包括控制算法和各参数)，检查这些控制算法和参数的设置与现场相比是否合理。特别是检查各控制算法的参数，并将这些参数设定为常规控制经验参数。利用 DCS 提供的控制调节画面，一般能显示出控制参数值和备用回路的输入、输出及反馈值，对每个回路进行调试、整定。

(1) 控制回路的调试与算法整定过程准备工作。

① 人员准备：在控制回路调试与参数整定过程中，自控人员、工艺人员、操作人员及仪表人员一定要在场，因为控制回路的调试涉及各方面的工作。

② 参数整定的基本原则：装置在运行时，自动回路的投入应保证各工段的平稳运行，主要参数不能出现较大的波动，其他辅助设备的压力、液位、温度等参数也不能出现影响装置正常运行的过大波动。

③ 同现场负责装置运行人员的配合工作：自动回路的投入属于自动化改造工程调试工作。自控人员负责投入自动回路，在进行此项工作时，应先向用户运行人员明确投入自动过程的工作内容，需要运行人员如何配合，有何影响及出现意外情况应如何处理。调试结束后应通知运行人员，并将调试结果记录在联系单中。自动回路首次投入前应要求运行人员将该部分工况尽量调至相对稳定状态。

(2) DCS 控制回路调试过程中具体工作和需要注意事项。

① 所有自动回路的组态在出厂前都应经过严格测试。若其组态在现场有改动，在投入自动回路前应仔细检查组态的信号流向及逻辑的正确性，信号切换部分要注意切换逻辑的时序问题。组态应做到自动回路至现场的出口有可做人工干预的简单逻辑部分，以便万一有组态错误可以人工停止自动回路对现场的控制作用。

② 投入自动时可先将 PID 模块的比例带、积分时间的数值放大,将 PID 模块输出上、下限放至 PID 模块当前跟踪输出值附近的一个可允许变动范围内,将 PID 模块输出变化率放小。投入自动后,观察 PID 模块的动作方向是否正确,PID 模块输入偏差的变化是否在正常范围之内,确认后再将 PID 模块的几种输出限制相继放开,恢复其正常作用,再根据调节品质调节 PID 模块各项的参数。

③ 控制回路的调试一定要保证生产过程的安全,调试要稳定地、循序渐进地进行。

④ 控制回路调试过程中,如果达不到控制的结果,例如,有时回路的自动算法给定值已达到很大,控制回路的输出值也已给到很大(有时满量程),但反馈测量值仍离要求相差很远,且变化很慢,这时也要检查控制算法是否正确,调整上、下限的设置是否合理,PID 的正、反使用是否正确,控制方式是否在正确位置,测量实际的端子输出值是否正确,检查调节阀门是否失灵,检查调节回路(如风道、管道)是否有堵塞,检查管道的管径是否足够大等等。

⑤ 调节回路的顺序是先手动、后自动,最后才切换到串级及其他复杂回路。有的现场为了提高可靠性,在输出回路串入手操器功能块,在调控之前一定要先检查手操器与 DCS 是否配套,负载是否在要求范围之内。在控制调试过程中一定要做好记录,最后将最终调试结果(最后的控制组态和参数)打印出来,存档。

4) 系统其他功能调试

(1) 画面调试。因为流程画面在出厂测试验收时已经全部测过,而软件问题不会因为运输和环境的改变而出问题。特别强调,流程画面一定要在系统组态时确认并组态,到达现场之后,不应再改变。在现场进行的流程画面,主要是完成以下几方面的测试工作。

① 画面显示的正确性,主要是测试 CRT 到现场后受环境的干扰影响(特别是强电磁干扰)。

② 各画面动态点的测试:测试每幅画面上的各种动态点(数值显示、棒图、曲线)是否设置正确,显示量程是否正确。此步工作可以与信号测试工作同时进行。

(2) 报表打印功能的调试。报表测试由于在出厂测试及验收时已做详细的测试,应该不存在什么问题,因此,只需用打印机按时打出每张报表(包括记录报表和统计报表),检查正确与否,存档。

(3) 操作员站操作级别及口令字设置的调试。详细地检查操作员站的操作级别设置是否正确,每级操作限制是否起作用,口令字修改是否正确。如果设置不正确,改正过来。记录测试结果。

(4) 操作记录正确性调试。在以上进行的各种调试操作中,特别是控制操作、打印操作和人机会话操作时,保持打印机处于开机状态,打印操作记录,检查是否正确。

(5) 报警记录打印功能检查。将系统的报警记录打印出来,检查其是否正确。

(6) 其他系统功能及高级功能的调试,例如智能仪表通信的调试。

将以上所有调试过程记录整理记入《系统现场调试报告》中。

7.2.2 验收、管理

现场调试工作完成之后,系统应处于正常投入运行状态,这时要进行系统的现场测试和验收工作。这一步是非常关键的,因为验收后 DCS 厂家就完成了向用户的交货工作。对于 DCS 厂家提供质保服务工作，则在现场验收合格后就是质保期的开始。现场验收的组织工作应该由用户完成，作为系统工程，现场投入运行不仅仅是 DCS，同时还有相关的很多工作需要更多的单位配合完成，因此现场验收工作往往应该是现场整体项目的验收，其中一部分工作应为 DCS 的验收工作。在用户的组织下，相关各方积极配合，系统竣工验收工作将会很顺利。一般地说，在现场验收阶段应该完成以下几方面的测试验收工作。

1. 检查和审阅相关的文件记录

(1) 审阅 DCS 的出厂测试与验收结果。
(2) 审阅 DCS 现场安装记录。
(3) 审阅现场调试的所有记录。

2. 现场环境条件测试

系统现场测试与验收，并不只是单单地对 DCS 进行测试与验收，它还要系统地检验和测试 DCS 所处的环境，即对用户方的测试，此部分要进行以下内容的测试：机房条件的测试，包括温度、湿度、防静电及防电磁干扰等方面措施，是否符合系统产品标准提出的条件；系统电源的测试，测试 DCS 的供电系统的电压、频率是否符合要求；接地电阻的测试，测试用户的接地系统是否符合 DCS 要求。

3. 系统功能测试

在 DCS 正常运行的情况下，进行下列功能测试：
(1) 操作员站系统操作功能的测试。
(2) 操作流程画面的测试。
(3) 报表打印功能的测试。
(4) 控制调节的测试。
(5) 控制分组画面显示功能的测试。
报警显示、确认及打印功能的测试。

4. 系统的信号处理精度测试

从现场调试记录中的信号精度调试记录表中，抽选出若干有代表性的信号，用操作测试画面进行测试，测试方法与现场调试阶段一样，检查处理的精度是否符合要求。

5. 控制性能的测试和考核

仔细地测试每个控制回路的有效性、正确性及稳健性，对于有控制指标、有具体要求的回路(如控制温度保持在××范围以内，控制回路应该在××时间内控制被控对象达到××指标)，核实目标是否达到。

6. 其他功能测试

具体测试其他先进控制联网通信等功能，这部分功能的测试要非常认真、仔细，因为这些功能不是 DCS 的标准功能，而属于开发或购买的部分，难免会有些问题隐含在里边，因此这部分测试要进行得彻底。

7. DCS 资料检查验收

检查 DCS 厂家提供的随机资料是否齐全，检查在现场每一步工作中所做的记录是否齐全。

(1) 测试验收结论。

(2) 测试人员名单。

(3) 签字、盖章。

(4) 测试验收小组(包括合同所有涉及方人员)对系统逐项进行测试验证并详细记录，最后得出测试结论。

7.2.3　维护与二次开发

系统在现场投入运行并通过竣工验收之后，进入系统运行与维护阶段，此阶段的维护情况需要作出记录，记录 DCS 及相关自控设备在运行过程中所出现过的故障、原因和解决措施。

1. 系统常见故障及排除

现场常见的问题有三方面：一是从现场来的信号本身有问题；二是系统硬件故障；三是软件组态与硬件相互协调有误引起冲突。只有对症下药，才能抓住主要矛盾，达到迅速排除故障的目的。

1) 现场信号的问题

现场信号的问题主要有以下几个方面：

(1) 测量元器件坏。

(2) 变送器故障。

(3) 连线问题，包括信号线接反、松动、脱落、传输过程中接地及传输过程中受干扰影响耦合出超出 DCS 可以接受的干扰等等。

总之，从信号测量、发送，到 DCS 接线端子，这中间任何一个环节出错，所造成的结果都表现为数据显示有误。

2) DCS 硬件故障

DCS 硬件故障常常表现为以下几方面：

(1) 模块与底座插接不严密。

(2) 拨码开关错误、通信线接线方向错误及终端匹配器未接。

(3) 硬件跳线与实际信号要求的类型不一致。

(4) 机柜内电源输出有误。

(5) 硬件本身坏。

以上几方面问题的结果表现为：加电后硬件板级出现故障(指示灯显示状态不对)；设备不工作；系统工作但显示的对应测点值不正确、系统的输出不能驱动现场设备；等等。

3) 软件组态与硬件协调有误出现的问题

软件组态与硬件协调时出现的问题主要表现为以下几方面：

(1) 数据库点组态与对应通道连接的现场信号不匹配。

(2) 由于网络通信太忙引起系统管理混乱。

(3) 鼠标驱动程序加在 COM1 口，造成系统在线运行时不能用鼠标操作。

(4) 打印机不打印等等。

4) 供电与接地系统常见故障

电源问题分为电源、连线问题和电源质量问题。

(1) 电源连线问题。没有连线(火、地、零几项中，其中一项没接)；错误连线(火线与零线反接，地线与零线反接，地线与零线多点短接)。

(2) 电源质量问题。设备连线质量(各连接头松动)；技术指标(电压、频率等)超过规定要求。

(3) 线质量问题。电源线阻抗增大和绝缘层不好。

(4) 地极问题。地极电阻增大，地极同地网断开。

(5) 环境问题。电源线特别是地线布线不合理，同产生强磁场干扰的电线和设备相隔太近。

2. 防止干扰和设备损坏的一般方法

1) 系统电源

系统电源应该有冗余，各路配电模块应该有独立的截峰二极管(过电压)、自动断路器(过电流)等保护。供电系统最好采用隔离变压器，使 DCS 接地点和动力强电系统接地点独立开来，并采用电源低通滤波器来消除电网上的高次谐波。为避免波动，DCS 供电要尽量来自负荷变化小的电网上。要严格防止强电通过端子排线路窜入 DC24V 供电回路，并定期检查机柜电源系统是否正常，供电电压是否在规定范围内，系统接地是否可靠、良好，线路绝缘是否合格，停、送电是否按要求程序执行。通过以上工作，这方面的风险就可以有效地避免。

2) 电缆敷设

强电电缆与弱电电缆应分开敷设，电源电压 220V 以上、电流 10A 以下的电源电缆和信号电缆之间的距离要大于 150mm，电源电压 220V 以上、电流 10A 以上的电源电缆与信号电缆之间的距离应该大于 600mm。若只能放在同一桥架内，之间要装隔离板。热工电缆不可放在高压电场内。对于电容式设备的二次电缆，比如，电容式电压互感器的二次电缆，施工要与地靠近、平直。在发电机等附近有较强辐射处，要注意应该有铜网或铝箔等做成的密封箱，以起到屏蔽作用。信号回路必须要有唯一的参考地，屏蔽电缆遇到有可能产生传导干扰的场合，也要在就地或者控制室唯一接地。

3) 信号隔离

对于模拟量输入输出(AI/AO)回路，要防止从现场来的强电窜入卡件以及就地设备与DCS 不共地可能产生的电势差。重要回路应该采取信号隔离器。对于数字量输入输出回路，常用的解决方法就是对 DI 信号采用继电器隔离。比如，对于一个电动机控制开关反馈输入回路，现场的常开触点闭合时，继电器线圈带电，输出触点闭合，接点信号引入开关量采集卡件。这样，强电就不会窜入卡件的信号回路，发生故障时，也主要检修隔离的外回路。采用继电器进行信号隔离的缺点是：需要给外回路添加供电回路，采用电磁隔离和光电隔离技术的开关量隔离器，可以减少为外回路供电的工作量。

4) 防静电和避雷措施

进入控制室和电子室，要穿防静电工作服，触摸模块时，必须戴静电释放腕套。检修中，从机架上拆下的卡件要放在接地良好的防静电毡上，不能随意摆弄。采取综合的防雷措施，尤其是 DCS 不能和电气及防雷接地公用接地网，并且之间距离要满足要求。

3．工程现场维护常见问题

工程现场维护常见问题如下所述。

1）某一输入通道数据显示异常

该问题解决办法：将此通道的现场信号从 I/O 模块端子处断开，用模拟信号源送出一个和此现场信号一样的信号加在此通道上，观察 CRT 上显示值是否恢复正常。若正常，则说明问题出在现场信号一侧，可按前面所说的方法进行查找并解决；若仍然不正常，则说明问题出在 DCS 内部。

2）打印机不打印或打印格式不对

对这种问题应做如下检查：

(1) 打印机是否缺纸。

(2) 按打印机操作指导手册检查打印机本身是否设置有误。

(3) 检查打印机设置类型是否与实际一致。

(4) 检查对应要打印的内容在离线组态时是否完全正确。

3）I/O 模块的电气兼容问题

对于这种问题应做如下处理。

(1) 用于4mA～20mA 输入的信号模入模块，如果输入端不隔离，当输入线路的对地电压波动时，模块的输出也会波动，应加隔离器解决。

(2) 脉冲量输入模块接某些无触点开关时需外接偏置电阻，以使无触点开关内部的开关电路建立工作点。电阻的选择以工作稳定和发热小为宜。

4）变频器等对模拟量 I/O 的干扰

遇到这类问题应做以下工作。

(1) 检查变频器外壳是否已可靠接电气地。

(2) 降低变频器的载波频率至最低。

(3) AO 信号线负极接地(现场端、DCS 端均试验一下)，现场端接阻容串联吸收电路，电阻 200Ω～300Ω/0.125W、电容 0.1μF～1μF/400VAC 串联，接到信号正负极之间。

(4) 如果发现模出电流在信号接收端变大，可断定为电磁干扰所致，不是 DCS 存在问题。电流是否变大取决于接收方输入电路的形式，即使在同样的干扰条件下，电流也可能不变大。为避免此问题，应采用屏蔽双绞线。

(5) 如果干扰实在无法解决，就要建议用户给变频器加装专用滤波器，或者加装信号隔离器。

4. DCS 的二次开发

在系统设计时，应考虑到系统再次开发的可能。随着工艺的改进，对原有的 DCS 要有所改变，此时，对用户来讲，一般是增加 DCS 设备，此时就要考虑新增设备和原有设备的接口问题，这也就是 DCS 的二次开发。

(1) 继续选用原品牌的设备。这种方法应该比较易于解决，虽然经过若干年的技术改进，新的 DCS 设备还是和老设备容易连接。

(2) 选用新品牌的设备。也就是选用第三方设备，因为早期 DCS 自动化孤岛的存在，不同 DCS 之间的连接比较困难，有时甚至无法连接。此时用户应该重点考虑老设备是否具有连接新设备的接口、连接所需要的硬件和软件、连接方式等问题。现在的 DCS 大部分具有 OPC 协议和现场总线。不同品牌系统的连接已变得比较容易解决了。

随着技术的进步，DCS 的设计、改造、升级已变得越来越易于掌握，越来越容易了。

7.3　MACS 在薄页纸生产线当中的应用

1. 薄页纸生产线简介

薄页纸生产线主要生产 17g 拷贝纸、卷烟纸、字典纸等产品，原料为纯针木浆或阔木浆，一般两者混合造纸。根据原料的流向，其工艺过程包括：针木打浆线、阔木打浆线、损纸线、配浆系统、助剂、真空系统、白水回收系统、蒸汽系统。其生产流程简图如图 7.2 所示。

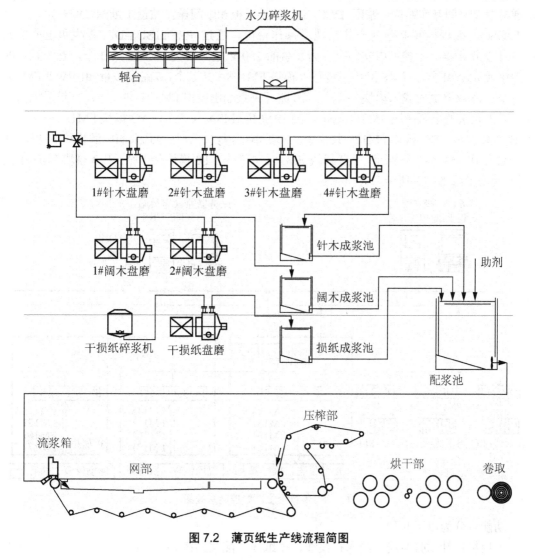

图 7.2　薄页纸生产线流程简图

针木浆板或阔木浆板经水力碎浆机碎浆后，形成 4%~5%浓度的原浆，分别经过各自的双盘磨打浆线打浆，形成约 3.6%浓度的成浆，分别储存在各自的成浆池中。由干损纸碎浆机来的损纸浆经盘磨打浆后，加上网部回收的湿损纸浆，储存在损纸成浆池中。三种浆按一定比例配成生产用的混合浆，浓度调到 2.5%左右，经冲浆池稀释后到纸机流浆箱抄造。在此过程中还要控制加入各种助剂。浆料从流浆箱出来后上纸机网部、真空系统、白水回收系统以及蒸汽系统，最后到卷纸机。

2. 系统硬件配置及功能化分

控制系统选用北京和利时系统工程股份有限公司的 HOLLiAS-MACS。该系统采用 PROFIBUS-DP 现场总线技术，具有可靠、先进、高性价比的特点。在硬件上，系统的电源、主控单元、I/O 设备、网络都采用冗余技术，提高了硬件的可靠性。而且，采用特殊保护措施，系统的所有模块(AI、AO、DI、DO)都可带电插拔，对系统的运行不产生影响。

根据工艺要求和现场情况，设置两个 DCS 主控室，分别位于纸间和浆间，主控柜和 1#扩展柜以及浆间操作站位于浆间 DCS 室，2#扩展柜和纸间操作站位于纸间 DCS 室，三个 OMRON 可编程控制器分别安装在现场操作台内，通过 PROFIBUS-DP 总线和主控单元 FM801 交换数据。主控柜内安装有互为冗余的 150W 电源模块 FM911 共 2 个，互为冗余的主控单元 FM801 共 2 个，8 路模拟量输入模块 FM148A 共 6 个，6 路模拟量输出模块 FM151 共 4 个，16 路开关量输入模块共 4 个，16 路开关量输出模块 FM171 共 3 个；1#扩展柜内安装有互为冗余的电源模块 FM911 两个，AI 模块 FM148A 共 7 个，AO 模块 FM151 共 5 个，DI 模块共 5 个，DO 模块 FM171 共 3 个；3#扩展柜内安装有互为冗余的电源模块 FM911 两个，AI 模块 FM148A 共四个，AO 模块 FM151 共 3 个，DI 模块共 1 个，DO 模块 FM171 共 1 个。系统图如图 7.3 所示。

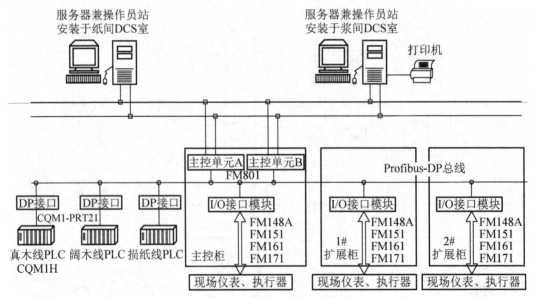

图 7.3 薄页纸生产线控制系统图

功能可分为以下几种。

主控柜：针木打浆线、阔木打浆线、损纸线、配浆系统。

1#扩展柜：助剂、真空系统、白水回收系统。

1#扩展柜：蒸汽系统、表面施胶。

PLC：各盘磨的连锁控制、恒功率控制。

3. 控制软件

HOLLiAS 组态软件分为监控软件平台 FacView 和控制组态软件平台 ConMaker，使用 Windows2000/Professional 操作系统。在这两个平台上，工程人员可以很容易的编制出工艺所需要的监视和控制程序。

系统所使用的控制组态软件为 ConMaker，该工具是用于组态控制方案的开发平台。ConMaker 包含控制方案编辑器和仿真调试器，是一套完整的编辑、调试软件包。它使得工程组态人员使用简单方法就可以组态复杂的控制要求。它的编程语言符合 IEC 61131-3 标准，提供了语句表(IL)、梯形图(LD)、功能块图(FBD)、顺序功能图(SFC)、结构化文本语言(ST)共六种编程组态工具，具有很强的在线组态、系统仿真和调试能力，编辑、生成系统软件简单快捷。

造纸系统的控制对象有：液位控制，主要在打浆部分的浆池和助剂部分的储存桶上安装液位变送器，根据液位的高低控制泵的起停，控制程序使用 ConMaker 中的功能块图(FBD)来组态；流量控制，在打浆部分和白水回收部分，此工程包括 13 个流量变送器和与之相配套的控制阀，组成 13 个 PID 调节回路，使用 HSPID 功能块组态；温度控制，在助剂部分，以蒸汽加热，保持助剂桶的恒温控制；压力控制，在蒸汽部分，通过控制蒸汽管道上的控制阀来实现蒸汽的恒压力控制，共 9 个 PID 控制回路，同样使用 HSPID 功能块组态。浓度控制，在打浆配浆部分，共四个 PID 控制回路；逻辑控制，对搅拌器，泵等电动机的控制，根据工艺要求使用梯形图(LD)组态，方便、直观。对于这些控制对象，使用 ConMaker 软件中的功能块，很容易实现上述控制要求。

在控制程序组态好后，使用 ConMaker 的下装功能将其下传到现场控制站的主控单元中。在使用下装功能时要注意，系统提供有增量下装和完全下装两种功能，其中完全下装是初始化下装，会覆盖原有程序和数据，在使用时应慎重。如果系统已经部分投入运行，完全下装会使得现场设备运行状态回到开机状态。因此在系统运行时如果要修改程序，一定要使用增量下装，只改变修改后的程序和数据。

对于操作界面的组态，使用 FacView 软件，先在软件模板基础上离线设计图形页，共有 13 个操作页面，四个说明书页面，一个公司介绍页面，其中针木打浆部分的操作页面如图 7.4 所示。

后段蒸汽控制部分如图 7.5 所示，切换使用页面下面的按钮，可一键出图，使用方便。限于篇幅原因，其他页面此处不再赘述。

对于页面中的动态图形对象，如显示数据、泵、搅拌器等使用模板中的图形或精灵，通过更改其属性就可以满足实用要求。对静态图像如浆池、阀、烘缸等使用图形元素或手工直接画出，也可以剪贴 BMP 图形照片。

系统的数据交换通过网络和服务器来完成，作为下层数据的现场控制站各 I/O 模块所采集或输出的数据，经数据滤波、限幅等处理后，通过主控单元和服务器之间的网络进行交换。作为上层人机界面的监控软件，其数据库由事先定义好的标签变量表格来组态，各

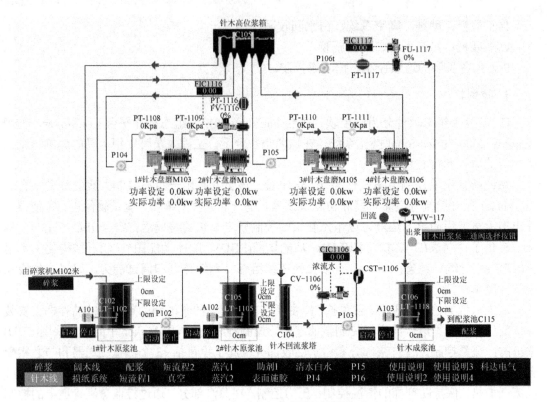

图 7.4 针木打浆线图形页面

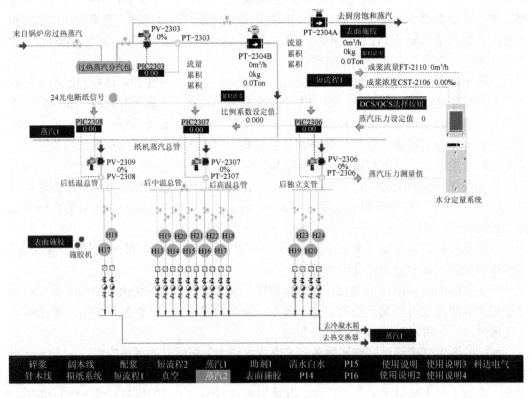

图 7.5 蒸汽 2 图形页面

标签以下层数据对应的点名为地址定义，其他项也与下层数据库的定义严格对应，所以，对数据库修改时，FacView 和 ConMaker 的数据组态要同时按规则修改。

4. 结束语

系统经过近半年的准备、设计、安装、调试，在现场投入运行，从实际运行效果来看，充分说明 HOLLiAS-MACS 系统功能完善、运行稳定、可靠性高的特点。HOLLiAS-MACS 系统在薄页纸生产线上的使用是成功的，其灵活的组态软件使得一般的电气工程师通过简单培训就可以独立组态控制程序和监控软件。所以，这是一种很好的国产的集散控制系统。

7.4 西门子 PCS7 在锅炉控制中的应用

1. 工艺流程及技术方案

项目需要控制三台 10t 锅炉，单台锅炉控制工艺流程图如图 7.6 所示，测控点表见表 7-1，软化后的清水经省煤器预热后加到锅炉汽包中，新鲜空气经鼓风机送入炉膛预热后吹到煤排上、鼓风机、引风机、供水泵以及送煤的煤排电动机都采用变频调速。所采用的控制方案为以下几种。

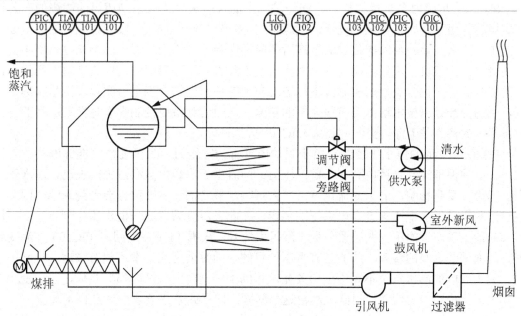

图 7.6 10t 单台锅炉控制工艺流程图

(1) 锅炉液位的串级控制。锅炉液位的控制在整个控制系统中是一个非常重要且要求非常严格的控制回路，同样也是最难控制的一个参数。在这里采用锅炉液位—清水流量的串级控制方案：副调节回路 FIQ102 采用调节速度较快的流量调节回路，利用清水管道上的流量计检测实际流量，并根据控制算法来调节管道上的电动调节阀的开度，从而达到控制流量稳定的目的；主调节回路 LIC101 采用调节速度相对较慢的液位调节回路，通过安装在锅炉上的液位变送器检测到的液位值来动态地调节副回路的设定值，控制清水流量的大小，从而最终达到控制液位恒定的目的。此控制方案消除了清水流量波动对液位的影响，使液位的控制快速稳定。

(2) 蒸汽主管的压力控制。蒸汽主管道的蒸汽压力受生产车间需求的影响经常会出现压力波动。为了保证生产车间生产过程的稳定，对蒸汽主管道的蒸汽压力采用了变频调速—恒压力控制方案：根据安装在蒸汽主管道上的压力变送器检测实际的压力信号，采用变频调速的方式对锅炉的煤排进行控制，调节供煤量。此方案能快速及时地调节主蒸汽的压力，且加入了变频调速后，整个调节过程波动小，大大减少了对煤和电能的消耗，经济效益可观。PID 调节回路为 PIC101。

(3) 锅炉炉膛内的负压控制。锅炉炉膛内的负压控制直接关系到锅炉内燃煤的利用率和整个锅炉的安全。因此对炉膛内负压的控制非常重要，在此去处了陈旧的风门控制方案，而改用全新的变频调速—恒负压的控制方案：通过炉膛内的压力变送器检测炉膛内负压，PID 调节回路 PIC102 控制输出，利用变频器动态改变引风机的转速，从而达到控制负压恒定的目的。此方案最大的特点是节能：因为在一般控制系统的设计过程中，电动机额定功率选择的余量为 30%~50%，也就是说生产过程中实际所需要的功率为电动机额定功率的 50%左右，这样会造成能源的很大浪费。采用变频调速方案后，系统能根据实际的需要利用变频器降低电动机的工作功率，从而大大地节省了能源。

(4) 锅炉炉膛内含氧量的控制。锅炉炉膛内的含氧量直接关系到燃煤的燃烧的充分性及燃煤的利用率。如果含氧量过低，燃煤燃烧不充分，同样数量的燃煤所获得的热量会大大减少，那么需要获得同样数量的蒸汽所需的燃煤会大大增加，燃煤的不充分燃烧将会造成能源的巨大浪费，工厂利益受到巨大损失。在此去处了陈旧的风门控制方案，而改用全新的变频调速—恒含氧量的控制方案：通过安装在炉膛内的含氧量检测仪表测量实际含氧量，利用变频调速技术动态调节鼓风机的转速，从而达到最终控制含氧量恒定的目的。此方案最大的特点是节能，控制回路为 OIC101。

(5) 供水管道的恒水压控制。由于锅炉内具有一定压力，为了使清水能够顺利注入锅炉内，必须保证清水管道内具有一定的压力。同时由于锅炉内蒸汽压力的波动，清水管道内的压力会受到影响，清水的流量就会受到影响，最终锅炉内液位也会受到影响，因此在生产过程中必须保证清水管道内水压的恒定，在此采用变频调速—恒水压控制方案：利用安装在清水管道上的压力变送器测量实际压力信号，根据 PID 控制回路 PIC103 控制变频器，从而调节水泵的转速，从而达到恒压的目的。同时采用此方案还能有效地保护高压水泵，因为一般的高压水泵不允许出口关死，否则由于泵内压力过高损坏泵体，采用变频调速—恒压力控制方案后就能很好地解决这个问题。同样此方案的最大特点也是节能。

(6) 主蒸汽 FIQ101 和清水 FIQ102 的流量累计。此方案中还增加了使用资源的累计，可分天累计和分月累计，便于管理人员对整个系统的使用资源进行管理统计。

(7) 主蒸汽 TIA101、炉膛内 TIA102 和烟道内 TIA103 的温度检测报警：此方案中还增加了主蒸汽、炉膛内和烟道内的温度检测和报警，让操作人员对整个系统各处的温度进行监测报警，加强了设备的安全性，防止事故的发生。

2. 系统配置

本系统选用德国西门子公司的 SIMATIC S7-300PLC，操作员站运行软件选用由西门子公司和美国微软公司合作开发的 SIMATIC WinCC 操作监控软件。

系统结构图如图 7.7 所示，采用两级结构，两台工控计算机互为冗余，既作为操作员站，又作为工程师站和服务器。三台 S7-300PLC 作为现场控制站分别控制三台锅炉。

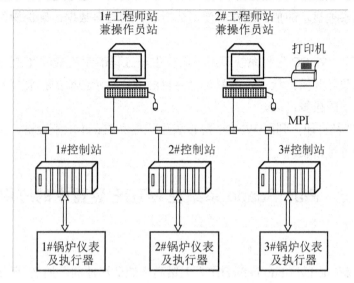

图 7.7 三台 10t 锅炉控制系统结构图

3. 监控系统的实现

(1) 通信的实现。采用西门子 MPI 网，它采用令牌方式实现通信，数据传输速率为 187.5Kbit/s～12Mbit/s，最多可连接 32 个站点。

WinCC 集成了图形技术、数据库技术、网络与通信技术。在设计开发时，工程技术人员无须了解 PLC 通信协议，使用组态功能，仅需要在操作站上通过 WinCC 变量标签管理器，添加新的通信驱动程序，选择合适的通信协议，组态所选协议的系统参数，并定义变量标签和标签组，就可实现 WinCC 与 PLC 之间的数据交换，通信构成如图 7.8 所示。

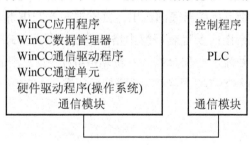

图 7.8 通信构成图

(2) 工艺画面的显示及切换。为了使过程对话更加灵活且更加面向任务，将屏幕合理设计，可一键实现画面的切换。画面本身包含有操作提示并且设置有操作级别，防止误操作，保证生产安全。

(3) 趋势显示及分析。该系统通过 WinCC 的变量记录从运行过程中采集数据，将它们显示和归档。趋势中选择不同的归档、采集和归档定时器的数据格式,并通过 WinCC 在线趋势和表格控件显示过程值,分别在趋势和表格形式下显示。可通过直接选择测量点的组、测量点和单个的测量值来访问存档,并可按名称和时间窗口进行选择。通过光标线和缩放功能可详细地观察被显示的值。这样,便于分析和评估趋势数据,确保操作进程有一个清晰的全貌。

(4) 报警处理。WinCC 报警系统可用于监控生产过程事件及 WinCC 的系统事件,并记录过程中出现的故障和操作状态。本系统以醒目的方式显示当前的报警事件,并可查阅和打印当前的和历史的报警记录。

(5) 报表处理及打印。利用 WinCC 的报表生成器和 Excel 电子表格,按要求或定时输出与生产有关的各种报表。

7.5 PlantScape 系统在 MTBE 装置中的应用

1. 引言

甲基叔丁基醚(methyl t-butyl ether)作为无铅高辛烷值汽油的添加剂,近年来在国内外市场上发展十分迅速。我国 1995 年 MTBE 的市场需求量为 35~37.5 万吨/年,随着国内 2000 年全面实现汽油无铅化的大目标,预计 MTBE 的需求量将达到 75~80 万吨/年,缺口较大。因此采用混相床工艺技术,在锦江油化厂建设一套年产 3 万吨的 MTBE 装置。在本装置中选用了 HONEYWELL 公司的 PlantScape 集散控制系统,应用效果良好,获得良好的经济效益和社会效益。

2. 工艺流程

来自罐区的原料碳四馏份和甲醇分别经过缓冲罐(V-01、V-02)和进料泵(P-01、P-02)进入净化器(R-01),脱出原料中的金属离子,然后经原料预热器(E-01)加热到 35℃~40℃,进入反应器(R-02),反应产物自反应器底部流出。自压进入 MTBE 精馏塔(T-01),塔底部再沸器(E-04)用蒸汽加热。剩余碳四及过剩甲醇由塔顶馏出,经(E-03)冷凝后,进入(V-03),经回流泵(P-03)一部分作为回流,一部分作为水洗塔(T-02)进料,产品 MTBE 由塔底自压经(E-02)与 MTBE 精馏塔进料换热,再经(E-05)冷却后,进入 MTBE 产品中间罐(V-05),再经产品泵(P-06)送产品罐区。

3. 系统配置

本装置共有控制回路 27 个,检测指示回路 35 个,开关量输入和输出信号共 50 个。所有设置与装置区内的远传信号仪表选用电子式,调节阀为气动式并附带电气阀门定位器。控制室仪表选用 HONEYWELL 公司的 PlantScape 集散控制系统。该系统电源及控制器为冗余的,上位机系统对整个装置进行集中监视及操作,控制器对装置进行自动控制及数据采集,打印机进行自动报表打印。操作系统软件为中文式。I/O 卡件布置见图 7.9 所示。

	Net Interface	Control Processor	空	Net Interface	Redundancy Module	空	空	空
Power	Net Interface	Control Processor	空	Net Interface	Redundancy Module	空	空	空

power	Net Interface	Analog input	Analog input	Analog input	Analog output	Analog output	Digital output	Digital output	空	空

power	Net Interface	Analog input	Analog input	Analog input	Analog output	Analog output	Digital output	空	空	空

图 7.9 I/O 卡件布置图

4. 控制方案

1) 主要控制方案

(1) 反应进料混合碳四中异丁烯与甲醇摩尔比比值控制系统。

混合碳四中 1mol 的异丁烯与 1mol 的甲醇催化作用下，反应生成 1mol 的 MTBE。为保证摩尔比比值控制系统方案的有效实施，设置一台在线气相色谱仪自动分析出混合碳四中的异丁烯的含量，这样组成的比值控制系统就可以随混合碳四中异丁烯含量的变化而调节甲醇的进料量，保证反应器反应的有效进行。

(2) 反应塔塔底及甲醇回收塔塔底温度蒸汽流量串级控制系统。

为了保证反应塔及甲醇塔底温度恒定，设置蒸汽流量控制系统，并将塔底温度控制信号引入该系统，构成串级控制。

(3) 反应器进料混合碳四、甲醇及产品 MTBE 的计量。

采用质量流量计对反应器进料混合碳四及甲醇进行计量，提高反应进料比值控制精度。

2) 控制方案的组态实现

(1) 反应塔塔底及甲醇回收塔塔底温度蒸汽流量串级控制系统组态如图 7.10 所示。

(2) 反应进料混合碳四中异丁烯与甲醇摩尔比比值控制系统组态如图 7.11 所示。

注：C[1]为 RATIO.SWITCH4.OP/100-FICQ102.FI102.PV*RATIO.VALUE.PV*32/56
C[2]为 RATIO.SWITCH4.OP/100-FICQ102.FI102.PV/56
P[2]为[FICQ101.FI101.PV/32]/[RATIO.SWITCH4.OP/100-FICQ102.FI102.PV/56]

3) 流程画面绘制

结合本装置的工艺情况，绘制了如下画面。

(1) 流程画面。

301:Reaction System   302:Priduct   System

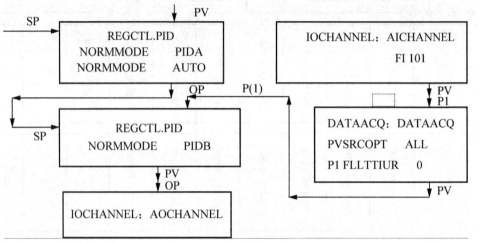

图 7.10　TIC101—FIC101 串级控制程序图

(2) 应用类画面。

组图(group)　4 幅　　趋势图(trend)　8 幅　　报警图(alarm)　1 幅

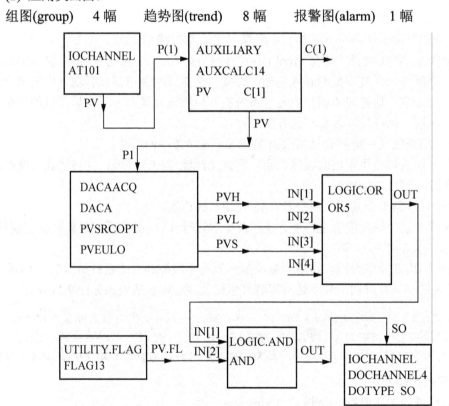

图 7.11　醇烯比控制程序图

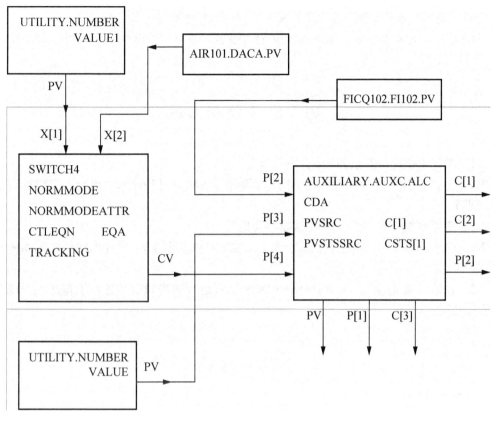

图 7.11 醇烯比控制程序图(续)

5. 现场应用情况

这套集散控制系统自 MTBE 装置 2000 年 10 月开工以来，没有发生操作站和控制器死机现象，数据显示准确，所有控制回路均能平稳操作，运行可靠，而且界面美观，操作方便，各种功能使用良好，提高了劳动效率，提高了产品的产量。

本章小结

(1) DCS 的工程设计技术是多年来工作人员的经验总结，本章列出了一般设计步骤和方法。一个 DCS 工程按其进展情况可分为：方案论证、方案设计、工程设计三个阶段。

(2) DCS 工程项目在进行的各个阶段，都要形成一些文件资料，前面的资料是后面工作的前提，所以要注意保存这些资料，确保其完整。

(3) 在工程项目进行的各阶段，都有事先确定好的设计规范和设计文件，在工程设计和安装调试过程中，一定要按这些规范和文件进行，而且每一步的工作都要先确定文件，再审核文件，批准后方可施工，这也是工程化所要求必须做的。

(4) 有时觉得 DCS 工程按照本章所介绍的设计、安装、调试步骤一步一步进行，而且每一步工作都要有审批后的文件约束，显得太麻烦。其实不然，相反这是保证工程质量和工程顺利进行的前提条件。有时，在工程施工过程中，可能因为某一环节出现问题而使整个工程延滞甚至从头再来情况。所以 DCS 工程应该按部就班，逐步施工。

(5) DCS 工程实例很多，这方面的介绍也很多，本章简单介绍三个实际工程，帮助大家理解 DCS。

思考题与习题

7-1　简述 DCS 工程化设计与实施的步骤。

7-2　为什么 DCS 厂家和用户方在 DCS 设计过程中要召开技术联络会？联络会讨论内容有哪些？

7-3　工厂电缆在敷设时，要注意哪些问题？

7-4　查阅西门子 PCS7 系统硬件资料，对照表 7-1 和图 7.7，设计出锅炉控制系统的硬件原理图。

7-5　在第 4 题的基础上，列出锅炉 DCS 工程进行的步骤以及各步工作应该形成的记录文件。

附录一 DCS工程化设计步骤

DCS设计的一般步骤为方案论证、方案设计、工程设计和系统文件设计。

1. 方案论证

方案论证包括如下几点。

明确功能及要求，这是系统设计的基础。

1) 明确功能

(1) 系统功能。明确模拟量与开关量输入的通道数、模拟与开关量输出路数等。

(2) 显示功能。明确显示内容与形式要求。

(3) 操作功能。明确操作方法。

(4) 报警功能。

(5) 控制功能。明确控制回路组成、控制品质及有关参数。

(6) 打印功能。

(7) 管理功能。

(8) 冗余功能。

(9) 对外通信功能。

(10) 可扩展性能。

2) 明确性能指标

这是工程验收的依据，制定时必须谨慎。

(1) 系统控制品质指标。

(2) 系统通信功能指标。

(3) 可靠性指标。

3) 环境要求

在工业生产过程中，其环境是千差万别的，对DCS的环境适应性就有不同要求。不同的工作环境对系统的结构及模件的选择会有些差别，其价格也会不同，所以必须提出环境要求，主要包括：

(1) 温度指标。

(2) 湿度指标。

(3) 抗振动抗冲击指标。

(4) 电源指标。

4) 硬件配置

通过对生产过程的分析，拟定出几种硬件配置方案，有针对性地进行DCS的硬件配置。

5) 系统选型

在选型时一定要从生产实际出发，不要盲目追求高、新。

2. 方案设计

在方案论证正确无误的基础上进行方案设计时，必须根据厂商提供的 DCS 的技术资料，结合实际的生产工艺过程实际进行。

方案设计主要是最后确定系统的硬件配置，例如确定操作站、工程师站、监控站、通信系统、打印机等外设、端子柜、安全栅柜、UPS 电源等。同时还需注意结构配置的冗余性，另外对控制回路或监测点要留有约 10%的扩展空间和备品备件，并制定一个详细的订货清单。

3. 工程设计及系统文件设计

1) 设计与建立应用技术文档和文件、图纸

(1) 回路名称及说明。

(2) 工艺流程图。

(3) 特殊回路说明书。

(4) 网络组态数据文件。

(5) 地址分配表。

(6) 组态数据表。

(7) 连锁设计文件。

(8) 流程图画面设计书。

(9) 操作设计书。

(10) 硬件连接电缆表。

(11) 系统硬件的平面布置图。

(12) 硬件及备件清单。

(13) 系统操作手册。

2) 进行系统应用软件设计

这是工程设计中的一个关键。在掌握了系统软件功能与用法后，首先结合生产工艺过程设计 DCS 的应用软件，如画面组态、控制回路组态、数据库组态与报表生成等，然后再到系统上去运行检查、修改、直至运行正确。

附录二　DCS 的工程应用实施方法

DCS 的工程应用是工程化设计的一个大课题，涉及多部门、多专业人员的大协作，内容十分丰富，工作项目很多，工作流程如下图所示。

DCS 的工程应用中涉及的各项工作按其先后次序作一排列，图中的某些工作针对不同的工程可作增减，设计人员可按次序进行工作。从图中还可看出，有些工作在某一时期是可以并行进行的。必须强调，在工程实施中，各类人员上岗前的培训是十分重要的，它关系到工程实施工作的成败，关系到能否用好 DCS。一定要保证技术人员和操作人员能熟练掌握并操作使用 DCS。

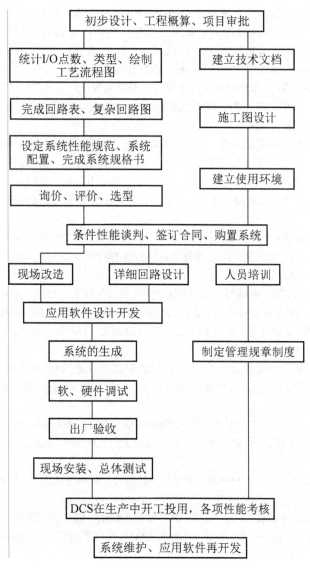

参 考 文 献

[1] 王常力，罗安. 分布式控制系统(DCS)设计与应用实例[M]. 北京：电子工业出版社，2004.

[2] 张新微，陈旭东. 集散系统及系统开放[M]. 北京：机械工业出版社，2005.

[3] 吴锡祺，何镇湖. 多级分布式控制与集散系统[M]. 北京：中国计量出版社，2000.

[4] 刘焕彬. 制浆造纸过程自动测量与控制[M]. 北京：中国轻工业出版社，2003.

[5] 阳宪惠. 工业数据通信与控制网络[M]. 北京：清华大学出版社，2003.

[6] 杨宁，赵玉刚. 集散控制系统及现场总线[M]. 北京：北京航空航天大学出版社，2003.

[7] 张学申，叶西宁. 集散控制系统及其应用[M]. 北京：机械工业出版社，2006.

[8] 王锦标. 计算机控制系统[M]. 北京：清华大学出版社，2004.

[9] 林敏，薛红. 计算机控制技术与系统[M]. 北京：中国轻工业出版社，1999.

[10] 王锦标，方崇智. 过程计算机控制[M]. 北京：清华大学出版社，1992.

[11] 北京和利时系统工程股份有限公司. Hollysys SmartPro. 系统使用手册. 2004.

[12] 陆德民. 石油化工自动控制设计手册[M]. 北京：化学工业出版社，2000.

[13] 赵众，冯晓东，等. 集散控制系统原理及其应用[M]. 北京：电子工业出版社，2007.

[14] 封亚斌. 采用串口通信技术实现 modbus 数据通信[J]. 自动化仪表，2004，59 (5)：50-59.

[15] 余杰，李铁辉. 基于 MODBUS 协议的串口控件的实现[J]. 微计算机信息，2008，21.

[16] 李丹，任庆昌，闫秀英. 基于 OPC 技术的欧姆龙协议宏的控制网络通信实现[J]. 工业控制计算机，2010，23(5)：47-48.

[17] 王银锁. 工控组态技术及应用：组态王[M]. 西安：西安电子科技大学出版社，2011.

[18] 舒锋. 工业组态技术基础及应用[M]. 北京：中国电力出版社，2009.

[19] 黄友锐. PID 控制器参数整定与实现[M]. 北京：科学出版社，2010.

[20] 陈在乎，王清. DeviceNet-Modbus 协议转换器的设计及实现[J]. 仪表技术与传感器，2013，(1)：33-35.

[21] 付青，等. Modbus 协议在智能信号变送器中的应用[J]. 仪表技术与传感器，2011，(6)：26-28.

[22] 戚中奎，林果园，孙统风. OPC 数据访问服务器的研究与实现[J]. 计算机工程与设计，2011，32(4)：1517-1520.

[23] 张建芬，等. Profibus 总线的无线网关设计[J]. 自动化仪表，2013，34(4)：55-58.

[24] 周哲民. 基于 Modbus 协议实现 DCS 与智能仪表通讯[J]. 工业控制计算机，2011，24(2)：33-34.

[25] 郭肖静，苗积臣，吴志芳. 基于 OPC 的凸度仪数据交互客户端开发[J]. 原子能科学技术，2011，45(8)：1015-1019.

[26] 石灵丹，等. 基于 OPC 技术的 PC 与西门子 PLC 的实时通讯[J]. 船电技术，2011，31(1)：9-12.

[27] 黄锦花，常喜茂. 基于 OPC 协议的 DCS 通信接口研究与实现[J]. 仪器仪表与分析监测，2013，(2)：25-28.

[28] 陈烨，等. 基于 OPC 中间件技术的网络控制系统[J]. 电力自动化设备，2011，31(1)：100-104，108.

[29] 罗庚兴. 基于 PROFIBUS-DP 现场总线技术的智能化打包机控制系统[J]. 制造自动化，2012，34(3)：37-39.

[30] 张健俊，任德均. 基于 PROFIBUS 现场总线的张力控制系统设计[J]. 仪表技术与传感器，2011，(2)：57-59.

[31] 庄玺睿，张航. 浅谈氧化铝生产过程 DCS 控制系统[J]. 轻金属，2012，(10)：58-62.

[32] 艾红. 现场总线 Profibus DP 的锅炉控制系统研究[J]. 制造自动化，2013，35(5)：54-57.